英语课内外阅读
互动互补的理论依据与实践探索

主　编　纪宇红　于海艳　郭　华

副主编　李伟荣　姜　瑛　佟　晶　常一民　李洪亮　孙晓欢
　　　　郭　颖　彭　茹　魏　威　戴　松　钱恒峰

编　委　（按照姓氏顺序）
　　　　冯　妍　付丽双　鞠小迪　李　宁　刘　洋　尚逸舒
　　　　苏　欣　孙　宇　魏博文　魏晓琳　吴　波　吴　岩
　　　　闫石瀛　赵亚晶　张　岩　张　颖

哈爾濱工業大學出版社

内容简介

本书从英语教学的重点和难点出发，立足课内外教学内容，结合一线教师丰富的教学实践，主要研究课内外阅读互动互补的途径与策略。本书作为纪宇红行动研究英语工作室的成果汇编，既有工作室专家的理论指导，又有工作室核心成员实践探索取得的经验。本书收录了很多专家在课内外阅读领域的箴言与建议，教师在课堂上的教学设计、绘本阅读说课素材，还有技术支持下的学生阅读共同体构建，工作室在英语课内外阅读互动互补领域取得的成果及佐证材料等。

本书可以为教学一线的英语教师提供借鉴，也可以作为学生学习的参考用书。

图书在版编目（CIP）数据

英语课内外阅读互动互补的理论依据与实践探索／纪宇红，于海艳，郭华主编．—哈尔滨：哈尔滨工业大学出版社，2021.12

ISBN 978-7-5603-9877-8

Ⅰ.①英… Ⅱ.①纪… ②于… ③郭… Ⅲ.①英语—阅读教学—教学研究—初中 Ⅳ.①G633.412

中国版本图书馆 CIP 数据核字（2021）第 266071 号

策划编辑 闻 竹
责任编辑 陈 洁
封面设计 郝 棣
出版发行 哈尔滨工业大学出版社
社　　址 哈尔滨市南岗区复华四道街 10 号 邮编 150006
传　　真 0451-86414749
网　　址 http://hitpress.hit.edu.cn
印　　刷 哈尔滨市工大节能印刷厂
开　　本 787mm×1092mm 1/16 印张 19.5 字数 416 千字
版　　次 2021 年 12 月第 1 版 2024 年 6 月第 2 次印刷
书　　号 ISBN 978-7-5603-9877-8
定　　价 99.00 元

前　言

纪宇红行动研究英语工作室成立于 2018 年 5 月,是由省市区教研员为专家、市区教师培训部为顾问组建的英语教师团队,致力于英语阅读的研究。工作室核心成员以哈尔滨市第三十五中学校为主,涵盖十所学校。工作室成员凝心聚力,勇于攻坚克难,求真务实。他们立足一线,关注教育教学的“重点”和“难点”,善于捕捉教育教学的“热点”,聚焦真问题,开展真研究,取得了可喜的成果。工作室主动请缨,多次在送教下乡等活动中发挥示范辐射作用,并多次在全国大型活动中进行宣讲。

本书是工作室的阶段成果集,围绕“英语课内外阅读互动互补的理论依据与实践探索”,梳理、总结工作室所取得的阶段性成果。第一章为理论依据,第一节和第二节由工作室专家、黑龙江省教师发展学院初中研究培训中心副主任、初中英语学科教研员于海艳承担(共计 2.3 万字)。第三节由哈尔滨市教育研究院初中英语教研员郭华老师从英语课内外阅读的问题及解决策略出发,就研究主题的理论支撑及研究价值进行概述(共计 0.8 万字)。第二章为课题引领,工作室主持人哈尔滨市第三十五中学校纪宇红老师结合课题立项、开展及课题阶段性成果“解‘码’英语课堂阅读与课外阅读互动互补的策略——‘码’课导读、‘码’团共读、‘码’写‘码’演”,并依托数据,真实呈现和记录课题实践的过程(共计 3.6 万字)。第三、四、五章为行动研究,由主持人撰写教学设计及论文,并带领工作室成员以人教版 *Go for it*! 初中教材、外研社高中教材、《阳光英语分级阅读》和《多维阅读》为蓝本,汇聚工作室课内外阅读互动互补的课例,收集工作室核心成员的教学设计、授课课件、说课、论文及讲座(其中纪宇红老师完成共计 2 万字)。文后附有成果推广,收录工作室活动报道 11 篇,均由主持人纪宇红撰写(共计 3.2 万字),另附工作室成员介绍。

每一个优秀的人都有一段静默的时光,那段时光,我们把它叫作“扎根”。那是一束束光,照亮教育之路。在此,纪宇红行动研究英语工作室以这本书呈现阶段性成果!

独行者速,众行者远。相信这支奋进而创新的团队,终能使教育教学中的那些问题困于想,而破于行。

哈尔滨市教育研究院师训部
李伟荣

目　　录

第六章　论文与讲座

附　　录

第一章　英语阅读教学理论概述

阅读是运用语言文字来获取信息、认识世界、发展思维的最常见的手段，也是英语学习要发展的重要技能。义务教育阶段学生既要学习如何去阅读，更要通过阅读去学习，即阅读教学的目标一方面是培养学生的阅读理解能力，帮助学生掌握阅读技巧和阅读策略，形成阅读的能力，另一方面还要通过阅读让学生不断地在真实的语言情境中通过理解、分析、判断去获取信息、理解文化，进而形成对事物的认识和思考力，为终身学习打下良好的基础。本章将从理论层面解析英语阅读教学的几种基本模式，对影响学生阅读能力的各要素进行分析，同时参照义务教育阶段课程标准，对在中学阶段通过阅读教学要达到的目标进行理论和实践两个层面的解读。

第一节　英语阅读教学理论解析

黑龙江教师发展学院初中研究培训中心　于海艳

一、英语阅读教学理论

阅读是一种复杂的认知活动，是将书面符号与口头言语建立联系的过程（古德曼，2005）。当读者阅读的时候，读者与文本之间进行互动，对语言符号进行解码，并将其意义与读者已有的知识、经验进行结合，进而建构出对文本的理解。由于每个人已有的知识、经验存在差异性，因此对文本的理解也有不同。从理论上来讲，学生形成一定的阅读能力和品格需要经历以下几个过程：

（1）解码文字符号，如字母、单词及句子。

（2）形成一定的阅读策略。

（3）培养一定的阅读兴趣。

（4）开展大量的阅读实践。

（5）形成个性化的阅读能力和品格。

英语阅读教学模式主要有以下几种：

（一）自下而上与自上而下阅读教学模式

20 世纪 60 年代以来，随着认知心理学和心理语言学的迅速发展，有关阅读教学的研究有了新的突破。其中信息加工模式，即自下而上阅读教学模式受到了广泛关注。其本质是读者通过信息加工，实现从最小的语言符号到理解文字内涵意义的过程。该模式认为，阅读行为既是学习语言的过程，又是对已经学习过的语言知识的一种强化练习。古德曼提出了相反的心理语言模式，又称为自上而下的模式，他认为阅读过程中，读者根据已有的知识经验，对阅读材料进行预测、阅读、验证、修正，因此阅读是一个读者不断与内心交换信息的过程。

（二）图式理论

图式理论认为阅读是一种心理猜测过程。读者在进行文本解码过程时也在应用其已有的知识帮助理解。图式分为语言图式、内容图式和形式图式。根据图式理论，读者在阅读理解的过程中，大脑所固有的图式结构要与阅读信息相互作用，打破固有的图式平衡，故有的知识对新知识的理解起到重要的作用。读者的图式知识不仅会影响对阅读内容的理解，还会影响阅读的过程。

（三）交互补偿模式

交互补偿模式认为阅读过程中读者要同时借助多种渠道的信息才能正确理解文本。这些信息既包括来自文本的信息，如词汇、语法、语意和语篇等，也包括图式知识。阅读是一个交互的过程，包括读者和文本的交互及文本与图式的交互。读者对文本的建构部分依赖于文本信息，部分依赖于读者已有的图式。读者的解码技能与图式互补，帮助读者更好地理解所读的材料。

（四）PWP 模式

PWP 模式指阅读教学分为 Pre-reading, While-reading, Post-reading 三段的一种教学模式。其中读前的任务是为阅读做准备，主要包括背景图式的激活、话题导入、兴趣激发、语言准备等等。读中任务是阅读教学的核心，主要包括信息识别、推理判断、分析综合。阅读策略的培养活动也属于读中活动。读后活动一般侧重于知识的应用，即学生要联系实际，运用阅读中获取的信息、感知的词汇和句语去解决具体的问题。

二、影响英语阅读理解的因素分析

（一）心理因素

英语阅读对于学生的学习和英语教学都有着重要的作用，教师只有充分认识到心理因素对阅读教学的影响，才能提高学生英语的阅读能力。王蔷老师指出，良好的阅读素养是 21 世纪核心素养的重要组成部分，更是提升学生素养、增强国家竞争力的重要基础。阅读不仅是解码和理解，更应该是“悦读”的过程。

1. 注重将外部动机逐渐转化为内部动机，让学生阅读且“悦读”

在初期阅读时，由于学生的基础弱、词汇量小，因此会有很大的阅读障碍，如果不能很好地解决这个问题，就会慢慢发展成厌恶阅读。这就需要教师把阅读培养成学生的兴趣所在，通过引导学生进行趣味性的阅读，根据学生心理发展和知识水平的递进选择合适的阅读材料、阅读题材，激发学生的阅读兴趣，增强学生的阅读动机。兴趣是最好的老师，是学习中最活跃的成分。只有当学生对英语阅读产生浓厚的兴趣，他们才会把阅读看成是自己的意愿，才会变被动学习为主动学习。如果没有阅读兴趣，阅读就会变成学生的负担。

2. 阅读习惯的好坏，直接影响阅读的效果

好的阅读习惯对于提高学生的阅读理解能力和阅读速度都是很有帮助的。阅读习惯的养成不是一蹴而就的，而是需要长时间的关注和正确的引导。因此在教学过程中，教师要注重培养学生的阅读习惯，使英语阅读成为学生终身受益的好习惯。阅读是一项智力劳动，其实也是非常辛苦的，当学生产生疲劳、倦怠的感觉时，其积极性会下降，阅读兴趣丧失，信心不足，就很难进行持续的阅读。所以我们常常看到一种现象就是学生刚开始阅读时兴趣很浓，读着读着就倦怠了，不想读了，甚至放弃了阅读。作为教师，我们要引导学生保持阅读的持续性，努力改正不良的阅读习惯，如遇到不会的字词就想要查字典，频繁打乱阅读节奏，造成阅读的速度慢、理解难、缺少整体阅读理解的意识，而这些问题在学生的阅读过程中是真实并普遍存在的。

（二）语言因素

阅读是一项复杂的思维活动，影响阅读理解的因素也必然是多样的。其中的语言因素可以分为词汇因素、语法因素、语篇因素和背景知识因素。

1. 词汇是英语阅读的基础，只有拥有一定量的词汇量才能正确理解文意

当学生的词汇量比较小的时候，就会有很大的阅读障碍，更不要提对文章的理解了。因此，拓展学生的词汇量是提高阅读能力的基础。同时，每一个单词的含义都不是单一的，甚至有时含义相差很大，同时词汇知识深度对阅读也有很大的影响。词汇知识深度是英语阅读理解水平的预测者，对英语阅读理解有不能替代的作用，其重要性远远超过词汇量。因此，如何通过行之有效的方法帮助孩子拓展词汇量、理解生词在语篇中的意义尤为重要，同时教会学生通过语篇理解词的方法，提高推测词义的能力。词汇与语感之间的关系是相辅相成的。词汇量增长与语言感知能力有一定的规律可循，而语感也正是阅读理解中的一个重要的读者因素。

2. 语法是影响英语阅读能力培养的第二个方面，也一直是教师授课的重点

我们常常发现，有些句子明明所有的单词都认识，但还是不理解句子的意思。因此,在阅读时,就必须对这个句子的语言规则有充分的了解。在英语阅读过程中,主要难点之一就是长句和复杂的句法结构。阅读者应该有充足的句法知识,而且能够自动发现语法形式。语法知识在两个方面对阅读理解的提高有促进作用:第一,阅读者的句法敏感性越强,他们借助语境确定新词意义的能力就越强;第二,语法知识和阅读理解是相互联系的,因为句子层面的理解是更高层次理解的基础。当学生的语法知识结构和敏感度上升到一定的高度时,在阅读中就不会把注意力过多地集中到句法的研究和理解上,而是会对整篇文章加以系统地分析理解。

3. 选择适合的语篇

英语阅读对学生学习英语词汇和语法知识、发展听说读写能力有积极的促进作用。然而在目前的教育形势下,英语课文所提供的阅读量实在有限,学生需要补充适合不同阶段认知发展需求和语言水平的题材和体裁丰富的读物。如何选择合适的语篇是每个学生面临的首要问题。英美国家现有的分级阅读标准对本国的儿童绘本进行了科学、详尽的分析,建构了良好的阅读生态体系。这些绘本对小学英语阅读教学具有重大的指导意义,但不能直接本土化,对于家长的指导性不强。因此,更加需要我们教师坚持课内外阅读相结合,为学生英语阅读素养的持续发展奠定良好的基础。目前,绘本的课内阅读有两种方式,一种是互补式,一种是外挂式。互补式,即根据主教材中出现的话题,与主教材进行衔接;外挂式是在完成一个单元的学习任务之后进行的独立的绘本教学。无论哪种教学方式,都需要教师对所学单元内容和体裁进行适当的补充,教师通过整理学习内容,分析教材并添加合适的阅读材料。所谓合适的材料主要是指阅读材料中的语言知识、背景知识、呈现形式等因素要符合总体的认知发展水平和语言发展水平,符合学生兴趣、认知水平和语言能力的绘本。同时选择合适的方法,培养学生的阅读兴趣,激发学生的阅读热情,使学生最终热爱阅读。

4. 背景知识在英语阅读教学中起着举足轻重的作用

目前还有一部分教师在课堂教学中过分注重词汇、语法等语言知识的讲授,而忽略了激活、调用学生的相关背景知识。这种教学模式不能有效提高学生的阅读理解能力。实践证明,阅读理解中读者的背景知识及阅读技能对总体理解能力有很大的影响,一般来说,具有或了解西方文化背景的学生领悟能力比较强。而且,背景知识可以弥补某些语言知识的不足。

(三)图式知识

我们常常也会遇到这样一种情况,学生在字面上完全读懂了一篇文章,但却不能理解文章的思路和作者的写作意图,是什么导致学生存在阅读理解的障碍呢?他们不能正确理解语篇的原因有:(1)不具备与文章相关内容的图式;(2)具备了与文章内容相关的图式,但线索不足以激活学生的图式;(3)自以为读懂了文章,却误解了作者的意思。对英语作为外语的阅读者来说,读不懂还有另外一个原因,即作者虽然提供了足够的理解线索,读者也具备相关的图式,但读者没有足够的语言知识,因此作者所提供的线索没有起作用,不能使读者的有关图式活动起来。那么,什么是图式呢?

图式是指高级的、复杂的、日积月累的结构,是"情景在大脑中的反映"。Thomas Devine将图式定义为关于知识的理论,一切知识都是以知识为单位的形式构成的,这种知识的单位即图式。图式有三种类型: 语言图式、内容图式和形式图式。语言图式是指阅读者之前的知识,即关于语音、词汇和语法方面的知识;内容图式是指读者对于文章所讨论的主题的熟悉程度;形式图式是读者对于文章、语篇体裁的了解程度。如果学生能够利用图式知识来帮助理解阅读材料,将会对文章或语篇的内涵、整体脉络和内容起到非常有效的作用,达到事半功倍的效果。

在英语阅读中,通过使课文结构化,根据课文的主要内容按照层次或者逻辑的顺序帮助学生对知识进行存储和记忆,即我们所提到的图式,从而提高学生的阅读理解能力。这种方法是非常符合学生的认知水平的。学生可以使用表格、思维导图、流程图等工具分析文本,根据图式或者图片理解和复述故事,这样就能理解课文的检索及把握作者的意图。

(四)阅读策略

除了语言知识和背景知识,影响阅读理解最为重要的因素之一是阅读策略。自20世纪70年代以来,阅读策略的研究就受到了高度的重视。所谓阅读策略即学生在英语阅读过程中有意识地调控环节的过程,有目的地运用一系列的阅读方法或者阅读技能的学习过程。

1. 关注阅读体验

阅读教学不仅要培养学生的阅读能力,还要关注他们的阅读体验,帮助他们培养良好的阅读兴趣、积极的阅读态度和自我评价。但是在实际教学中,面临的很大问题就是学生缺少阅读思维,很少独立阅读,也缺少对阅读的内部动机。这不禁让我想到了我们课堂中的某个场景。课堂伊始,教师经常问孩子:"Are you happy?"然后用期待的眼神看着学生。学生则会完美地配合点头"Yes!"。在讨论过程中,教师也常常会抛出一个问题,如果问题本身并无意趣,那么就无法激发学生的参与热情,学生很难形成独立的思维品质。凡此种种,教师都没有站在学生的角度关注学生的情感体验,又谈何培养学生的思维、提高阅读能力呢?

2. 采用灵活多样的教学方法

教学方法是决定教学效果的直接因素,但具体的教学实施过程仍存在着较多的问题,体现在教学方法选择根据不足、教学目标不清晰、教学活动流于表面。因此,在开展阅读教学前,应深入了解学生英语阅读素养的发展水平和特点,选择适合学生的教学方法。目前的阅读教学方法中,有很多方法值得我们去学习实践。

(1)图片环游。

图片环游的教学过程比较近似于真实的亲子阅读,它本质上是一种分享阅读,是教师和学生共读故事、合作建构意义的过程。在这一过程中,教师"将文本故事演绎成生活故事"。以问题为引导,在不断推测和阅读中发现问题、分析问题和解决问题、培养学生的批判性思维。同时,学生在这一过程中习得语言知识、把握故事情节、理解人物心理,联系个人生活,通过图片环游读懂故事的过程称为师生合作探究故事意义的过程。这种教学方式有利于将阅读素养的培养有机融入阅读的过程中,在预测、确认、分析、论证、评价活动中发展阅读技巧、运用阅读策略、提升思维品质。

(2)拼读阅读。

英语中的 jigsaw 的一个意思是"拼图"游戏,就是把一个完整的图案分成若干形状各异的小块,由游戏者按照一定的思路将图案再完整地拼合起来。它的主要目的是促进合作学习以及自主学习。通过合作,让学生有更多的思考,发展自主学习能力。

目前,反思日常教学所面临的非常大的一个问题,还是教师喜欢牵着学生的鼻子走,对学生无法真正放手。而这种拼读阅读正是需要学生通过合作学习,独立解决问题,让学生真正"动起来",而教师更像是一个方案的策划者。拼图教学方式提供给学生的活动比较多,在任务布置、任务监控等方面对教师的要求则更高,因此教师要在课前做更加充分的准备,把课堂的主阵地还给学生。

3. 关注持续默读,培养学生良好的阅读习惯

如何让孩子爱上阅读,榜样的示范作用不容小觑。教师与家长应当成为孩子们阅读习惯道路上的陪伴者和示范者。阅读本身的影响是潜移默化的,是无法测量和量化的。教师应当坚持每天安排一定的时间或者每周安排几次让学生独立进行阅读的活动,鼓励他们做到"持续默读"(Sustained Silent Reading,简称 SSR),这看似简单,但是要真正坚持下来,使学生投入到几分钟的阅读时间里也非易事。家长在学生的课外阅读活动中也要努力给予有力支持,任何叮咛、嘱咐都不如每天静下心来与孩子共同进行持续默读。教师与家长的以身作则,将为孩子们营造更好的阅读环境。不妨从现在开始,从自身做起,每天和孩子一起坚持持续默读,让阅读成为习惯并逐步爱上阅读,让学习力成为伴随他们终身学习的能力。

第二节 英语课程标准对阅读教学的相关要求及达成路径

黑龙江教师发展学院初中研究培训中心 于海艳

一、解读课标要求

《全日制义务教育普通高级中学英语课程标准(修订版)》(中华人民共和国教育部,2011)(以下简称《课标》)指出,“随着世界多极化和经济全球化以及信息化的发展态势,中国承担着重要的历史使命和国际责任与义务。英语作为全球使用最广泛的语言之一,已经成为国际交往和科技、文化交流的重要工具。在义务教育阶段开设英语课程能够为提高我国整体国民素养,培养具有创新能力和跨文化交际能力的人才,提高国家的国际竞争力和国民的国际交流能力奠定基础。在义务教育阶段开设英语课程对青少年的未来发展具有重要意义。学习英语不仅有利于他们更好地了解世界,学习先进的科学文化知识,传播中国文化,增进他们与各国青少年的相互沟通和理解,还能为他们提供更多的接受教育和职业发展的机会。学习英语能帮助他们形成开放、包容的性格,发展跨文化交流的意识与能力,促进思维发展,形成正确的人生观、价值观和良好的人文素养。学习英语能够为学生未来参与知识创新和科技创新储备能力,也能为他们未来更好地适应世界多极化、经济全球化以及信息化奠定基础。”

《课标》明确了在义务教育阶段开设英语课程的必要性。对中小学生的英语阅读能力提出了循序渐进的要求,并规定了各个级别的阅读目标;也对各个级别提出了相应的阅读技能的要求,其中对除教材外的课外阅读量提出了量化要求:三级4万词以上,五级15万词以上,最终达到九级时,学生要有广泛的阅读兴趣及良好的阅读习惯。这些都表明,提高学生的英语阅读能力是英语课程的基本要求之一。

《课标》规定:小学毕业能学会使用600~700个单词和50个左右的习惯用语,并能初步运用400个左右的单词表达二级规定的相应话题;小学阶段的阅读量累计达到10~12万字。中学毕业时能学会使用1 500~1 600个单词和200~300个习惯用语或固定搭配,能听懂接近自然语速的故事和叙述,理解故事的因果关系。能就简单的话题提供信息,表达简单的观点和意见,参与讨论。在阅读要求上,五级要达到以下要求:

(1)能根据上下文和构词法推断、理解生词的含义。

(2)能理解段落中各句子之间的逻辑关系。

(3)能找出文章中的主题,理解故事的情节,预测故事情节的发展和可能的结局。

(4)能读懂相应水平的常见体裁的读物。

(5)能根据不同的阅读目的运用简单的阅读策略获取信息。

(6)能利用词典等工具书进行阅读。

(7)课外阅读量应累计达到15万词以上。

《课标》一级目标要求学生能"看图识字、在图片的帮助下读懂简单的小故事",二级目标则要求学生在一级的基础之上"养成按意群阅读的习惯",三级目标要求学生在没有图片的帮助下能够读懂简单的故事和短文,并抓住大意,四级目标则又增加了词义猜测、细节排序以及图表信息理解等要求,五级目标要求学生能够理解文章的逻辑、掌握故事的情节、预测故事的发展、阅读不同的题材、掌握简单的阅读策略等。随着学生水平的提高,对阅读的要求也逐步提高。

《课标》明确指出:"读"是任何语言教学中任何阶段都需包含的一个重要环节,小学阶段对英语学科"读"的教学须给予更多的关注。《标准》对学生的阅读有了明确的要求,不仅扭转了以前"精读,重视语法点操练"的思想,而且对于阅读本身及其技巧做了明确的描述。对于学生来说,阅读技能是从"简单的阅读→朗读→获取直接信息的阅读→归纳分析式的深层阅读"的逐步发展。

英语阅读教学的目的是教给学生阅读方法,训练其阅读技巧,培养和提高学生的阅读能力。具体地说,就是使学生学会在英语阅读中有目的地去预测、思考和获取信息,并对它们进行分析、推理和判断,从而准确地理解文章的内容和思想意义。注重学生的阅读体验,对学生形成良好的阅读品格产生了积极的影响。通过阅读,学生体验阅读的过程,提高阅读理解能力,形成有效的阅读策略和良好的阅读习惯。而阅读品格是阅读素养持续发展的基础,良好的阅读习惯和积极的阅读体验有利于学生解码能力和阅读理解能力的健康发展,而这两方面的发展又会促进阅读品格进一步提升,形成一个有利于阅读素养发展的良性循环。通过绘本阅读教学,学生的阅读素养得到了全方位的发展:在短时间内具备了完整的文本概念,能根据文本信息理解文本的阅读意识;掌握了拼读规律,具备了根据已知拼读规律猜测生词的意识和能力;能够准确、流利、有韵律地朗读文本,语音、语调得到了明显提升;阅读技巧和策略趋于成熟,能够在教师的指导下理解故事大意,寻找文中显性信息;根据图片和上下文推断文本内容,结合自身理解对文本内容进行评论,提升了审辩式思维,提高了发现问题、分析问题和解决问题的思维能力;学习了单词和短语,积累了隐性的语法知识和背景知识,提升了外语文化意识;养成了图文兼顾、按需阅读的习惯,形成浓厚的阅读兴趣和积极的阅读态度。

《课标》指出,"义务教育阶段的英语课程具有工具性和人文性双重性质。就工具性而言,英语课程承担着培养学生基本英语素养和发展学生思维能力的任务,即学生通过英语课程掌握基本的英语语言知识,发展基本的英语听、说、读、写技能,初步形成用英语与他人交流的能力,进一步促进思维能力的发展,为今后继续学习英语和用英语学习其他相关科学文化知识奠定基础。就人文性而言,英语课程承担着提高学生综合人文素养的任务,即学生通过英语课程能够开阔视野,丰富生活经历,形成跨文化意识,增强爱国主义精神,发展创新能力,形成良好的品格和正确的人生观与价值观。工具性和人文性统一的英语课程有利于为学生的终身发展奠定基础。”语言学习需要大量的输入，英语课程应根据教和学的需求，提供贴近学生、贴近生活、贴近时代的英语学习资源。通过丰富课程资源，拓展英语学习渠道。

《课标》在评价建议中这样描述，“终结性评价是在一个学习阶段结束时对学生学习结果的评价。终结性评价是检测学生综合语言运用能力发展程度的重要手段，应依据课程标准的要求，着重考查学生在具体情境中运用英语的能力。终结性评价应根据教学的阶段性目标确定评价的内容和形式，可以包括口语、听力、阅读、写作和语言知识运用等部分。终结性评价应以具有语境的应用型试题为主，合理配置主观题和客观题。阅读和写作部分主要考查学生理解真实语言材料和表达真实思想的能力。”阅读教学是英语教学的重要载体和构成部分，为学生学习语言知识、提升语言技能、形成学习阅读习惯、养成语言素养提供了具体的内容和语境。通过阅读多类型文本，帮助学生更好地理解文本内容，提高阅读兴趣和持续阅读的动力，让学生更多地关注语言意义而不是简单的语言形式，形成良好的阅读习惯。阅读所选内容大要贴近学生生活，容易唤起学生相关背景知识，让他们更容易理解故事内容，并形成自己对文本的独特的理解，完成与文本的一次深入对话，更有利于学生在轻松的语境氛围内学习和输出语言，促进语言知识的积累和语言技能的发展。

《课标》将思维品质作为英语学科的四大核心素养之一，那么如何在英语教学中培养学生的思维品质和思辨能力，就要先从培养学生学会质疑、提问、思考并寻求答案的能力开始，在阅读教学中，根据学生学段和学习基础，结合阅读材料设计多样化的阅读任务，引导学生从多元化角度与文本和作者进行互动，通过完成任务活跃思维，培养终身阅读的能力，促进合作学习、交流和分享，提升思维品质，发展综合语言运用能力。

二、达成课标要求的路径

《课标》对义务教育阶段学生的英语阅读能力科学系统地提出了层层递进的分级要求，包括对不同年龄段、不同能力水平的学生提出的阅读策略的发展要求。对于学生而言，阅读作为语言学习的一个重要手段，既可以获得有效的语言输入，复习强化提高语音、词汇、语法知识，培养良好的语感，从而提高语言输出能力，又可以进一步拓宽视野，陶冶身心，获得愉悦的阅读体验，了解英语语言国家的文化背景，形成一定的跨文化、跨地域世界意识，在特定语境中体验其生活习俗、思维习惯及英语语言的真实使用情境，从而真正提高自身综合语言运用能力，为终身学习打下基础，这也正是新课程标准的制定初衷。

从细致明确的分级要求我们可以看出培养浓厚的阅读兴趣、良好的阅读习惯及形成一定的英语阅读能力、掌握有效的阅读策略已经成为课程标准对英语教学的基本要求，对于小学阶段阅读量更是要求累计高达 10 ~ 12 万字，要达到这样的阅读目标，教师的阅读教学能力与得当的阅读教学方法相配合就成了最为重要的达成课标要求的有效途径。

(一)阅读教学能力

我们常说:“要想给学生一碗水,教师首先要有一桶水。”教师对于阅读教学的理解、把握和具体实施决定了教师的阅读教学能力的高低,直接关系着学生阅读能力的发展水平。近年来,随着课程改革的发展和变化,以及课程标准对英语综合运用能力要求的逐渐提高,小学英语课堂,尤其是听说教学发生了翻天覆地的变化。与传统课堂相比,越来越多的教师在课堂教学中能够充分从学生的兴趣点出发,设计形式多样、生动有趣的教学活动。Chant、Songs、Games、Role play 等丰富的教学活动;智能白板、交互课件等多媒体现代化教学手段的辅助,都让学生拥有了更多开口交流的机会,也让英语课堂呈现出与以往截然不同的勃勃生机。

那么教师阅读教学能力有哪些呢? 概括来说教师进行阅读教学应具备这样几种能力:

(1)深入解读文本、挖掘处理文本信息的能力;

(2)以学生为主体的阅读教学设计能力;

(3)深厚的文化背景知识支撑力;

(4)敏捷的课堂应变能力;

(5)逐层递进的阅读发展规划能力;

(6)课内外阅读材料高效融合能力;

(7)不断研磨、及时反思总结的学习研究能力。

教师只有具备了深入解读文本、挖掘处理文本信息的能力,深厚的文化背景知识支撑力,才能根据学生的认知水平和能力选择、加工并处理阅读材料,才能更好地解读利用文本,合理设置教学目标,把握重点难点;在此基础上,教师应具备以学生为主体的阅读教学设计能力,实现从教师控制到以学生为中心的课堂转变,并在具体实施时具备敏捷的课堂应变能力,能够根据课堂及时调整教学环节与节奏。此外教师还应具备逐层递进的阅读发展规划能力与课内外阅读材料高效融合能力,以新课标为导向有目的地逐层递进地分级别推进阅读教学。这些阅读教学能力相互作用、相互依托,共同决定了教师能否顺利有效开展阅读教学,能否有的放矢地指导学生阅读,真正意义上帮助学生提升阅读能力,达成课程标准要求。

要提高教师的阅读教学能力,需要从多方面入手:

一是转变思想、更新理念。英语教师要认识到阅读教学的重要性和必要性,要充分体现“学生为主体”这一教学原则。教师应立足课堂,以读法指导为突破口,以培养学生阅读能力为目标,以促进学生形成独立阅读能力为目的,开展好阅读教学。

二是钻研教法、勇于挑战。提高教师阅读教学能力的重点是研究教法和读法。阅读教学不是纯粹地利用阅读材料来学习新知,不是单纯了解一个单词的意思或知道一句话的解释,不是以掌握阅读材料中出现的新的语言知识为最终目的。阅读更应该是一种技能、一种手段,学生通过阅读来了解世界,这在他们一生的外语学习中都起着相当重要的作用。在阅读教学中,如果只是把阅读材料读出来,然后进行枯燥的词汇认读、句型分解和解析,那么学生便无法体会阅读到底是怎样的一种体验,他们会简单地把阅读看作是一节词汇课、一节语法课,将词汇和句子结构作为理解的唯一前提,一旦离开教师的提示和指点,便无法在文本中获取信息,更不用说独立阅读了。因此教师在进行阅读教学设计时必须要选择多种多样的、真正发展学生阅读能力的教学活动,这就需要教师要经常性地展开阅读教学方法的研究,并勇于向固有阅读教学发起挑战,勇于创新。

三是提高素养、提升能力。教师还应不断提高自身英语阅读能力,增加阅读量,养成良好的阅读习惯,及时总结有效阅读策略。只有自身的阅读能力提高了,才会自然而然地找到不同阅读材料的不同解读方式,才能快速抓住文本重点与明暗线索,同时阅读的过程对每个人而言都是获取知识、开阔眼界的过程,教师阅读能力的提升也正是文化知识、专业素养的提升。总而言之,勤思考、善总结、找方法、提素养才能快速提高英语阅读教学能力。

(二)阅读教学方法

如果说达成课标要求的重要途径之一是教师的阅读教学能力,那么还有一条重要途径就是如何选择恰当高效的阅读教学方法开展导读。通过导读培养学生对英语阅读的良好感受、对阅读的浓厚兴趣,从而养成良好的阅读习惯、提升阅读技能策略,最终帮助学生形成独立阅读的能力,为终身阅读打下坚实基础。

阅读教学的实践证明,好的教学方法是师生共同尝试探索、通力合作的产物。同一种教学方法,不同的教师实施起来则效果不同,不同的教学内容实施效果也不同,同一位教师面对不同的学生采用相同的教学方法也会产生差异,因此目前并没有哪种阅读教学方法能够成为通用模式或最佳模式。下面我们介绍的这几种比较常用的阅读教学方法都能从不同的侧重点帮助学生提升阅读能力,使他们逐步从跟随教师导读到独立阅读,学生由以往的“聆听者”转变为“参与者”。

1. 分享阅读教学法

分享阅读教学法即教师根据教材提供的文本或根据学生认知水平选择课外阅读材料分享给学生,以教师或原音逐字朗读为主,强调的是师生共同阅读,是一种有指导的、早期的阅读方式,比较适用于低年级阅读教学。

2. 指导阅读教学法

指导阅读教学法是教师指导学生运用一定的阅读技巧、策略独立阅读以获取知识,培养学生独立阅读能力的一种教学方法,常与多种教学方法融合使用。

3. 拼图阅读教学法

拼图阅读教学法的主要步骤:首先,将学生分成 5 ~6 人一组,师生协商把一个阅读任务分割成几个部分,组内每人负责掌握其中的一个部分,在确认每个人都理解自己的任务和小组的大任务之后,开展组内阅读活动。其次,再把原有小组打散,将每组中负责相同任务的学生集合成新的一组,共同检验各自的学习成果,并组内分享。最后,学生再回到自己原来的小组,将新组中研究所得内容分享给同组其他同学,合作完成小组的大任务,这一教学方法既突出了小组合作学习这一特点,又强调了每个人的作用。

4. 持续默读教学法

持续默读教学法是指定期安排学生开展独立阅读活动的方法,是一项阅读的高级技能,与大声朗读不同,持续默读能更大程度地帮助学生理解文本,体验阅读的成就感与愉悦感。持续默读过程中,学生不受阅读文本的约束,可自由地选择阅读材料扩展视野。在持续默读模式中,学生的感知理解能力增强,自主阅读能力得到提高。

5. 阅读圈教学法

阅读圈也被称为文学圈,传统的阅读圈主要用于文学教学。阅读圈教学法要求学生边读边思考问题,然后联系自身再进行提问与分享。也就是说,读了就要思考,要能够提出问题。其方式是一组同学阅读同一故事,每个组员都要负责一项任务,带着目的和任务去读,然后与组内同学进行讨论。通常阅读圈活动为六人一组,每个人的角色和任务各不相同,分别是:

Discussion leader 组长——负责针对阅读材料进行提问,组织小组成员进行讨论;

Summarizer——总结者,负责对所读的文本内容进行适当总结并与其他组员及时分享交流;

Connector——实际生活联系者,负责从阅读材料中寻找是否有与实际生活相关的内容,或曾经感同身受的情感;

Word master——单词大师,负责解决阅读材料中重难点和具有重要或特殊意义的单词和短语,还可以摘录文中好词好句分享给组员;

Passage person——篇章解读者,负责寻找阅读材料中具有重要或特殊意义或有趣的段落,进行必要的解释,以供组员学习;

Culture collector——文化收集者,负责寻找阅读材料中与自己文化相同或相近的内容。

阅读圈中的角色每次可以互换,以达到培养不同能力的目的。

6. 图片环游教学法

图片环游教学法本质上也是一种分享阅读教学。在阅读过程中,教师主要以问题引导,通过图片(Cover Page、配图等)引发学生阅读动机。学生在主动观察、预测、思考、分享个人经验的过程中,在不断预测猜想中展开阅读,然后在阅读中发现问题并解决问题,这种教学法充分培养了学生的预测、判断、思考等阅读能力。这种感知语言知识,推测故事情节,体验人物情绪,联系个人实际生活,将阅读素养的培养有机融入阅读的过程非常适用于阅读教学,但由于教材所提供的阅读文本配图较少,故而该方法不能广泛运用。

以上介绍的几种目前常见的阅读教学方法,仅仅是阅读教学方法中的一小部分。其实,不同的阅读教学方法服务于不同的教学目标,作为教师,如何根据不同的阅读文本材料选择适当的阅读教学方法,直接关系到阅读教学的效果。教师在转变身份、放手课堂、牢记课标中所提到的"鼓励、启发、引导、帮助、监控、参与、反馈与评价"这一要求的同时,也要注意把握好这样几点原则:

(1)英语阅读教学应始终把学生放在阅读的主体位置。

教师应减少对课堂的控制,把课堂放手给学生,提高对学生的关注度,与其产生共鸣,抓住学生在课堂上的闪光点,及时追问、共同思考探讨。教师要明确文本的解读应从学生的角度出发,阅读教学的根本目的是帮助学生从导读走向独立阅读。

(2)英语阅读教学应采用循序渐进的方式分级进行。

低年级学生认知水平有限,教师可利用分享阅读法、图片环游法等开展导读活动,同时根据实物、图片或课件等给出提示,使学生快速认读相关词句,帮助其学会联想记忆,初步培养学生的阅读兴趣;对中年级学生,教师可以尝试引导学生运用图片环游法等方式,利用简单的阅读策略进行阅读,比如推测故事发展趋势、理解故事梗概、选择文本大意、找到某个具体信息等,进一步培养学生主动积极的阅读兴趣。对高年级学生,教师要有计划地引导学生在完成课内阅读任务的基础上,接触更多题材的阅读材料,完成阅读任务,形成一定的阅读技巧与策略,比如可利用阅读圈教学法进行预测故事发展趋势、获取文本信息、理解写作意图、体验人物情绪参与故事发展、谈论观点等,还可有计划地安排持续默读,提高学生的阅读能力。

(3)英语阅读教学应采用"自下而上"和"自上而下"相结合的方式。

在关注整体的同时兼顾细节处理,既重视词句的理解,还要更多地运用背景知识及阅读技能。读前,教师可以引导学生观察封面和标题等内容进行难易适中的思考、猜测、讨论活动,激发学生阅读兴趣的同时激活已有相关知识与经验并进行分享;读中,引导学生快速地读获取梗概大意、有针对性地处理细节信息、运用阅读策略完成对文本的理解并掌握阅读材料特定语境中语言的使用特点;读后,根据学生实际水平开展多种多样的输出与扩展活动,充分利用故事和阅读材料开展基于阅读的读说、读写、读演等活动,引导学生在充分理解的基础上,尝试使用所学的新的语言、表达方式等进行交流。

提高教师阅读教学能力、优化阅读教学方法二者相辅相成,缺一不可,保证了课程标准目标的有效达成。

三、学生阅读能力的培养方法

在日新月异的知识爆炸时代,科学技术正以惊人的速度向前发展,而文字仍然是海量信息跨越时空的最好载体,是人类文明传播的重要工具。阅读时读者利用自己的语言体验和思维能力去感知、理解文本,与作者交流思想,领会作者的意图,触动自己的内心并深度思考,由此提升自己的人生阅历,不断成长。所以我们说,阅读不仅仅是为了获取一定的知识或者了解其他人的生活世界,更是为了进行更好的自我提升。知识具有时代性和关联性,而一个人的阅读能力则是跟上时代步伐、不断前进的重要能力,养成良好的阅读习惯、具备高效的阅读能力,可以摄取更多的重要信息。综上所述,在英语教学中,阅读教学是至关重要的。阅读在英语学习中扮演着重要角色,尤其是对正在成长中的中小学生,学会阅读英语不仅是学生形成语言能力的重要途径,也是促进其身心全面发展的重要基础。阅读教学是近些年来英语教学的重要趋势和方向,学生能够通过阅读学习语言知识、掌握信息、锻炼语言技能。与此同时,阅读教学也是提升学生思维能力水平、培养学生思维品质的重要途径之一。由此看来,阅读能力的培养是非常重要的。

阅读能力(reading ability)泛指阅读所需能力,其内涵取决于不同研究视角对阅读的理解。阅读既是读者处理文本信息、积极主动与文本互动的心理语言学过程,也是受到各种因素影响的社会语言学过程(Weaver,2009)。总体上,阅读主要涉及文本解码和理解所涉及的个体心理过程(Rueda,2011)。阅读能力主要包含音素意识、拼读能力、阅读流畅度及阅读理解能力。而英语国家对于母语阅读能力内涵的理解主要体现在它们的课程标准和国家研究报告中,可以概括为六项母语阅读能力的构成要素,即文本概念、音素意识、拼读能力、阅读流畅度、阅读技巧与策略和母语语言知识。

阅读能力是英语语言能力中非常重要的组成部分。学生通过运用自己的知识、过往经验和技能顺利流畅地进行阅读并完成复杂的阅读任务,启动思维系统。阅读能力的培养在英语教学中占据着如此重要的一席之地,使得广大英语教师不断研究并在课堂教学和课外阅读中反复实践。根据多年的英语教学经历和教学实践,对学生英语阅读能力的培养,笔者认为应该从以下三个方面展开和实践:

(一)理解力

学生在进行英语阅读时,要具有文本概念、音素意识、拼读能力、阅读流畅度、母语语言知识以及阅读技巧和策略。阅读理解力的培养要求重视学生在理解书面语言即认读的基础上,对所阅读的信息进行消化、吸收、加工并进行再处理,这是阅读能力的核心部分。如何衡量学生的阅读能力,最主要的是看学生的理解能力。理解文本的能力主要包括如下一些方面:

1. 理解词语的能力

学生在英语学习的过程中，会遇到很多的困难和障碍，无论是对于单词的拼读还是句子的理解。在遇到障碍时，学生的自信心就会受到很大的影响，有可能放弃阅读并失去阅读的兴趣，那么阅读能力的培养也就无法继续。所以，理解力是学生能否顺利进行阅读的关键。

生词会大大影响学生的阅读兴趣，又因其缺乏根据上下文猜测词义的能力，因此形成阅读障碍。不懂词的本义，更遑论引申义。学生越不会越抗拒，越抗拒越焦急，以至于慢慢放弃猜测词义，久而久之，影响学生的英语兴趣和英语素养的提升。过分地关注英语成绩又让学生不得不去进行"假装"阅读，不带兴趣。这样的恶性循环，只能让学生身处对英语阅读的"恐惧黑洞"，无法实现英语能力的综合提升。

学生对英语词语的理解力更多地体现在对生词的拼读能力上，过分关注单词的发音、没有拼读技巧或者不断地查字典，让学生无法完全静心阅读文本。针对这样的情况，教师需要为学生提供英语阅读策略的指导和遇到英语生词时的解决技巧。

（1）教师应该教会学生如何不断扩充英语词汇量。通过不断积累，让学生在一定的英语词汇量的基础之上，增强英语阅读兴趣、降低英语阅读学习的难度。

（2）教师指导学生学习构词法和拼读技巧，例如英语自然拼读法，帮助学生更好地拼读单词，降低阅读难度，提升阅读兴趣。

（3）教师应该帮助学生选择符合学生认知和学习规律的阅读材料，文本选择尽可能要有趣味性和知识性，使学生兴趣浓厚并乐意阅读和分享，进而提升阅读能力。例如英语分级绘本。

（4）教师应教会学生掌握在语境中猜词的能力。教会学生熟练运用定义法、解释法和相关信息法等，降低阅读难度、提升阅读兴趣和阅读能力。文本中的生词、熟词生义、一词多义等都可以成为教师引导学生深入思考文本内涵的切入点。

2. 理解句子的能力

学生在克服生词拼读和释义之后，句子及句法的理解又影响了学生对文本的领悟，而阅读量和阅读时间是克服这一障碍的有效方法之一。正所谓"书读百遍，其义自现"。

3. 理解语言知识结构的能力

学生语法知识的欠缺会影响理解语言知识结构的能力。教师在阅读教学中，要特别注意培养学生的预测能力，并在语篇连贯整体意识的引导下，适时引领学生关注文本句子和段落间的补充说明的表达，注意引导学生关注语句间的逻辑关系，不断增强学生理解语言知识结构的能力。

（二）思考力

阅读教学不仅仅是让学生略读、寻读、查找文本信息，理解大意，还要求学生对文本有更深层的分析、探究和评价。教师更要在阅读教学的过程中设计要求学生独立思考、顺畅独立表达自己的观点并发表不同意见。也就是说,阅读教学的目的不仅仅是获取信息,更应该提高学生的思维能力,也就是思考力。

教师应在阅读教学过程中通过文本所传递的主线、思想和人物的性格、冲突等,结合学情和学生自身的情感体验与思维水平,对所阅读的文本内容进行评价,不断鼓励学生表达自己的见解。而不能把关注点放在生词、句法、语法等这些浅层的问题解决之上,否则,学生会逐渐丧失阅读的兴趣,不能做到“悦读”,当然更不能培养阅读兴趣、提高阅读能力。在阅读教学中,教师要做到立足文本,紧密围绕文本设置环环相扣并能培养学生思维品质、引发学生思考的深层次问题。教师充分利用文本帮助学生理解文本所呈现的内容,只有学生充分理解了文本的内容,在此基础上,教师才能进行适当的拓展和思维力、思考力的训练才是恰当的,否则就增加了学生学习和阅读负担,事倍功半。

学生应该通过阅读理解教师整理加工的文本信息,正确区分事实与观点,辨别事物发生的动机和缘由,思考文本深层的思想,积极进行下文和故事情节的预测,对作者所持态度、观点或文章的风格特点、文章的写作手法等方面进行评判,并同时培养自己对文学作品的鉴赏能力。

《课标》也明确指出应该根据学生的学习需要和认知发展水平,在教学中注重培养学生的批判思维能力。因此,在英语阅读教学中,教师要树立培养学生独立思考能力和思维能力的信念,在培养学生阅读能力的同时,鼓励学生运用质疑、分析、提问评价等阅读策略,力求对文本进行深层次的分析和理解,逐步培养学生的英语思考力。尤其是要让学生具有独立思考的能力。

在英语阅读教学过程中,教师可采用“三段式”教学步骤,帮助学生更好地提升阅读思考力。

(1)阅读前活动。

阅读前活动是阅读的导入阶段,对于学生思考力和认知力的培养,这个阶段主要有两个任务,即对背景知识的激活和提前学习新词。教师带领学生进行阅读前的活动,其目的主要有四点:最大化地激发学生的阅读动机和阅读兴趣;激活学生已有的背景知识,为学生提供必要的背景知识;引出阅读文本的核心话题;为接下来的进一步阅读解决语言障碍。

(2)阅读中活动。

这个阶段以学生的阅读为主,教师在让学生进行阅读中活动的时候,必须要交代清楚阅读的任务。这个阶段教师所涉及的所有阅读任务和活动设计,都要以训练学生的阅读能力为目标,尤其是注重学生独立思考的能力和批判性思维的能力。

(3)阅读后活动。

阅读后活动的设计目的主要是根据阅读内容和文本核心内容所进行的各种思维训练活动。与此同时,教师应鼓励学生将所阅读的内容与自己的学习和生活经历、知识背景、兴趣爱好及自己所持的观点进行联系，总结提升。

阅读教学除了运用“三段式”的教学步骤，还要结合学生的实际情况进行相关的训练活动，例如，个体阅读指导；阅读技巧和阅读策略的指导；鼓励学生进行持续默读；帮助学生提升阅读流畅度的训练活动；鼓励学生大量阅读，独立思考，小组分享，重点是通过阅读学会阅读。这样更有助于促进语言知识解码的自动化，进而提升学生的阅读能力和阅读素养。

（三）转化力

近年来，无论是一线教师还是专家学者都投入了很多的时间和精力研究如何更好地培养学生的英语阅读能力。然而遗憾的是，阅读教学的“高投入，低产出”现象仍然非常普遍。学习多年后，学生依然不能独立阅读英文原版绘本、语言材料、外刊、新闻等。究其原因，一方面和学生的盲目阅读有关；另一方面，由于学生在阅读活动中没有掌握和使用适当的阅读策略，因而没有很好的阅读转化力，即不能把所学和所读转化成必要的阅读能力并进行英语实际交流活动。因此，有意识地发展良好的阅读习惯和有效的阅读策略十分关键，会极大地提高学生的阅读转换力。

那么，怎样培养学生的阅读转化力呢？在阅读教学中，教师要更好地运用一些有效的教学策略，帮助学生更好地将阅读中所学习的知识转化成英语交际能力和在实际生活中运用英语做事情的能力。

（1）合作阅读的英语阅读策略。

在阅读前，让学生在最短的时间内了解、熟悉与阅读文本相关的信息并激活已有的知识背景，进行文本预测，激发学习和阅读兴趣。教师可以采用 Brainstorming 的形式让学生通过自由想象或者集体讨论的形式了解阅读主题及与阅读话题相关的知识。学生在讨论和合作过程中汇总大家的信息，合作共赢，产生阅读差，进行信息交换，转化阅读信息，提高阅读能力。

（2）对阅读文本的细节进行阅读思考。

教师通过训练活动和任务的设置，帮助学生提升阅读理解的能力，让学生进行自检，检测自身对于阅读文本的理解程度。例如，对于文本主题句和关键词的理解；对教师提出的细节问题的理解和不同观点；学生可以在小组内进行交流和讨论，表达自己的观点，完成活动任务，进行评论。

无论学生有多少阅读量，都要有正确的阅读指导，要使用正确的阅读策略，从小开始。出生到 8 岁是文字语言发展最快的时候，其次就是四年级到初中三年级，在这些阶段，孩子最容易对阅读产生兴趣。在激发并保持学生阅读兴趣的同时，激发学生的阅读内驱力，让学生自身产生阅读需要和更深入一层的阅读动机。教师在阅读教学过程中，要多设置问题，多问深层次的问题，激发学生不断深入阅读的兴趣和欲望，进而提升学生的英语阅读能力和阅读素养。

总之,英语阅读教学是一项系统工程,教师在进行阅读教学和指导的同时,要以阅读文本为载体,以语境为依托,结合学生的学习需求构建思维体系,通过创设情境开展活动,帮助学生感知、理解、操练和运用语言,使学生在认知层面、理解层面、思维层面都能得到良好的发展,学生能够灵活运用自己的阅读所知,有效提升语言运用能力和阅读能力。运用英语分级阅读材料和多源文本素材,结合正确、适当的阅读策略,培养学生具备文本概念,积累隐形的语言知识和背景知识,提升外语文化意识,并逐步养成图文兼顾、按序阅读的阅读习惯,形成浓厚的阅读兴趣和积极的阅读态度,树立"终身学习"的信念,在生活中运用英语做事情,完成交际活动,使学生的英语阅读能力得到最大的发展,进而提升学生英语阅读素养和英语学科的核心素养。

第三节　英语课内外阅读教学存在的问题及解决策略

哈尔滨市教育研究院初中英语教研员　郭　华

提到阅读,首先要明确什么是阅读?阅读在字典中的解释:看(书、报等)并领会其内容。"阅读"在网络上也有相应的解释:阅读是运用语言文字来获取信息、认识世界、发展思维,并获得审美体验与知识的活动。它是从视觉材料中获取信息的过程。视觉材料主要是文字和图片,也包括符号、公式、图表等。阅读是一种主动的过程,是由阅读者根据不同的目的加以调节控制的,陶冶人们的情操,提升自我修养。阅读是一种理解、领悟、吸收、鉴赏、评价和探究文章的思维过程。阅读可以改变思想、获取知识,从而可能改变命运。

阅读教学有哪些作用呢?通过阅读教学,使学生学会读书,学会理解;通过学生、教师、文本之间的对话,培养学生收集处理信息、认识世界、发展思维、获得审美体验的能力,提高学生感受、理解、欣赏的能力,使学生具备终生学习的能力;培养学生具有感受、理解、欣赏和评价的能力。阅读是学生的个性化行为,不应以教师的分析来代替学生的阅读实践。

一、初中英语课内外阅读教学存在的问题

(一)阅读碎片化

1. 阅读碎片化的表现

碎片化的阅读教学不利于学生构建文本的整体意义。碎片化是当前中学英语阅读教学中最为普遍的现象,也是造成英语阅读教学效率低下的主要原因之一。碎片化的

表现主要有以下几个方面：

(1)语篇信息碎片化。基于阅读内容所提出的问题比较零散，缺乏系统性和层次性，不利于学生构建文本的整体意义，导致学生通过阅读获得的只是信息点，而不是信息网。

(2)语言知识教学碎片化。教学课文中的生词时，往往是孤立地、零散地教授这些词汇，而不是为服务于课文主题意义探究来教学词汇。

(3)阅读理解大多停留在句子层面，没有上升到语篇层次，缺乏对文本的整体理解。

2. 阅读碎片化教学存在的问题

(1)没有从语篇的高度来教授阅读。语篇是什么？《课标》对语篇的定义是："语篇是表达意义的语言单位，包括口头语篇和书面语篇，是人们运用语言的常见形式"。其实，语篇就是人们在日常生活中用来表达交际意义、实现交际目的最为基本的语言单位，它具有完整的意义和结构。然而，在日常阅读教学中，许多教师基本上还是把阅读语篇作为语言知识教学的主要载体，重视语言知识教学，轻视语篇意义教学。

(2)阅读教学中缺乏主题意识。任何一篇文章都是有主题的。然而，许多教师在设计阅读理解问题时很少考虑要为文本的主题意义探究服务，要么设计一些浅层的事实性问题，要么设计几个缺乏层次和逻辑的问题。这样的问题设计势必导致学生对文本信息理解的碎片化。

(二)阅读肤浅化

阅读肤浅化主要是指阅读活动的思维层次肤浅，不利于学生对文本的深度理解。在日常阅读课上，不少教师针对阅读内容所提出的问题或设计的活动思维层次偏低，多为理解和记忆层面的问题，缺乏高阶思维活动。

1. 思维层次肤浅的主要表现

(1)针对阅读内容所提出的问题多为事实性问题，学生可以从文本中直接找到答案，不需要运用高阶思维能力。

(2)所设计的大多数阅读理解活动虽然形式上丰富多样，但从认知层次上来看并没有本质的区别，许多阅读活动往往是低层次的、重复性的。

(3)阅读课上学生的阅读行为不突出，教师讲解过多，学生真正用于自主阅读的时间太少，导致缺乏阅读体验。

2. 阅读活动思维层次偏低的原因

(1)忽视阅读教学对学生思维品质培养的价值。深度阅读教学需要学生的深度思维参与，深度阅读教学有助于培养学生的高阶思维能力。根据布鲁姆的认知目标分类，认知目标包括六个层次：记忆、理解、应用、分析、评价和创造。其中，记忆、理解和应用属于低阶思维，而分析、评价和创造则属于高阶思维。在日常英语阅读教学中，低阶思维的活动较多，而高阶思维活动较少，这是一个特别突出的现象。

（2）教师所设计的问题或活动不能服务于语篇主题意义探究，在导致阅读教学碎片化的同时也造成阅读教学比较肤浅。其实，语篇的灵魂是主题意义。深度阅读一方面取决于活动思维的深度，另一方面取决于对主题意义探究的深度。

（3）教师缺乏文本解读意识。阅读教学的层次肤浅多源于教师对文本解读不够深入。许颖（2018）认为："阅读教学是教师、学生和文本之间的对话。教师解读文本的角度直接影响学生对文本的理解和体验。"

（三）阅读割裂化

1. 阅读割裂化的主要表现

割裂的阅读教学不能体现语篇的交际功能。割裂是指形式与内容的分离，或内容与内容的不连贯，也就是所谓的"两张皮"。主要表现在以下四个方面：

（1）语言知识教学与文本内容割裂。比如，阅读前先教学全部生词，而这些生词的教学是完全脱离课文语境的。

（2）将阅读文本进行割裂。比如，教授一篇较长的课文时，第一节课教授课文的前几个段落，第二节课教授课文的后几个段落，将语义、语境完整的文章生硬地割裂开来。

（3）读前活动与文本内容关联性不强。本来读前活动是为阅读理解服务的，但是一些读前活动用时过长，且远离课文主题，不能为学生的阅读理解起到较好的铺垫与衔接作用。

（4）读后活动偏离文本主题，拓展过度，甚至另起炉灶。

2. 造成阅读割裂的原因

（1）没有认识到语篇的交际功能。任何语篇都是为交际服务的，是用来表达完整意义和意图的，所以它有完整的语篇结构。阅读文本之所以被称为语篇，是因为它具有语篇的基本特征，即形式上的衔接和语义上的连贯。

（2）缺乏语境意识。文章都是有一定语境的，因为作者在写作时都进行了语境建构。阅读者在阅读时需要对文章进行语境重构。例如，对于记叙文来说，语境重构的要素包括事件、人物、时间、地点、原因、经过、结果、主题、作者观点、写作目的、情绪，以及潜在的读者对象等。语境重构能够将平面的文字阅读变成有血、有肉、有灵魂的立体阅读。

（四）阅读模式化

1. 阅读模式化的主要表现

模式化的教学设计导致阅读教学缺乏灵活性。模式化是指由于教学思路僵化而导致的教学设计千篇一律、缺少灵活变通的教学现象。阅读教学中的模式化主要表现在两个方面：一是教学过程的模式化；二是教学策略的模式化。就教学过程的模式化而言，大部分阅读教学设计都是采用读前、读中和读后这一教学过程，具体做法是：首先通过头脑风暴或回答问题的方式来激活学生对课文主题的背景知识，然后让学生快速阅读文章，获取文章大意，之后再读一遍文章，获取细节内容，最后进行读后讨论或语言学习。就阅读策略的模式化而言，大部分阅读课所呈现的阅读策略基本上是略读、寻读和猜测生词，很少使用其他类型的阅读策略。

2. 造成阅读教学模式化的原因

(1)没有认识到不同文体有不同的特征，不同的文体特征有不同的文本解读要素。

(2)没有认识到不同文章有不同的教学重点和难点。

(3)没有认识到不同学生有不同的学习需求。

不少教师喜欢将同一种教学模式用于不同的教学内容，长此以往，就容易造成教学思路的僵化。阅读教学活动的设计应基于不同的文章内容、文体特征、教学目标和学生需求，开展灵活多样的教学。只有这样，才能最大化地提高阅读教学的效率。

二、初中英语课内外阅读教学存在问题的解决策略

(一)明确初中英语阅读课的教学目标

获取语篇的基本信息和内涵是阅读教学的首要功能，阅读首先是为了得到信息，所以为获取信息而阅读是阅读教学的第一目标。培养阅读策略和阅读技能是阅读教学的第二目标，因为阅读教学不同于日常生活中的普通阅读行为，它带有教育和培养的目标。英语阅读教学的目的是要把学生培养成独立的、高效的阅读者。学习语言知识和语篇知识是英语阅读教学中的语言教学功能，尤其是语篇知识，不仅可以让学生理解作者写了什么，还可以让他们知道作者是如何写的。学习文化知识、拓展文化视野对应英语学科核心素养中的文化意识，是英语阅读教学中的核心育人价值。发展思维能力、提升思维品质，对应英语学科核心素养中的思维品质维度，这也是英语阅读教学中的核心育人价值。学习写作技巧、发展写作能力是英语阅读教学的副产品。众所周知，“读书破万卷，下笔如有神”，这说明了阅读与写作的关系。但是，关键是要将书读“破”，如果只是走马观花式浏览，或者一味地强调快速阅读，则不能帮助学生达到发展写作能力的目标。所以，英语阅读教学需要文本解读和语篇分析，即开展深度阅读教学。培养正确的情感、态度和价值观也是英语阅读教学的重要目标。就拿教材来说，任何一篇课文都富有一定的教育价值，能帮助学生树立正确的世界观、人生观和价值观。形成良好的语感是任何一个英语学习者的梦想，而良好语感的形成要靠大量的、高质量的语言输入，其中阅读是主要途径。

(二)科学进行初中英语阅读课堂教学

1. 高度关注学生的个体差异,改革英语阅读的教学方法,使教学真正做到有的放矢

阅读教学的目的不单纯是要学生学习掌握语言知识,更重要的是通过阅读获取信息、学习文化、发展阅读技能和策略,为继续学习和终身发展打下基础。英语教学活动的主体——学生,是一个个鲜活的生命体,他们之间存在着各种各样的差异,主要表现在认知方式、学习方式、英语水平、性格特点、情感态度、对教师的态度、学习环境等方面。这些因素决定了学生的英语水平及学习能力上的差异。

2. 抓好课堂教学,重视阅读能力的培养,使学生在课堂上学有所获

从初一起,教师就应制订一个切实可行的教学计划,明确初中阶段阅读教学的目标和应采用的措施。教师要结合教材内容,把对学生阅读能力的培养细化到每一个教学模块,避免阅读教学的盲目性和随意性。

在组织课堂教学时,无论是哪种课型,我们都必须首先明确教学目标,其次才是针对这些目标考虑采取哪种教学模式。阅读有多种目标,包括寻找信息(read for information)、提高阅读技能(read for skill)、获得语言知识(read for language)、增加生活乐趣(read for enjoyment)等。

在阅读教学中,设计不同的活动来培养学生不同的阅读技能是非常重要的。初中的阅读要在精确性和速度方面逐渐提高对学生的要求,由于初中学生年龄较小,知识储备和学习习惯尚有欠缺,因此就需要教师在进行阅读教学时想方设法去设计一些新颖的课堂活动来完成阅读任务。开展丰富多彩的活动,能够激发学生的学习欲望,给课堂带来活力。

3. 阅读教学要坚持常抓不懈

教师备课要充分,既要备教材也要备学生,课堂活动重“热身(warming-up)”,可以介绍与阅读内容有关的一些背景知识,实现课内外阅读的互动互补。

(1)阅读过程要让学生有明确的“目标(goal)”,带着任务进行阅读。

①要求学生快速阅读指定的内容,培养良好的阅读习惯。

②提问不同程度的学生回答提前设计好的问题,问题的设计要围绕中心思想(main idea),为不同层次的学生设计难易程度不同的问题。

③提出细节性问题,让学生获取有关 what、where、when、why、who、how 等基本要素以及 start、process、end 总体过程脉络的信息,帮助他们在写作方面也有所积累。

④分小组讨论问题答案,然后全班检查答案。

(2)注重阅读教学的扩展——“表达(express)”。

①鼓励学生用简单的语言表述他们对文章的见解,但不是复述课文。不要总是纠正学生的语音、语法错误,鼓励学生尽可能流利地用英语说出自己的想法。

②在学生对课文理解的基础上,检查学生对生词的猜测情况。只要能猜到大意就行,对一些高频率出现的词汇可以对其用法做一些必要的分析并要求学生记忆。

③对一些较长的文章,可以帮助学生分析语篇结构和文体特征,围绕文章开展各种形式的口笔头活动,如复述课文、问题讨论、角色扮演、仿写、续写、改写等。并要求学生积累文章中的优美词句,为他们的自由写作打下基础。

探究主题意义能帮助学生提升语篇理解的程度,提升思维发展的水平,提高语言学习的成效。主题理解一定要明确范畴和层次关系,不然会陷入目标低化或归属错位的误区。

阅读教学是学生、教师、文本之间的对话。和谐、有效地对话最终让英语核心素养在课堂落地生根。

第二章　课题驱动

第一节　“课堂阅读与课外阅读互动互补研究”申请书

中国英语阅读教育研究院
“十三五”规划2020年度一般课题

申
请
书

课题名称　课堂阅读与课外阅读的互动互补研究
负 责 人　纪宇红
申请日期　2020.6.29
联系电话

一、课题负责人和课题组主要成员

<table>
<tr><td colspan="2">课题名称</td><td colspan="5">课堂阅读与课外阅读的互动互补研究</td></tr>
<tr><td rowspan="3">负责人</td><td>姓　　名</td><td>纪宇红</td><td>性　　别</td><td>女</td><td>职称</td><td>中学高级</td></tr>
<tr><td>工作单位</td><td colspan="2">黑龙江省哈尔滨市第三十五中学校中学</td><td>电子信箱</td><td colspan="2">a173424423@ qq. com</td></tr>
<tr><td>通讯地址</td><td colspan="2">黑龙江省哈尔滨市第三十五中学校</td><td>邮编</td><td colspan="2">150040</td></tr>
<tr><td rowspan="3">联系人</td><td>姓　　名</td><td>纪宇红</td><td>性别</td><td>女</td><td>职称</td><td>中学高级</td></tr>
<tr><td>工作单位</td><td colspan="2">黑龙江省哈尔滨市第三十五中学校</td><td>电子信箱</td><td colspan="2">a173424423@ qq. com</td></tr>
<tr><td>通讯地址</td><td colspan="2">黑龙江省哈尔滨市第三十五中学校</td><td>邮编</td><td colspan="2">150040</td></tr>
<tr><td rowspan="12">主要参加者</td><td>姓名</td><td colspan="2">工作单位</td><td>职务职称</td><td colspan="2">承担任务</td></tr>
<tr><td>吴　岩</td><td colspan="2">黑龙江省哈尔滨市第三十五中学校</td><td>中学一级</td><td colspan="2">理论研究</td></tr>
<tr><td>孙　宇</td><td colspan="2">黑龙江省哈尔滨市第三十五中学校</td><td>中学一级</td><td colspan="2">理论研究</td></tr>
<tr><td>苏　欣</td><td colspan="2">黑龙江省哈尔滨市第三十五中学校</td><td>中学一级</td><td colspan="2">实践研究</td></tr>
<tr><td>付丽双</td><td colspan="2">黑龙江省哈尔滨市第三十五中学校</td><td>中学二级</td><td colspan="2">实践研究</td></tr>
<tr><td>赵亚晶</td><td colspan="2">黑龙江省哈尔滨市第三十五中学校</td><td>中学一级</td><td colspan="2">实践研究</td></tr>
<tr><td>冯　妍</td><td colspan="2">黑龙江省哈尔滨市第三十五中学校</td><td>中学一级</td><td colspan="2">材料整理</td></tr>
<tr><td>褚衍萍</td><td colspan="2">黑龙江省哈尔滨市第四十九中学校</td><td>中学高级</td><td colspan="2">材料搜集</td></tr>
<tr><td>魏晓琳</td><td colspan="2">黑龙江省哈尔滨市荣智学校</td><td>中学一级</td><td colspan="2">实践研究</td></tr>
<tr><td>魏博文</td><td colspan="2">黑龙江省哈尔滨市第三十中学校</td><td>中学二级</td><td colspan="2">实践研究</td></tr>
<tr><td>鞠小迪</td><td colspan="2">黑龙江省哈尔滨市第三十七中学校</td><td>中学三级</td><td colspan="2">实践研究</td></tr>
<tr><td>尚逸舒</td><td colspan="2">黑龙江省哈尔滨市第四十六中学校</td><td>中学二级</td><td colspan="2">实践研究</td></tr>
</table>

说明：参与人员（不含课题负责人）应不多于 10 人。

二、负责人和课题组主要成员近三年来取得的与本课题有关的研究成果

成果名称	著作者	成果形式	发表刊物或出版单位	发表出版时间
分解初中英语课外阅读量15万词的思考	纪宇红	论文	《黑龙江教育》ISSN1002－4107	2020年
巧用英语故事引导学习——以他失去了胳膊,但仍在攀登等课为例	纪宇红	论文	《黑龙江教育》ISSN1002－4107	2019年

三、负责人和课题组主要成员“十二五”规划以来主持的重要课题

主持人	课题名称	课题类别	批准时间	批准单位	完成情况
纪宇红	“初中英语情境教学课堂活动设计的研究”	区级小课题	2014年	哈尔滨市香坊区教育学会	已结题
吴　岩	“通过英语课堂教学活动,提高学生英语学科核心素养的研究”	区级小课题	2018年8月	哈尔滨市香坊区教育学会	已结题
吴　岩	“基于混合式作业的学生发展核心素养评价与促进研究”子课题	“十三五”教育科研规划重点课题	2018年7月	北京师范大学教育心理与学校咨询研究所	中期

四、课题设计论证

· 本课题核心概念的界定,国内外研究现状述评、选题意义及研究价值

· 本课题的研究目标、研究内容、研究假设和拟创新点

· 本课题的研究思路、研究方法、技术路线和实施步骤

（限3 000字内）

1. 核心概念的界定及国内外研究现状概述

古德曼(K. S. Goodman)在1972年指出:“阅读是对三种相互有关而各有区别的信息,即形符的,句法的和语义的信息,进行信息处理的一种形式。”对文本的解码能力早已成为阅读的必备技能。而曾在美国取得加州大学心理学博士学位的洪兰教授也说:“激活孩子大脑最好的三个方法:运动,阅读和游戏! The best ways to activate kids' brain are through exercise, reading and games.”可见,阅读是提升学生学科核心素养的有效途径。

在学校,课堂上的有计划和有目的的阅读活动构成了课内阅读。在校外,学生按照要求或是自发进行的阅读构成了课外阅读。课内阅读因为种种原因,需要课外进行补充。课外阅读也可以迁移到课堂阅读活动中,因此,课内阅读与课外阅读是互动互补的关系。而学生阅读兴趣、阅读能力、阅读习惯的养成必然依赖于课堂与课外的互动互补。

2. 本选题的意义和研究价值

(1)理论价值。

《课标》中五级对阅读所设定的标准为:①能根据上下文和构词法推断、理解生词的含义。②能理解段落中的各句子之间的逻辑关系。③能找出文章中的主题,理解故事的情节,预测故事情节的发展和可能的结局。④能读懂相应水平的常见体裁的读物。⑤能根据不同的阅读目的运用简单的阅读策略获取信息。⑥能利用词典等工具书进行阅读。⑦课外阅读量应累计达到 15 万词以上。五级设定的目标,相当于初中毕业要达到的目标。仅课外阅读量累计达到 15 万词以上,对于师生来说都是天文数字。仅仅靠课内阅读是远远达不到的,因此需要课外阅读作为补充。

(2)实践价值。

本课题是基于学情,立足为未来培养适合人才的思想,汇集纪宇红初中英语名师工作室来自各校教师的课内外阅读的探索,综合纪宇红名师工作室"绘本阅读""学科故事""报刊阅读"等特色活动,构建阅读共同体的实践研究。探索课堂阅读活动设计,实践学生"自主阅读""分级阅读"等方式,实现课堂阅读与课外阅读的互动互补。

阅读能力的培养是一个长期的过程。学生在不同学段应达到的目标是不同的。起始学年六年级侧重的是阅读兴趣的培养,绘本阅读以及绘本阅读融合课堂教学是可行的。七年级,在学生掌握了一定的词汇量和文本解码能力的基础上,课堂上更加侧重阅读策略的指导,通过课堂外阅读增加阅读量,推动学生形成良好的阅读习惯。八年级,在兴趣和习惯的基础上,更加注重阅读品质的养成,批判性思维,读写结合。毕业班阅读则是全方位的能力突破阶段。各个学段虽有侧重,但连续交叉,因此分级阅读就有了必要性,能够很好的根据不同学段的学情指导学生阅读。除绘本阅读,还要讲好学科背后的故事。报刊阅读既可以是课内阅读的环节,也可以是课外阅读的素材,形成课内阅读与课外阅读的互动互补。通过课题的研究,可形成具有推广价值的教师指导阅读路径,提升学生英语学科核心素养。

3. 本课题的研究目标、研究内容、研究假设和创新与突破之处

(1)研究目标。

①通过具体研究过程,促使教师、学生、家长共同参与阅读,进一步积淀文化底蕴,进一步提升学生各方面的人文素养。

②立足课堂阅读教学,将报刊阅读、绘本阅读、学科故事融入课堂教学,打造精品课例。

③通过名师工作室团队课内外阅读的互动互补,促进教师在校本研修、工作室集中研讨展示中进行反思,反思教学中的典型问题和难点,进一步提升教师的研究能力。

④探索课内阅读与课外阅读的教学策略,构建"自主、生成、发展"的课堂教学。

(2)研究内容。

基于纪宇红初中英语工作室不同地域,不同学段的实践探究,围绕不同阶段学生阅读品格的培养,不同阶段学生解码能力的发展,不同阶段学生阅读能力与思维发展,不同阶段学生文化意识发展,课内阅读与课外阅读互动互补教学模式的研究,不同学段学生阅读共同体建设等方方面面开展实践探索,抓住三点(绘本阅读、报刊阅读、学科故事),力求形成一系列可操作、可模仿、可推广的实践路径。

(3)研究假设。

通过课题研究营造和谐、积极的学习氛围,搭建激趣、质疑、探究、合作的学习探究活动平台,促进学生正向学习情绪的生成,调动学生的学习积极性,主动性,构建学生阅读共同体。以课题践行中出现的问题为牵动,通过研讨、交流能够不断完善建构学习共同体的策略,构建"自主—生成—发展"学习共同体。通过课题研究在哈尔滨市带动一批人,推动教师专业素养提升。

(4)创新与突破之处。

研究有优势、有亮点。研究的内容——绘本阅读、报刊阅读和学科故事与课堂教学的融合及学生阅读共同体的构建比较前沿,纪宇红作为哈尔滨市英语学科兼职教研员在哈尔滨市进行过展示。纪宇红名师工作室是哈尔滨市唯一进行了全面长期尝试的团体。工作室成员均参与过省级课题的研究,有想法,有行动。团队集中了不同地域、不同学情、不同学段的教师资源,研究独具格局。

4. 本课题的研究思路、研究方法、技术路线和实施步骤

(1)研究思路。

基于前期研究,梳理研究方案,重新归零。首先,借助课题提供的学生测评系统,对学生进行实验前测,可能的情况下,结合其他测评手段定期测评,以测促教、以测促学,以测促读。不断调整,以学段为单位将工作室核心成员分组,例如,六年级起始学段要开展围绕绘本阅读,将其融入教学环节等方面的研究。各学段定期召开展示活动等,交流调整,力求研究有成效。

(2)研究方法。

本课题研究主要采用观察对比法、调查问卷法、行动研究法。

(3)技术路线。

工作室有专家顾问团指导,专家由省、市、区教研员组成。教师梯队围绕核心问题开展活动,分工协调。工作室有特邀留学生嘉宾,有跨国界研讨活动,从国际视野探讨阅读途径。

(4)实施步骤。

本课题的实施共分三个阶段,共计近三年的时间(2020.8—2022.12)。

①第一阶段:收集资料、学习品悟阶段(2020.8—2020.12)。组织搜集相关资料、集中或分散学习相关理论;制定整体目标;提交课题申请,召开开题会。

②第二阶段:研究实施阶段(2021.1—2022.6)。

A. 设计调查问卷并进行问卷调查,分析对比教师专业水平的变化状况,了解学生的知识结构及学生差异现状。

B. 成立教学商会——形成常态研究,探索高效课堂基本模式,构建互动互补阅读模式。

a. 从骨干教师常态教学入手,进行"首席帮带",梳理构建课堂学习共同体的策略,确立研究主题。

b. 依托教学商会,研磨问题,交流共融,提炼优化的教学策略。

c. 通过开展"双师同堂"课、新教师汇报课、骨干教师展示等活动,组织教师上课题实验课,打造精品课例。

C. 引领示范。

在不断主动完善、主动打破、主动重建的动态生成中,教师结合自己特点、根据班级学生实际情况创造性地运用模式,达到运用模式而不把模式绝对化的效果。

D. 定期开展课题研究课研讨活动,撰写科研论文,制订课题研究的阶段计划,及时总结,整理提炼中期研究成果,参加工作室展示。

③第三阶段：验收结题阶段(2022.7—2022.12)。

总结整理文字、声像材料，提升理论，撰写课题研究报告，形成研究文集。

A.具体措施。

按照课题开展分组，分解研究内容，提出新策略，组织并开展相应的活动。

教师参与课题研究、信息技术应用、教师反思能力提升、教育理念的学习。

B.成果形式。

文字成果：课题中期报告、课题结题报告、学生绘本阅读集锦；

声像成果：课例、活动录像；

实物成果：获奖证书。

五、完成课题的可行性分析

课题负责人纪宇红是哈尔滨市初中英语学科兼职教研员，哈尔滨英语学科“烛光杯”大赛评委。2019年，在哈尔滨首期英语学科骨干教师暨命题员培训活动中，做题为《分解15万词阅读量的途径》的讲座，将绘本教学、学科故事和报刊阅读融为一体，通过课例和实例，讲述了纪宇红初中英语名师工作室在阅读探究中的发展历程。长期以来，工作室坚持引领学生进行绘本阅读，探索绘本与课堂教学融合，将绘本作为课本剧搬上舞台(第三十五中学校英语社团在全国第十三届“未来之星”英语特长生选拔赛中荣获黑龙江赛区英语专业集体组金奖)。当前，工作室致力于学生阅读共同体建设，通过微信公众号平台推出学生绘本系列阅读展播活动。

纪宇红老师曾荣获全国优秀外语教师园丁奖，曾在英国布莱顿大学留学，主修教学法，英语语言和文化。还曾以市优秀学科带头人的身份到澳洲参加高端研修。早于2015年，《基于课例研修的问题解决式的微格研修》基于课内阅读课的设计，中西合璧，在全市做专业引领展示。2019年，应继教网邀请，以专家身份送教宁安，做题为《在阅读中提升学生英语学科核心素养》的讲座，并做了一节阅读课的公开课。

纪宇红初中英语名师工作室中的成员来自不同学校，有公办、有私立、有郊区学校，有初中六年到九年不同学段的教师。她们精力充沛，热情高，有毕业于大连外国语大学英语语言文学专业的硕士研究生，也有工作20年经验丰富的教师，更不乏在赛课中不断成长的青年教师。成员中有班主任，有教研组长，也有备课组长，这个团队，能够针对不同的学情，从阅读的可持续性兴趣的培养、可持续习惯的养成、可持续策略的指导等多方面做“一条龙”的深度研究。

工作室依托校本研修，形成校际联盟，将问题课题化，采用任务驱动的方式，打造阅读课精品课例。工作室成员也参与了十三五多项省级课题，如省级课题“‘和雅’文化环境下，构建初中生课堂学习共同体的实践研究”“运用‘一课三摩’特色校本教研模式，构建高效课堂的策略研究”。校本研修每学期四次，以学年组为单位，由课题成员中的备课组长组织，全体英语教师参与，教研组长纪宇红进行点评。第三十五中学校阅读课ABC案设计由工作室核心成员在全区做展示。

工作室采用线上与线下相结合的方式开展阅读工作坊活动，确保教师阅读能力不断提升。团队以阅读英文原版的教法类书籍为主，*What makes a great teacher*、*Effective teaching in schools* 等等。纪宇红初中英语名师工作室将为本课题提供经费支持。

"三端一室"互联网 + 名师工作室建设通过选拔，受邀参加全国第五届教育创新公益博览会，在珠海进行为时一小时的工作坊展示和半小时的自主演讲，学校大力支持，哈市教育给予报道。此次课题研究契合工作室主题《提升"两素养"的行动研究》（两素养指教师专业素养和学生英语学科核心素养），作为工作室的又一项研究成果，必将得到学校和相关区、市各部门大力支持。

六、预期研究成果

主要阶段性成果（限报 10 项）				
序号	研究阶段（起止时间）	阶段成果名称	成果形式	负责人
1	2020.9.20—2021.1.15	课题实验课课例	录像课	尚逸舒 苏　欣 魏博文 鞠晓迪
2	2021.1.16—2021.7.15	学生绘本阅读作品集锦	学生作品集	褚衍萍 付丽双
3	2021.7.16—2021.10.15	课题中期报告	实验报告	赵亚晶 魏晓琳
4	2021.10.16—2022.11.15	课题论文集锦	论文成果集	吴　岩 孙　宇
5	2021.11.16—2022.12.15	课题结题报告	结题报告	纪宇红
最终研究成果（限报 4 项，其中必含结题研究报告）				
序号	完成时间	最终成果名称	成果形式	负 责 人
1	2020.1.15	课题实验课课例	录像课	苏欣
2	2021.7.15	学生绘本阅读作品	学生作品集	褚衍萍
3	2022.12.15	课题结题报告	结题报告	纪宇红

第二节　“课堂阅读与课外阅读互动互补研究”立项书

中国英语阅读教育研究院“十三五”规划

2020 年度一般课题

课题立项证书

课 题 名 称：课堂阅读与课外阅读的互动互补研究

课题立项号：CERA135220204　　课题主持人：纪宇红

课题主持人所在单位：黑龙江省哈尔滨市第三十五中学校

主 要 成 员：吴岩 孙宇 苏欣 付丽双 赵亚晶 冯妍 褚衍萍 魏晓琳 魏博文 鞠小迪 尚逸舒

中国英语阅读教育研究院

北京师范大学外国语言文学学院

外语教学与研究出版社

二〇二〇年八月

第三节　“课堂阅读与课外阅读互动互补研究”课题中期报告

中国英语阅读教育研究院

2020 年度一般课题

中期报告

课 题 名 称	课堂阅读与课外阅读的互动互补研究
课题立项号	CERA135220204
课题负责人	纪宇红
所 在 单 位	黑龙江省哈尔滨市第三十五中学校
填 表 日 期	2021.10.3

一、基本情况

课题名称	课堂阅读与课外阅读的互动互补研究		
课题负责人	纪宇红	工作单位	黑龙江省哈尔滨市第三十五中学校
通讯地址及邮编	黑龙江省哈尔滨市第三十五中学校 150040		
联系电话	—	电子信箱	a173424423@ qq. com
中期报告执笔人	纪宇红	工作单位	黑龙江省哈尔滨市第三十五中学校
联系电话	—	电子信箱	a173424423@ qq. com

课题组主要成员名单

姓名	工作单位	职务和职称	承担任务
吴　岩	黑龙江省哈尔滨市第三十五中学校	中学一级	理论研究
孙　宇	黑龙江省哈尔滨市第三十五中学校	中学一级	理论研究
苏　欣	黑龙江省哈尔滨市第三十五中学校	中学一级	实践研究
付丽双	黑龙江省哈尔滨市第三十五中学校	中学二级	实践研究
赵亚晶	黑龙江省哈尔滨市第三十五中学校	中学一级	实践研究
冯　妍	黑龙江省哈尔滨市第三十五中学校	中学一级	材料整理
褚衍萍	黑龙江省哈尔滨市第四十九中学校	中学高级	材料搜集
魏晓琳	黑龙江省哈尔滨市荣智学校	中学一级	实践研究
魏博文	黑龙江省哈尔滨市第3三十中学校	中学二级	实践研究
鞠小迪	黑龙江省哈尔滨市第三十七中学校	中学三级	实践研究
尚逸舒	黑龙江省哈尔滨市第四十六中学校	中学二级	实践研究

二、实验报告

实验学校数量	6所	实验班级数量	22个
实验总人数	959人	实验教师数量	12人
实验起止时间	2020. 8—2022. 12	实验课时安排说明	教师根据自己学情安排

实验用书名称	《阳光英语》	实验用书级别	初中学段

实验变更情况（课题负责人、课题名称、研究内容、成果形式、管理单位、完成时间等）如无则填无

无

实验设计（包括研究背景与意义、研究目的、研究内容、实验设计过程与方法、研究成果等，不少于3 000字）：

1. 研究背景（课题背景、研究的意义与目的）

《课标》中五级对阅读所设定的标准为：①能根据上下文和构词法推断、理解生词的含义。②能理解段落中的各句子之间的逻辑关系。③能找出文章中的主题，理解故事的情节，预测故事情节的发展和可能的结局。④能读懂相应水平的常见体裁的读物。⑤能根据不同的阅读目的运用简单的阅读策略获取信息。⑥能利用词典等工具书进行阅读。⑦课外阅读量应累计达到15 万词以上。五级设定的目标，相当于初中毕业要达到的目标。仅课外阅读量累计达到15 万词以上，对于师生来说都是天文数字。仅仅靠课内阅读是远远达不到的，因此需要课外阅读作为补充。

成果基于立德树人这项根本任务。立德即坚持德育为先，通过教育引导人、感化人、激励人；树人则是坚持以人为本，通过教育塑造人、改变人、发展人。立德树人有很多种途径，而阅读涵盖人与自然、人与社会、人与自我，帮助实现自我教育—自我觉醒—自我成长。

本课题立足为未来培养适合人才的思想，汇集纪宇红初中英语名师工作室来自各校教师的课内外阅读的探索，综合纪宇红名师工作室“绘本阅读”“学科故事”“报刊阅读”等特色活动，构建阅读共同体的实践研究。探索课堂阅读活动设计，实践学生“自主阅读”“分级阅读”等方式，实现课堂阅读与课外阅读的互动互补。

阅读能力的培养是一个长期的过程。学生在不同学段应达到的目标是不同的。起始学年六年级侧重的是阅读兴趣的培养，绘本阅读以及绘本阅读融合课堂教学是可行的。七年级，在学生掌握了一定的词汇量和文本解码能力的基础上，课堂上更加侧重阅读策略的指导，通过课堂外阅读增加阅读量，推动学生形成良好的阅读习惯。八年级，在兴趣和习惯的基础上，更加注重阅读品质的养成，批判性思维，读写结合。毕业班阅读则是全方位的能力突破阶段。各个学段虽有侧重，但连续交叉，因此分级阅读就有了必要性，能够很好的根据不同学段的学情指导学生阅读。除绘本阅读，还要讲好学科背后的故事。报刊阅读既可以是课内阅读的环节，也可以是课外阅读的素材，形成课内阅读与课外阅读的互动互补。通过课题的研究，可形成具有推广价值的教师指导阅读路径，提升学生英语学科核心素养。

2. 研究目的与研究内容

（1）研究目的。

①通过具体研究过程，促使教师、学生、家长共同参与阅读，进一步积淀文化底蕴，进一步提升学生各方面的人文素养。

②立足课堂阅读教学，将报刊阅读、绘本阅读、学科故事融入课堂教学，打造精品课例。

③通过名师工作室团队课内外阅读的互动互补，促进教师在校本研修、工作室集中研讨展示中进行反思，反思教学中的典型问题和难点，进一步提升教师的研究能力。

④探索课内阅读与课外阅读的教学策略,构建"自主、生成、发展"的课堂教学。

(2)研究内容。

基于纪宇红初中英语工作室不同地域,不同学段的实践探究,围绕不同阶段学生阅读品格的培养,不同阶段学生解码能力的发展,不同阶段学生阅读能力与思维发展,不同阶段学生文化意识发展,课内阅读与课外阅读互动互补教学模式的研究,不同学段学生阅读共同体建设等方方面面开展实践探索,抓住三点(绘本阅读、报刊阅读、学科故事),力求形成一系列可操作、可模仿、可推广的实践路径。

3. 实验设计(研究问题、研究过程与研究方法)

(1)研究问题。

抓住"教"与"学"两个基本点,一是研究教师如何围绕课题实现团队成长,课题组每位教师人人擅长绘本导读与讲读。二是研究学生如何构建阅读共同体,实现学生导读和讲读。

(2)研究过程。

最初,通过"校本研修"+校际联盟,带领工作室核心成员围绕阅读主题,教与研相结合。工作室研修主题为《课堂阅读与课外阅读的互动互补研究》。工作室利用技术构建阅读共同体,开发"CSR'码'享'悦'读"这项成果。疫情时期,工作室发挥技术优势,成员利用技术,录制微课,辅导作业,开展个性答疑。主持人带领大家录制微课,同时被评为市云平台课审核线上教学资源建设评审专家,被授予特殊贡献奖。"图书漂流"使绘本成为流动的资源。教师利用"千聊直播间"等平台,开通绘本导读和绘本讲读课。通过直播和录播,生成二维码,引领学生共享阅读乐趣。在外教和教师示范的基础上,利用各大平台提取生成二维码功能,实现师生共读活动。学生利用小程序"微软听听",希沃白板知识胶囊等录制绘本故事,生成二维码海报,开展"码"读、"码"写、"码"演等活动。学生开通喜马拉雅电台做领读者,参加外研社丽声打卡、百词斩等阅读活动。学生自导自演的微电影《我们眼中的哈尔滨》获得"中国风"全国中小学生创意主题作品展评活动全国总决赛一等奖,在北京展播。学生还排练多部绘本剧。学生还参加用英文讲中国故事活动,通过阅读和演讲演绎家国情怀。Coding—Sharing—Reading,充分激活学生阅读的动力。CSR"码"享"悦"读包括"码"课导读与讲读、"码"团共读、"码"写"码"演。通过技术生成、提炼、设计二维码海报、分享阅读素材和资源等,师生共享阅读乐趣。

(3)研究方法。

本课题研究主要采用观察对比法、调查问卷法、行动研究法。

4. 阅读教学开展记录表

请仿照红色信息在下表中如实记录本课题的阅读教学开展情况,若没有对照班可以不填写对照班信息。

课堂阅读教学记录表(2021年春/秋季学期)

班级名称	班级性质	班额	英语教师	教学用书名称	课时安排及具体方案
七年一班	平行班	48人	纪宇红	阳光英语分级阅读	本学期讲5本书,根据教材情况为每本书分配两课时
七年四班	平行班	48人	纪宇红	—	—

班级名称	班级性质	班额	英语教师	教学用书名称	课时安排及具体方案
八年四班	平行班	50 人	赵亚晶	阳光英语分级阅读	本学期讲 8 本书，根据教材情况为每本书分配一课时或两课时
八年六班	平行班	46 人	赵亚晶	—	—

班级名称	班级性质	班额	英语教师	教学用书名称	课时安排及具体方案
八年二班	实验班	44 人	孙宇	阳光英语分级阅读	本学期讲 1 本书，根据教材情况为每本书分配一课时或两课时
八年一班	对照班	41 人	孙宇	—	—

班级名称	班级性质	班额	英语教师	教学用书名称	课时安排及具体方案
九年三班	实验班	43 人	付丽双	阳光英语分级阅读初一下	本学期讲 9 本书，根据教材情况为每本书分配一课时或两课时
九年八班	对照班	41 人	付丽双	—	—

班级名称	班级性质	班额	英语教师	教学用书名称	课时安排及具体方案
六年一班	平行班	40 人	魏博文	阳光英语分级阅读	本学期主要讲 1 本书，根据教材情况为每一篇故事分配一课时或两课时
六年二班	平行班	42 人	魏博文	—	—

班级名称	班级性质	班额	英语教师	教学用书名称	课时安排及具体方案
九年一班	平行班	45 人	苏欣	阳光英语分级阅读	本学期讲 10 本书，根据教材情况为每本书分配一课时或两课时
九年七班	平行班	37 人	苏欣	—	—

班级名称	班级性质	班额	英语教师	教学用书名称	课时安排及具体方案
六年三班	平行班	45 人	鞠小迪	阳光英语 分级阅读	本学期讲 1 本书,根据教材情况为每一篇故事分配一课时或两课时
六年四班	平行班	45 人	鞠小迪	—	—

班级名称	班级性质	班额	英语教师	教学用书名称	课时安排及具体方案
九年一班	平行班	38 人	尚逸舒	阳光英语 分级阅读	本月讲 1 本书,根据教材情况分配一课时或两课时
九年二班	平行班	32 人	尚逸舒	阳光英语 分级阅读	本月讲 1 本书,根据教材情况分配一课时或两课时

班级名称	班级性质	班额	英语教师	教学用书名称	课时安排及具体方案
七年三班	平行班	49 人	魏晓琳	阳光英语 分级阅读	本学期讲 1 本书,根据教材情况为每一篇故事分配一课时或两课时
七年四班	平行班	51 人	魏晓琳	—	—

班级名称	班级性质	班额	英语教师	教学用书名称	课时安排及具体方案
九年四班	平行班	43 人	褚衍萍		本学期讲 4 本书,根据教材情况为每本书分配两课时

班级名称	班级性质	班额	英语教师	教学用书名称	课时安排及具体方案
九年四班	平行班	40 人	吴岩	阳光英语 分级阅读	本学期讲 5 本书,根据教材情况为每本书分配一课时或两课时
九年五班	平行班	42 人	吴岩	—	—

班级名称	班级性质	班额	英语教师	教学用书名称	课时安排及具体方案
六年一班	平行班	49 人	冯妍	阳光英语分级阅读六年下	本学期讲 8 本书，根据教材情况为每本书分配一课时或两课时

持续默读记录表（2021 年春/秋季学期）

班级名称	班级性质	班额	英语教师	每周 SSR 次数	课时安排及具体方案
七年一班	平行班	48 人	纪宇红	2 次	2 节英语课的前 5 分钟 星期二和星期五中午休息时间 10 分钟
七年四班	平行班	48 人	纪宇红	—	—

班级名称	班级性质	班额	英语教师	每周 SSR 次数	课时安排及具体方案
八年四班	平行班	50 人	赵亚晶	2 次	2 节英语课，星期一和星期三中午休息时间 10 分钟
八年六班	平行班	46 人	赵亚晶	—	—

班级名称	班级性质	班额	英语教师	每周 SSR 次数	课时安排及具体方案
八年二班	实验班	44 人	孙宇	2 次	2 节英语课的前 5 分钟 星期三中午休息时间 10 分钟
八年一班	对照班	41 人	孙宇	—	—

班级名称	班级性质	班额	英语教师	每周 SSR 次数	课时安排及具体方案
九年三班	实验班	43 人	付丽双	3 次	3 节英语课的前 5 分钟 星期三中午休息时间 10 分钟
九年八班	对照班	41 人	付丽双	—	—

班级名称	班级性质	班额	英语教师	每周 SSR 次数	课时安排及具体方案
六年一班	平行班	40 人	魏博文	2 次	2 节英语课的前 5 分钟 星期二和星期五中午休息时间 10 分钟
六年二班	平行班	42 人	魏博文	—	—

班级名称	班级性质	班额	英语教师	每周 SSR 次数	课时安排及具体方案
九年一班	平行班	45 人	苏欣	2 次	2 节英语课的前 5 分钟 星期二和星期五中午休息时间 10 分钟
九年七班	平行班	37 人	苏欣	—	—

班级名称	班级性质	班额	英语教师	每周 SSR 次数	课时安排及具体方案
六年三班	平行班	45 人	鞠小迪	2 次	早自习前 10 分钟 星期五自习课 40 分钟
六年四班	平行班	45 人	鞠小迪	—	—

班级名称	班级性质	班额	英语教师	每周 SSR 次数	课时安排及具体方案
九年一班	平行班	38 人	尚逸舒	2 次	星期一中午休息时间 20 分钟和星期二下午英语活动课（单周）
九年二班	平行班	38 人	尚逸舒	2 次	星期二中午休息时间 20 分钟和星期二下午英语活动课（双周）

班级名称	班级性质	班额	英语教师	每周 SSR 次数	课时安排及具体方案
七年三班	平行班	49 人	魏晓琳	2 次	2 节英语课的前 5 分钟 星期二和星期五中午休息时间 10 分钟
七年四班	平行班	51 人	魏晓琳	—	—

班级名称	班级性质	班额	英语教师	每周 SSR 次数	课时安排及具体方案
九年四班	平行班	43 人	褚衍萍	3 次	3 节英语课的前 5 分钟

班级名称	班级性质	班额	英语教师	每周 SSR 次数	课时安排及具体方案
九年四班	平行班	40 人	吴岩	2 次	2 节英语课的前 5 分钟 星期二和星期五中午休息时间 10 分钟
九年五班	平行班	42 人	吴岩	—	—

班级名称	班级性质	班额	英语教师	每周 SSR 次数	课时安排及具体方案
六年一班	平行班	49 人	冯妍	4 次	早上课前 5 分钟 星期一、二、四中午休息时间 15 分钟

5. 实验执行过程以及完成的任务

请详细描述本校实验的执行过程，教材选择、教学计划的执行情况（是否完成既定教学计划、实验中做了哪些调整?）、教师专业能力培训、学生阅读活动组织等。

实验实施路径主要依托三条平行线：

（1）“码”课导读与讲读。

导读和讲读非常容易理解，都是阅读的方式。“码”课，每个二维码代表一节课。扫描二维码，大家就进入绘本阅读课。由于时间的关系，我们看一个片段。这个绘本 *Melting Ice* 讲述北极熊的命运。老师通过思维可视化生成北极熊思维导图，梳理文章脉络。后面还有一系列的设计，人类为了帮助北极熊做出的努力，旨在引发读者深思人类与环境、人类与动物的关系及影响。关心人类命运，关爱地球，使学生真正理解人类命运共同体的理念。

导读是利用“千聊直播”上传录播课的功能进行绘本导读。需要新建课程，将准备好的录播课，上传至千聊直播间。点击课程，再点击右上角即生成带有二维码的邀请卡。此时，就实现了扫码随时随地分享和观看“码”课。

“码”课讲读则要在“千聊直播”中预定一个直播时间，发布单课名称，然后选取系统制作，这样就可以生成二维码海报。参与者只要识别海报上的二维码就可以进入直播间观看。

由此可见：这两种阅读课的二维码生成是不同的。首先，导读课是上传一节提前录好的完整的课，再生成邀请码。而讲读课则是通过提前预约时间，先生成邀请码，再在特定的时间直播。其次，导读课是录播课，它是持续播出的，学生需要收听完课以后，再进行互动。而讲读课注重临场生成，讲师在讲读的同时，听众可以随时互动。刚才在视频中大家也看到了，讲师可以把生词显示在屏幕上，学生有不理解的问题时也可以随时提问，讲师直接解答。讲读课还可以邀请嘉宾，我们以后也会让学生作为嘉宾来讲读绘本。

"码"课导读和"码"课讲读都是利用"千聊直播"这个平台。它们的共同优势就是操作简单，而且支持语音，图片，视频直播，支持赞赏，弹幕评论，同时，不受时间、场地、流量的限制，能够永久保存，无限回放。

我们利用"千聊直播间"进行这两种形式的阅读课，当然微信公众号平台也有导读课。意于给更多的人提供一个阅读平台，让更多的人参与到阅读中，带给读者好的阅读习惯的同时，也启迪读者引发思考。

(2)"码"团共读。

团从哪里来？团是指阅读共同体这个团体的构建。首先利用班级微信群。再建立社团微信群，把有相同爱好的同学聚在一起。

选择共同的阅读素材。这是一件烧脑的事情。鉴于市面上的良莠不齐，我们最终选用了外研社的阳光英语分级阅读。因为我们保证不了学生人手一本，就想到了"图书漂流"的方式，使书籍成为流动的资源。同时，我们也深挖教材，"码"讲学科背后的故事。

共读第一阶段：教师示范。疫情期间，由特约外教 Evie 绘制的共读绘本《小熊一家——社交距离》(*The Bear Family—Social Distance*)，通过提炼公众号平台二维码进行示范阅读。同学们只要识别二维码，就可以收听老师的示范绘本并共读。

共读第二阶段：在教师给学生示范讲读绘本的基础上，学生们进入第二阶段，学着自己做领读者。有的同学在喜马拉雅电台开通自己的专栏，将课外阅读的内容通过二维码分享给大家。每逢假期，班级中也会有同学自发参加外研社丽声打卡和阅读打卡活动，也有同学坚持用百词斩打卡。

"码"团共读活动使阅读的理念深入学生内心，学生自主选择阅读材料，不局限不拘泥于内容。在教师示范领读，学生共同研究阅读绘本的基础上，共读进入第二阶段的过渡：学生们又自主研究出新的共读方式，学会了使用微软听听、希沃知识胶囊新型方式录制个人阅读作品。研究录制的知识胶囊可以自主生成二维码，大家相互分享的同时，交流阅读感受，体验英语阅读带来的乐趣和成就感。

还有一种深受学生喜爱的方式，就是使用趣配音，趣配音内容丰富，话题广泛，形式多样，孩子们可以根据自己的兴趣爱好，任意选择不同话题不同形式的作品进行配音。例如，同样是节日的话题，同学们是如何演绎的呢？有的同学选择介绍，有的选用英文版《水调歌头》，也有人选择余光中的诗歌《乡愁》。

"码"团共读使学生在团队中相互学习技术，合作制作作品，定期分享交流成为常态。

(3)"码"写"码"演。

学生阅读得来的信息要以何种形式表达出来，实现从输入到输出呢？此时，学生的能力从读到写，从眼看到演说。

①“码”写。

“码”写的前提是先有“写”好的东西，才能通过二维码分享交流。那么写的内容来源是什么呢？写是输出，读就是输入。输入后有输出，读后写，再把写作的作品，通过公众平台二维码进行分享。

课堂上怎么利用绘本引导仿写，以 Go Away！Big Green Monster 为例，我们通过阅读绘本中对于作者梦中怪兽的描述，来学习如何对事物进行外貌描写。通过绘本阅读我们首先提炼身体部位、色彩、外貌等词汇，随后进行绘本阅读，绘本儿歌欣赏，小组仿写接龙，最终绘图成文。学生一人一句话，最后以小组为单位绘图成文。课后我将学生们的写作作品在公众号平台发表，扫描二维码观看“码”写作品的同学，可以彼此学习，共同进步。

通过“二维码”也可以分享读书笔记。学生从绘本阅读中提炼一些写作方面的素材，结合他原有的语言就形成小短文，实现了读写结合。当然我们读写结合向课外延伸的时候未必都是形成一篇文章，也可以是思维导图。

②“码”演。

在教学中，当有的课文生成表演时，例如八年级上“Unit 8 How do you make a banana milk shake?”在制作实物时，边操作，边用英文讲解。但在课堂中，由于食材和时间受限，因此孩子们展示得并不充分。我们可以通过“演码”来实现学生自由创作，让孩子们在家里录制视频，把作品放在优酷上，生成二维码，分享二维码供平台的关注者观看。这样的设计鼓励学生分担家务，培养独立自主能力。

学生也尝试拍摄微电影《我们眼中的哈尔滨》。学生们自己创作的片头还是比较规范的。“码”演作品就是学生根据课内外阅读素材，驾驭自己的语言，通过合作自编自导自演剧本，它融合不同季节的家乡，秉承讲好中国故事，传播好中国声音的理念，使通过扫描二维码的平台观众的家国情怀植根心底。

编排绘本剧《月亮上的舞者》。绘本讲述的是一个小老太太坚称自己在月亮上跳过舞，村民由一开始的不信到亲眼所见的有悬念的故事。学生剧组根据自己的年龄特点，不但将一个小老太太改编为两个年轻舞者，而且在语言和情节上都做了调整。展现了阅读与表演相结合的魅力的同时，每一部“码”演作品都凝聚了学生的智慧，充分发挥了学生的想象力和创造力，培养了团队合作的精神。

除三条平行线外，也利用学校英语课前和午休时间开展默读活动。

6. 实验的主要成果

学生发展，教师发展，学校发展等，如理念变化、课程变化、内容变化、方法变化、学生学习方式变化等，是否完成了预期目标，已解决的教学问题。

在实验过程中，教师有意识地在课堂阅读中引入课外阅读素材，作为知识背景等进行融合。课后，教师也有意识地将话题过渡到绘本阅读。教师也逐渐善于在阅读课中使用“思维可视化”培养学生审辩思维。成员在各级赛课中表现突出。2020 年参加了全国中小学阅读教学说课大赛，获得哈尔滨赛区特等奖和二等奖，并在全国进行同课异构课。教师积极撰写论文，申报创新成果，在多种场合做展示，推广我们的做法。教师从最初的畏难到现在的突破，从最初绘本数量不足到想出“图书漂流”的方式使图书成为流动的资源，可以说，团队以研究为轴，画出了同心圆。

学生对阅读的兴趣明显提高了,参与绘本剧的热情高涨,还在千聊直播间做主播讲读绘本。学生们能够使用各种技术开展共读活动,阅读共同体得以构建。

7. 实验的创新点和特色

改进个体读个体的现状,构建阅读共同体。阅读内容是相同的,因而个人阅读后可以在固定的群体中交流,相互借鉴,培养审辩式思维。

改进课堂阅读课单一的形式,变为课堂阅读与课外阅读互动互补相整合。阅读的素材不应停留于课堂上,而是课堂话题的拓展与延伸。阅读团体行为不仅发生在课堂中,也延伸到课后的阅读中。

改进唯一纸质性阅读,变为视音频结合。在阅读纸质材料的同时,学生的“码”读作品以视频或音频或视音频相结合的方式多元化呈现出来。

改进教师引领和学生自主单边,变为师生共读和生生双边共读。课堂上通常为教师引领下的阅读,课后多为学生自主开展的阅读。CSR“码”享“悦”读是师生、生生共同策划、开展的共读活动。

改进阅读 = 阅读,阅读 = 做题,变为读 + 写、读 + 演相结合。学生对阅读的内容重新处理加工,通过团队合作,以图画、思维导图、写作、微电影、趣配音、绘本剧等多种形式表现出来。

改进阅读时空受限,变为随时随地。“码”以技术形式,突破时空限制,随时随地,无限回放。

8. 实验中出现的问题及有待改进的地方

(1)在课题实施过程中,给了实验教师较多的空间,根据学情完成阅读任务。可以看出:校际之间、班级之间都是有差异的。阅读虽然是有计划的,但规划本身不是特别明确,而是随机性较强,还不够系统。有的郊区学校,没有开设绘本阅读课。

(2)碎片化阅读严重。除了在千聊直播间等的阅读是以整课时设计的,其余主要是利用课前和午休零散的时间进行。

(3)阅读的覆盖面不够广。导读、讲读等是利用平台进行的,在课业负担沉重的情况下,各班级参与的人数不多,覆盖面不广。

9. 实验的主要成果

课题主持人作为市骨干、市学科带头人、市英语学科兼职教研员和市名师工作室主持人,带领团队不断研究并推广,并在《黑龙江教育》发表相关主题文章3篇。

(1)2019.12,主持人纪宇红赴宁安送教,做阅读课公开课。

(2)同月,在市首期骨干教师暨命题员培训上做专题讲座《分解课外阅读量15万词的途径》。

(3)2020.11,在第六届全国中小学英语阅读教学学术研讨会上,工作室12人团队承担了一个小时的专题培训《促进学生读写素养发展的教学设计与实施》,面向全国直播。

(4)2021.4,在海口举行的全国名师工作室联盟第四届学术年会上,《解“码”英语课堂阅读与课外阅读互动互补的策略——“码”课导读、“码”团共读、“码”写“码”演》荣获2020年度全国名师工作室创新成果一等奖。

(5)2021.5,成果更名为“CSR‘码’享‘悦’读”,在哈尔滨市第三十五中学校进行成果汇报展示。省教师发展学院英语教研员王哲在线点评。全国名师工作室联盟副理事长清华大学魏续臻教授和市教育研究院教师培训部副主任常一民进行专家点评,给予高度评价。

与会人员还有：

- 市教育研究院教师培训部：佟静
- 市教育研究院初中英语教研员：郭华 孙晓欢
- 区教师进修学校师训部主任：李洪亮
- 区教师进修学校英语教研员：彭茹 魏威

(6)同月，成果面向全市第二批骨干培训做线上分享。

(7) 2021.6，工作室核心成员35中学吴岩赴内蒙古送教阅读课，成果推广

(8)2021.7，成果在西安全国第三届名师工作室创新发展成果博览会中做展示。

(9)2021.8，纪宇红老师承担外研社公益讲座，将利用词典进行阅读教学面向全国做专题讲座。

(10)2021.9，工作室核心成员35中苏欣老师在全国中小学英语分级阅读同课异构教学展示研讨会做绘本课展示。

10. 教师心得

如何在孵化一项成果的过程中推动工作室建设？这是作为工作室主持人思考的问题。首先，就是开动脑筋，明确方向。别人做过的我们争取做得更好，更重要的是做别人没有做过的。因此，我们选择了哈尔滨还没太起步的绘本阅读作为尝试。在课题立项后，我们凝聚智慧，攻坚克难，发挥团队每个成员的优势，抱团成长。教师不断提升自身的专业素养，最终围绕主题，孵化了一项阅读成果，在西安做展示，也在哈尔滨推广。参与课题研究的教师参加了两次分级阅读说课大赛。回顾来时的课题实践路，我们做中学、做中研、做中思、做中改。我们不仅有满腔热情，更有啃硬骨头的精神。面对挑战性任务，我们乐于深入研究，拒绝流于形式，脚踏实地，提升实践能力。

感谢中阅院提供了机会，也感谢外研社搭建的平台。学生的阅读始终在路上，阅读是一种习惯，无法用量化来具体衡量，但我相信：学生未来会感谢今天的阅读。

（哈尔滨市第三十五中学校　纪宇红）

有的孩子一看到自己感兴趣的绘本，眼睛会冒光，这在普通的英文课上是不常见到的。兴趣是最好的老师，课内的资源有限，绘本正好补充了进来。在学生拓展绘本阅读的同时，我个人也在坚持英文阅读，百词斩、扇贝阅和英语流利说都很好，我深感阅读对于外语学习的重要性，尤其是在激发学生英语学习兴趣方面。在未来的教学中，我会继续坚持绘本教学！

（哈尔滨市第三十五中学校　冯妍）

根据英语新课标要求，初中阶段的阅读量要达到15万词以上。如果只依靠课本是远远不够的。那么绘本阅读课在一定程度上为我们解决了这个难题。对于六七年级的学生来说，绘本的特点是形象生动，它把图片和文字相结合，既大大激发了学生学习英语的兴趣，又拓宽了学生的词汇量和阅读量；对于八九年级的学生来说，绘本阅读也有利于提高学生的写作能力。总而言之，绘本阅读使学生受益匪浅。

在本学期，我完成了阳光英语分级阅读的8本书，内容分为百科类读物和英语小故事。阅读形式为分组阅读。即把班级学生分为若干个实验小组，每组根据自己的的兴趣选择分级阅读读物并完成相应的阅读任务，完成既定的教学计划。

在分组阅读过程中，学生们根据各组选择的读物设计出具有特色的阅读活动，例如，小组成员

根据学生各自能力水平进行组内分工,查生词、翻译文本、分角色朗读绘本内容等等,然后各组之间分享阅读感受并展开阅读竞赛活动,最后教师在阅读课中让阅读小组展示他们的阅读成果并进行综合评价。实现分角色阅读和阅读分享的目标。

(哈尔滨市第三十五中学校　赵亚晶)

分级阅读大大提高了学生的词汇量、阅读量,解决了初中生阅读量达到15万词这一难题。分级阅读不但激发了学生的阅读兴趣,而且培养了学生的阅读习惯。阳光英语分级阅读绘本内容生动形象,符合青少年的心理特点,并且不同层次的素材传递的文化及信息不同,有利于提高学生阅读素养的同时提高学生的人文素养,并且学生能把对文章的理解运用到实际生活中。

(哈尔滨市第三十五中学校　付丽双)

作为一名坚守在农村薄弱地区的英语教师,如何在不过于降低学习材料的难度和要求的前提下,提升学生学习兴趣的同时又提升学生的学习能力,是我苦苦追寻的方向。我很想找到一套课外补充教材,能够作为我们这类比较特殊的学生的"垫脚石",通过它,收回学生在外流浪的心。他们即使明知道自己有很多的不足,但仍想努力尝试一次,为自己的以后积累一定的实力。

我由衷地感谢阳光英语分级阅读这套书,书中的内容既新奇又实用,与生活实际紧密相关。在"图书漂流"环节,孩子们都找到了自己的兴趣点。在集中阅读环节,看到小组之间团结合作,即使平时不参与课堂的"小淘气包"们也能够侃侃而谈,我十分感动。也许是叛逆,孩子们不想学习约定俗成的教材;也许是畏惧,孩子们不想面对大篇幅的单调内容。阳光英语阅读激发他们的兴趣。图文配合的形式,线上线下结合的新型学习方式,吸引他们,让他们在学习中找到自信。没有什么比成就感更能长久地支持一个人做这件他心里觉得正确的事,这种成就感激励着我的学生,孩子脸上洋溢的自信和坚定也深深地感动着我!

(哈尔滨市第四十六中学校　尚逸舒)

学生的学习阅读动机比较强,但执行力较差。大多数学生清楚英语阅读对增强英语阅读素养大有裨益,但对于阅读计划却无法有力执行。许多学生认为课外英语阅读材料多与课本教材毫无关联,因此课堂所学知识无法及时迁移到课外,在这个过程中,教师应起到积极的引导作用。

英语课内外阅读不应该彼此孤立隔离,阅读过程也应该是一起协商的,教师应主动帮助学生打造学习共同体的理念。

也许我们可以通过这几个方面使课内外阅读更好地融合。阅读目标方面:要有明确的英语课内外阅读目标,课内外阅读目标协调一致;阅读材料方面:对课外阅读材料进行严格的筛选,使课内外阅读材料与课内更好地衔接;阅读策略方面:重视阅读策略的连续学习,使课内学习的阅读策略在课外类似阅读材料中得到巩固加深;阅读评价方面:采取课内外较为一致的评价手段,使课内外阅读评价手段彼此衔接。

这样,英语课内外阅读才能彼此融合,互动互补。我们才能更好地帮助学生在阅读过程中进行经验分享、思想交流、意义协商、知识创生,使学生真正做到"得法于课内,得益于课外"。

(哈尔滨市第三十七中学校　鞠小迪)

作为一名一线的英语教师，阅读的突破成了多年的心病。感谢阳光英语分级阅读这套书，由于书籍份数有限，先从读书漂流开始。以小组为单位，大家轮流阅读书籍。在阅读课上，每个孩子都能身临其境。真正做到课外阅读对课内阅读的辅助，收获颇多。

（哈尔滨市荣智学校　魏晓琳）

通过参与本次课题研究，获益良多，在思考和研究中，我由原来的关注语言知识、语言技能，到更关注学生阅读能力的综合提升。针对阅读材料中学生喜闻乐见的部分，我积极引导不同层次学生不仅要开心“读”下来，更要大胆“讲”出来、大胆“写”出来，学生在饶有兴趣中，开心地完成了我所留的内容。兴趣是最好的老师，一个契合学生实际的话题，让学生有话能说，有话乐说……

课题已进入中期阶段，今后的研究探索还要更为深入，期待在后期研究的过程中和孩子们一同收获更多的快乐、更多的成长！

（哈尔滨市四十九中学校　褚衍萍）

新课标要求初中阶段的阅读量要达到 15 万词以上。绘本阅读课为我们提供了强有力的加持。低学段，绘本拓宽了学生的词汇量和阅读量。高学段，我们还将绘本与中考写作相结合，加倍它的功能性。最重要的是绘本阅读课让我们教师和学生得以跳出英语看英语。教师教学站位的变化带来了学生学习体验方式的变化。这也更加加深了我们育人为本的初衷。

（哈尔滨市第三十五中学校　苏欣）

绘本阅读课为我们提供了强有力的帮助。不仅拓宽了学生的词汇量和阅读量，长此以往对学生的写作能力提高也是很有帮助的。绘本阅读课让我们师生得以跳出教材，通过“码享”做到课内课外阅读相辅相成，使学生终身受益。

（哈尔滨市第三十五中学校　吴岩）

作为一线英语教师，深知阅读是一个过程，也是一种习惯，但一直苦于找不到合适的教材，感谢阳光英语分级阅读为我提供了丰富精彩的学习内容。本系列绘本内容丰富，学生们很感兴趣。还可以借助绘本向学生普及科普知识，传递生活常识。在教学中，出现大量生词，我会采取让学生预习的方法，提前分配任务。未来将继续和同学们一起享受阅读的乐趣。

（哈尔滨市第三十五中学校　孙宇）

我基于 jigsaw 拼图式阅读模式，通过小组合作分配阅读任务，并进行展示，完成既定的教学计划。学生通过绘本阅读课的学习，丰富了课外读物积累和知识输入，有利于培养学生批判性思维能力，提升学生的阅读思维品质。运用现代化信息技术，尝试线上线下混合式教学模式，通过“码”读，实现教学反馈和评价。学生面临较多任务和挑战，如词汇量不足、语法知识欠缺和文化背景理解不够充分等，教师应通过调查问卷积极了解学生不同阶段的困难，并给予相应的阅读指导。

绘本阅读有利于培养初中初始阶段学生的阅读兴趣，留给学生广阔的思考和想象空间，为其提供一个无形的、强大的智力背景，帮助学生学习语言。阳光英语分级阅读这套书是教师和学生们的不二选择，让教师在阅读教学中有了抓手，可用同类型话题的课内外阅读补充阅读，帮助学生爱上阅读，丰富阅读储备。

（哈尔滨市第三十中学校　魏博文）

三、课题成果（阶段成果目录）

序号	研究阶段 （起止时间）	阶段成果名称	成果形式	承担人
1	2020.12—2021.6	《阳光阅读对农村薄弱地区学生的学习意义》	论文	尚逸舒
2	2021.3.—2021.6	阳光英语分级阅读	阅读课	鞠小迪
3	2021.3—2021.6	阳光英语分级阅读	阅读课	魏晓琳
4	2020.10—2021.6	2021年全国中小学英语分级阅读教学说课大赛	说课大赛	苏欣
5	2020.10—2021.5	外研社“《多维阅读》教材示范课资源征集”项目示范课	示范课	苏欣
6	2020.8—2020.11	中阅院《促进学生读写素养发展的教学设计与实施》	专题培训	全员12人
7	2020.10—2021.4	《CSR“码”享“悦”读》	西安成果展示	纪宇红
8	2020.10—2021.5	哈尔滨三十五中学校成果汇报会	论坛	全员12人
9	2020.8—2020.12	2020年全国中小学英语分级阅读教学说课大赛优胜奖	说课大赛	付丽双
10	2020.8—2020.12	国培计划——黑龙江省新教师入职培训项目《初中英语阅读课的有效提问》	主题讲座	付丽双

第四节 课题阶段成果：解“码”英语课堂阅读与课外阅读互动互补的策略

——“码”课导读 “码”团共读 “码”写“码”演

哈尔滨市第三十五中学校 纪宇红

《课标》对阅读设定的五级目标之一为：课外阅读量应累计达到15万词以上。15万词对初中生来说，是一个天文数字，完全靠他们在课外自觉阅读，通常困难重重。仅仅依靠课内阅读也是远远不够的。因此，教师通过课内外结合的方式，帮助学生分解15万词阅读量势在必行。

“码”课导读、“码”团共读、“码”写“码”演三条平行线被概括为CSR(Coding编码－Sharing共享－Reading阅读)“码”享“悦”读，即利用千聊直播、喜马拉雅、微软听听等平台或小程序实现师生课内外共同享受阅读，推进英语课堂阅读与课外阅读的互动互补。破解英语阅读时空受限、素材受限、方式受限、形式单一等难题。

CSR(Coding编码－Sharing共享－Reading阅读)“码”享“悦”读实施路径为三条平行线：“码”课导读与讲读、“码”团共读、“码”写“码”演。通过技术生成、提炼、设计二维码海报、分享阅读素材和资源等，师生共享阅读乐趣。

一、教师分享二维码，实现“码”课导读

(一) 云端导读课

工作室选用了外研社多维阅读、阳光英语系列分级阅读读物。将这些绘本根据学生所在学段的总体阅读水平确定等级，选择与教材的话题有契合点的内容，作为课堂阅读的有效补充。比如，人教版教材有濒危的sharks，我们就选取了多维阅读16级读物*Melting Ice*，适合于八年级学生阅读。我们将北极熊的故事录制成导读课，再将导读课上传公众号平台以二维码形式分享给学生。该阅读材料的选择和课内阅读形成了互动互补，都从保护濒危动物出发，呼吁人类保护动物及人类赖以生存的家园。我们还选择了多维阅读第14级《猴子之城》(*Monkey City*)，介绍了泰国猴城，讲述猴子的生存问题以及给城市带来的麻烦。

教师导读课相当于平时在学校一节课40～45分钟的时长，通常和课堂教学授课类似，学生在云端收听时，往往在教师的问题牵引下完成绘本阅读。在“码”课导读中，教师激发学生阅读兴趣，引导学生利用阅读策略解码文本，运用思维导图培养学生审辩式思维。在“码”课导读过程中，学生阅读到人与自然、人与社会、人与自我的各种素材，也

因此思考人生。

绘本分级阅读采取在班级分组的方式,每4到6人为一组,在组内学生轮流阅读。完成组内流动后,图书在组际间漂流。“图书漂流”也定期在班级与班级间、学校与学校间流动,图书变成流动的资源,使每个学生都有机会得到免费阅读的机会。

(二)讲好学科故事

我们还利用公众号平台和彩视平台分享学科背后的故事,既教书又育人。

人教版八年级教材中的paragliding滑翔伞到底是一项怎样的运动?世界上有哪些滑翔胜地?滑翔前需要做哪些准备?还有哪些极限运动?学生扫描教师提供的二维码即可进入公众号文章,学生利用课下时间阅读相关中英文素材,课上则用英文回答问题,做游戏“是真是假”或者由学生来做英文介绍。

英语教材中的小词car背后有哪些大学问?学生识别二维码观进入“彩视”直播间,观看双语版《电梯间引发的思考》。

聚焦教材话题“节日”,识别二维码海报,学生就可以参加有外教参与的公益“英语角”活动,了解节日背后的有趣故事。

工作室在公众号平台和彩视发布图文并茂、音视频结合的学生小故事。从茶叶的种类到经典百老汇音乐剧*Gone with the Wind*经典台词里的知识,再到教材涉及的与地点、著作、名人、艺术、劳动等相关的故事。

讲好学科故事的目的是通过课外阅读与课内阅读话题的互动互补突出德育实效,提升智育水平、强化体育锻炼、增强美育熏陶、加强劳动教育、实现“五育并举”。

二、师生分享二维码,实现“码”团共读

(一)教师讲读绘本系列

工作室根据不同学段的需求和各个学段阅读应达到的目标,为学生选择相应水平的绘本读物。睡前故事系列是深受六年级学段(哈尔滨五四制)学生喜爱的。此时,课外阅读主要是借用一些趣味性强的绘本故事,由教师示范读,发表于微信公众号平台,再以二维码的方式分享到班级微信群,供同学们收听并阅读。此类讲读通常在睡前5至10分钟不等,几期完成一个故事。其中《神奇的粥罐》(*The Magic Porridge Pot*)和《林肯的帽子》(*Abe Lincoln's Hat*)等故事引人入胜,无论是童话还是历史,都能伴随学生们进入梦乡。起始学段,兴趣是开启阅读之旅的基础。

绘本讲读聚焦一条龙全景式四年规划,共9个角度。贯穿六至八年级的绘本读写:六年绘本仿写、图书漂流和“码读”;七年jigsaw reading,批判性思维培养;八年绘本导读,同时侧重挖掘教材学科故事;九年打破教材界限,侧重话题写作课外阅读输入,冲刺中考。

(二)学生自读绘本系列

在教师讲读绘本的基础上,学生们进入第二阶段,学做领读者。有的同学在喜马拉雅电台开通自己的专栏,将课外阅读的内容通过二维码分享给大家。学生们在教师的指导下,学会使用微软听听文档、希沃知识胶囊录制个人阅读作品。这些以二维码分享的作品培养起学生良好的阅读习惯,在班级构建起阅读共同体。每逢假期,都会有同学参加外研社丽声打卡和阅读打卡活动,也有同学坚持用百词斩打卡。

“码”团共读活动使阅读的理念深入学生内心,学生自主选择阅读材料,不局限、不拘泥于内容,成为英语课堂阅读素材的大量输入的补充。此时,阅读习惯的养成初步实现。

三、学生分享二维码,实现“码”写“码”演

学生阅读得来的信息要以何种形式表达出来,实现从输入到输出呢?此时,学生的能力从读到写,从眼看到演说。

(一)“码”写

外研社阳光英语有配备的习题,还有写作内容的安排。有简单记录学会了哪些词汇、积累了哪些好句子,还有根据阅读材料设置的开放性问题,引导学生在阅读的基础上,用语言表达自己的个性化想法。教师们也鼓励学生利用思维导图梳理阅读内容。所有形成的写作内容以二维码分享给大家。大家互为读者,相互借鉴。

(二)“码”演

写是书面表达,“演”则是综合表达,需要通过肢体语言、丰富的情感和流利的英语表达来完成一个作品。英语课本剧既可以来源于课堂阅读,也可以来自课外阅读。学生们的作品可以放在公众号平台上,分享二维码供平台的关注者观看。学生也可以根据课内外阅读素材,提高驾驭语言的能力,通过合作编写剧本。其中学生自导自演拍摄的微电影《我们眼中的哈尔滨》,秉承讲好中国故事,传播中国声音的概念,使平台观众的家国情怀植根心底。学生也通过趣配音,扮演配音演员,在优酷上用英文讲述自己作为厨师的体验……

绘本剧《月亮上的舞者》,原绘本讲述的是一个小老太太坚称自己在月亮上跳过舞,村民由一开始的不信到亲眼所见的有悬念的故事。学生剧组根据自己的年龄特点,不但将一个小老太太改编为两个年轻舞者,而且在语言和情节上都做了调整。“码”演作品,上传微信公众号平台,所有关注平台的上千人都可以观看。感受阅读与表演相结合的魅力的同时,每一部“码”演作品,都凝聚了学生的智慧、发挥了想象力和创造力、培养了团队合作的精神。

“码”演源于生活,回归生活,集阅读、写作、模仿、创意为一体,提升了学生的语言综合运用能力。

“码”课导读、“码”团共读、“码”写“码”演,真正解“码”英语课堂阅读与课外阅读互动互补的策略,使对英语学科核心素养的培养在课内外落地生根。

改进个体读个体的,变为构建阅读共同体。阅读内容是相同的,因而个人阅读后可以在固定的群体中交流,相互借鉴,培养审辩思维。

改进课堂阅读课单一的形式,变为课堂阅读与课外阅读互动互补相整合。阅读的素材不停留于课堂上,而是课堂话题的拓展与延伸。阅读团体行为不仅发生在课堂中,也延伸到课后的阅读共同体。

改进唯一纸质性阅读,变为视音频结合。在阅读纸质材料的同时,学生的“码”读作品以视频或音频或视音频相结合的方式多元化呈现出来。

改进教师引领和学生自主单边的阅读,变为师生共读和生生双边的共读。课堂上通常为教师引领下的阅读,课后多为学生自主开展的阅读。CSR“码”享“悦”读是师生、生生共同策划、开展的共读活动。

改进阅读 = 阅读,阅读 = 做题,变为读 + 写、读 + 演相结合。学生对阅读的内容重新处理加工,通过团队合作,以图画、思维导图、写作、微电影、趣配音、绘本剧等多种形式表现出来。

改进阅读时空受限,变为随时随地。“码”以技术形式,突破时空限制,随时随地,无限回放。

未来,工作室会在实践中不断完善,在“码”上见效的基础上开展“码”不停题的研究,最终形成可推广借鉴的成果。

第三章 人教版初中英语教材 *Go for it*! 阅读教学案例

第一节 七年级下 Unit 6 I'm watching TV Section B Reading 教学案例

哈尔滨市第三十五中学校 付丽双

一、材料内容

Read the TV report and answer the questions.

1. Why are Zhu Hui's family watching boat races and making *zongzi*?
2. Does Zhu Hui like his host family? What does he think about his home in China?

Today's story is about Zhu Hui, a student from Shenzhen. He's now studying in the United States. He's living with an American family in New York. Today is the Dragon Boat Festival. It's 9:00 a.m. and Zhu Hui's family are at home. His mom and aunt are making *zongzi*. His dad and uncle are watching the boat races on TV.

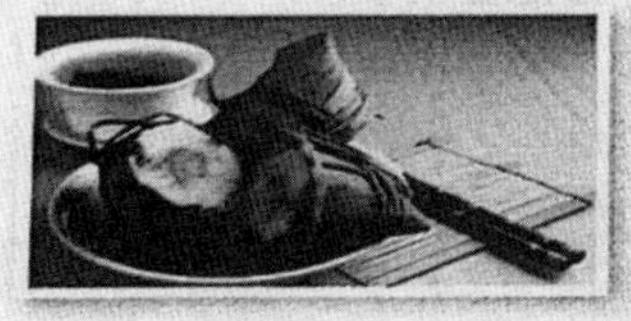

Is Zhu Hui also watching the races and eating *zongzi*? Well, it's 9:00 p.m. in New York, and it's the night before the festival. But there isn't a Dragon Boat Festival in the US, so it's like any other night for Zhu Hui and his host family. The mother is reading a story to her young children. The father is watching a soccer game on TV. And what's Zhu Hui doing? He's talking on the phone to his cousin in Shenzhen. Zhu Hui misses his family and wishes to have his mom's delicious *zongzi*. Zhu Hui likes New York and his host family a lot, but there's still "no place like home".

二、教学设计

教材及课题	人教版 Go for it！七年级下 Unit 6 I'm watching TV Section B Reading	
教学目标	1. 能够在语境中理解并掌握新单词 delicious、miss、wish、American、young… 2. 了解中国传统节日——端午节。 3. 理解文章大意，能根据语境使用、理解现在进行时并能掌握现在分词的构成规律。 4. 能根据具体内容分析，与他人沟通信息、合作完成任务。 5. 通过听、说、读、写四项技能的训练，促进学生语言运用能力的提高。	
重点	1. 理解文章含义，掌握现在进行时。 2. 掌握现在分词的构成。	
难点	现在进行时的熟练运用。	
重点突破策略	总结规律，归纳结构。 由易到难，多种活动形式操练。	
难点解决策略	游戏 仿写句子 应用所学知识进行口头作文练习	

教学设计		
教学流程	学生活动	设计意图
Step Ⅰ Preparation（热身导入） 教师通过让学生品尝粽子引入新课	学生品尝粽子，听故事了解端午节并学习词汇。	激发学生的学习兴趣，引入新课，为本课的学习做好铺垫。
Step Ⅱ Presentation（新知呈现） 1. 讲述故事，新授词汇 Dragon Boat Festival, miss, boat races, delicious 等。 2. match the words		
Step Ⅲ Gist Reading（泛读） Read the TV report and answer the questions.（读文章回答问题） 1. Why are Zhu Hui's family watching boat races and making zongzi? Because today is the Dragon Boat Festival.	初读课文 回答问题	通过初读课文获取文章的人物及场景信息，初步感知文章大意。

2. Does Zhu Hui like his host family? Yes, he does. But he misses his home in China very much.		
Step Ⅳ Intensive reading(精读) 1. Fill the missing letters(补全单词) Read the passage and fill the missing letters 2. Add the words in the chart(将下列单词分类) 3. Conclude the rules(总结规律) play—playing live—living run—running 4. make sentences(模仿拟句) 5. 任务型阅读 6. 小组合作讨论 Group 1: He is reading a book. Group 2: He is playing a game. Group 3: She is doing her homework.	同桌合作补全缺少的单词，将单词分类，总结现在分词的构成，归纳进行时结构。 仔细阅读文章，完成任务型阅读。 小组同学合作讨论图片中人物正在做什么。	理解文章含义，掌握现在分词的构成及现在进行时结构，尝试造句。为后面的语言输出做准备。 充分理解文章结构，通过与小组同学合作讨论，使用进行时进行表达。 学生们动口、动脑，团结协作，提高学习效率。
Step Ⅴ Writing(写作) 1. Game Use the words which on the paper they choose to make a sentence. 2. Write down the sentences 3. Try to make an oral composition 4. Homework	做游戏，写句子，口头作文。	有趣的游戏能够激发学生的学习热情，让学生在完成游戏的过程中，进一步运用所学语言，将所学知识转化为语言技能。以小组的形式进行汇报，这样能够激发学生的创新意识，拓展思维，提高写作时效。

板书设计	Unit 6　I'm watching TV 主语 + be + V-ing

第二节　七年级下 Unit 10 Birthday Food Around the World 教学案例

黑龙江省哈尔滨市第三十中学校　魏博文

<table>
<tr><td>课题</td><td colspan="3">Unit 10　Birthday Food Around the World</td></tr>
<tr><td>学段学科</td><td>初中英语</td><td>教材版本</td><td>人教版教材</td></tr>
<tr><td>章节</td><td>第 10 单元
Section B（2a－2c）</td><td>年级</td><td>七年级</td></tr>
<tr><td>教学
目标</td><td colspan="3">一、知识与技能
1. 词汇 & 短语
<table>
<tr><td rowspan="3">Words</td><td>adj.</td><td>different, lucky, popular…</td></tr>
<tr><td>v.</td><td>stir, blow, will…</td></tr>
<tr><td>conj.</td><td>if…</td></tr>
<tr><td>Phrases</td><td colspan="2">stir…together, bake in the oven, get popular, blow out, cut up, bring good luck to…</td></tr>
</table>
2. 句型
(1) The process of making birthday cake is…
(2) The number of candles is the person's age…
(3) The answer would be different in different countries.
(4) In China, it's getting popular to…
二、过程与方法
1. 掌握制作生日蛋糕流程及相关生日活动。
2. 训练阅读和口语表达能力。
三、情感态度与价值观
1. 体会学习英语的乐趣，做到“在用中学”“在学中用”。
2. 了解中英国家生日文化，使学生们具有初步的世界文化包容观。
3. 为父母过一个有意义的生日，心怀感恩。</td></tr>
</table>

<table>
<tr><td>重点</td><td colspan="3">1. 掌握制作生日蛋糕的表达方式。
2. 提升学生整合信息能力。
3. 培养他们对父母的感恩之心。</td></tr>
<tr><td>难点</td><td colspan="3">1. 帮助学生掌握略读和跳读阅读技巧。
2. 了解并阐述两国生日文化，提高跨文化交际能力。</td></tr>
<tr><td>学情
分析</td><td colspan="3">优势：七年级的学生思维活跃、善于接受新鲜事物，尤其对现代化信息手段兴趣浓厚。通过七年级上学期对生日日期的学习，学生已经初步形成了小组合作及自主探究的能力。
劣势：知识结构比较零散，跨文化交际能力薄弱。</td></tr>
<tr><td rowspan="6">教学
方法</td><td>情境创设法
设计意图：
创设真实语言环境，鼓励学生口语表达。</td><td colspan="2">教师创设超市和家中情境，学生利用希沃白板拖拽选择相应食材，小组成员依次按步骤边拖拽边叙述制作流程，并在白板前做展示汇报，有助于培养学生知识迁移能力。</td></tr>
<tr><td rowspan="3">任务驱动法
设计意图：
旨在提高学生自主学习意识，明确学习目标。</td><td>课前
预习</td><td>通过“UMU 平台”发布三个任务。学生登录 UMU 平台，按课程小节闯关模式解锁相关任务。</td></tr>
<tr><td>课上
探究</td><td>发布导学案任务单。</td></tr>
<tr><td>课后
研讨</td><td>分层作业任务驱动。</td></tr>
<tr><td>小组合作法
设计意图：
培养团队意识和合作精神。</td><td colspan="2">小组分层合作，利用平板电脑，随机选择其中一种蛋糕，叙述生日流程。</td></tr>
<tr><td>教法与学法</td><td colspan="2">课前预习：通过任务驱动法，利用 UMU、网易见外工作台和一起中学，让学生从怕学和不学转变为主动学习；
课上探究：通过情景教学法和小组合作，利用希沃白板和希沃授课助手，让枯燥、抽象的知识变得有趣和具体；
课后提升：通过任务驱动法，利用 UMU 和一起中学，不仅提升学生的知识储备，也提升了学生的英语综合素养。</td></tr>
</table>

教学过程			
环节	教师活动	学生活动	设计意图
课前预习	教师在 UMU 发布三大任务： 任务一： 发布有关生日的“调查问卷”。 [评价]结果显示，95.9%的学生都知道自己的生日，而13%的学生不知道父母生日，让其询问并记录。	学生登录 UMU 平台，按课程小节闯关模式解锁相关任务。 填写有关生日“调查问卷”。  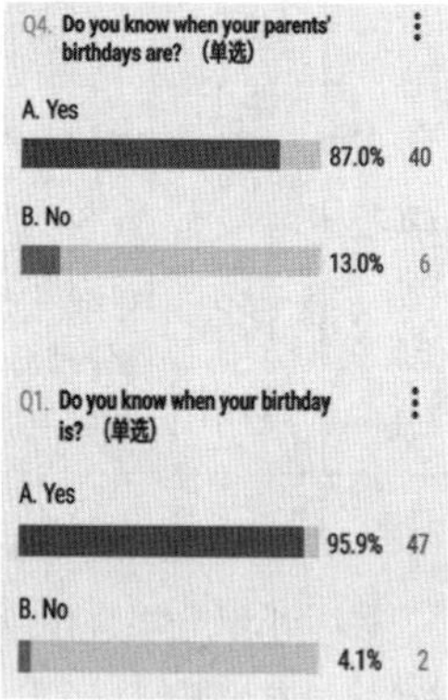	以调查问卷的形式让学生重视父母的生日，同时也进一步了解学生对于父母生日的掌握情况，体现核心素养的渗透。 [信息化手段] UMU 平台—(调查问卷)
	任务二： 教师发现，小猪佩奇为爸爸过生日的动画片段既包含课文90%以上的内容，又含有其他文化素材内容，因此教师通过网易见外工作台，将视频内容转化成文字，并进行校对，依据文本整合重构教材，以英文绘本的形式上传，供学生参阅。	学生可反复观看视频动画，可进一步参阅其文稿，了解英文绘本内容。	激发学生学习兴趣。 [信息化手段] 网易见外工作台

课前预习			任务三： 为实现阅读词汇分层教学，教师利用“一起中学”布置单词朗读和音译作业，并将错误率较高的词汇作为难点词汇。	学生利用一起中学软件，边学习边考试，教师可实时监控学生对单词的音词义掌握情况。	①提前掌握重难点词汇的音标和翻译，有助于英文课程的顺利推进。 ②将学生错误率较高的词汇作为难点词汇。 [信息化手段] 一起中学
课上探究	读前尝试	任务导入	教师以传统简笔画分步骤绘制一个蛋糕。本节课紧紧围绕小猪佩奇一家为爸爸庆生的故事作为主线。	学生在老师绘画过程中抢答猜词（涉及范围为“食物”）。	调动学生好奇心，也是板书的重点强调内容。
		新知讲授	①词汇层面，教师在PPT上呈现多媒体图片。 ②词组层面，教师把本课重要词组编成有节奏的说唱。	①学生跟随教师再一次学习课前预习环节中出现的错误率较高的词汇。 ②学生与教师一起拍手打节拍，进行说唱形式的巩固。	①帮助学生掌握课前预习的难点词汇。 ②调动学生学习兴趣和氛围。
		阅读实训	根据文章，教师鼓励学生提出相关问题，关注学生思维发展，可适当给出关键词。	小组合作，设疑引思。学生先提问，如果有困难，则根据教师所给关键词what，who，where，when，how提问：故事人物、时间、地点、生日起源、庆生方式及其意义。	①在回答问题中训练学生的略读技巧。 ②激发学生爱国情怀。
	读后	阅读实训	①快速阅读（Fast reading）。教师让学生快速阅读。	学生在导学案填写这6个问题的答案。 Unit 10 Birthday Food Around the World 导学案 Actovotu 1 Wprl in groups and ask questions according to the key wrods. Tip：Ask questions can help you read with a purpose and learn better. Who is in the story? Peppa Mummy Peppa Daddy. Peppa and his brother. (When)What date is it today? It's Peppa Daddy's birthday. Where does it hoppen? It happens in the UK. What is the origin of birthday? The tradition of birthday party started in Europe a long time ago How do peppa's family celebrate Peppa Daddy's birthday? Make birthday cake. Why do people celebrate birthdays? For good luck and wish	①训练学生略读能力。

<table>
<tr><td rowspan="4">课上探究</td><td rowspan="4">课后</td><td rowspan="4">阅读实训</td><td>②精读阅读(Careful reading)。教师让学生再次阅读课文,在精读中设置任务。</td><td></td><td>②让学生深层理解文本,训练学生跳读能力。</td></tr>
<tr><td>教师发布两个任务:
任务一:教师利用希沃授课助手,将作品投屏展示。</td><td>学生阅读绘本第一部分,再次观看制作蛋糕的动画视频。
任务一:学生分组绘制制作蛋糕的思维导图。</td><td>③有助于方便快捷地展示学生作品。</td></tr>
<tr><td>任务二:发布做蛋糕小游戏。教师创设超市和家中情境。</td><td>任务二:共有6个不同口味的蛋糕,其中第一种蛋糕为原文的巧克力蛋糕,适用于英语基础薄弱的同学。小组分层合作,利用平板电脑,随机选择其中一种蛋糕。学生根据教师创设的情境,利用希沃白板拖拽选择相应食材,小组成员依次按步骤陈述制作流程,并在白板前做展示汇报,有助于培养学生知识迁移能力。</td><td>④在情境中练习有助于提高学生学习兴趣。</td></tr>
<tr><td>教师下发任务单。</td><td>学生阅读绘本第二部分,定位关键信息,对比中英生日饮食文化异同,完成导学案表格填写。 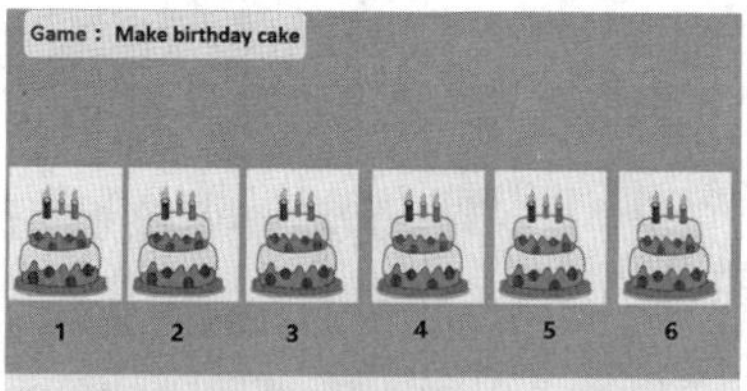
Game : Make birthday cake
1 2 3 4 5 6
Activity 2 Read Part 2 and fill in the blank.
| | Foods | Special Meanings |
| UK | Birthday cake with a candy | Blowing out all the candles in one go makes the wish come true. |
| China | long noodles, eggs | Long noodles are a symbol of long life. |
学生根据任务单,完成本节课的判断对错练习。
Activity 3 Write True(T) or falses(F) of the sentences.
1 T The number of candles on the birthday cake is the person's age.
2. T In the UK, when the child has the birthday cake with the candy. he/she is lucky.
3. F In China. people cat noodles on their birthday. we never have cake.
4. T People in different countries have different birthday foods.</td><td>[信息化手段]
iPad
希沃授课助手

巩固文章理解,锁定关键词,寻找文章细节,掌握跳读技巧。</td></tr>
</table>

<table>
<tr>
<td rowspan="2">课后提升</td>
<td rowspan="2">布置分层作业</td>
<td>作业一：再一次布置“一起中学”作业。
[评价]
教师教授两个班级，反馈发现，运用信息技术的班级分数比平行班分数高17%，说明本节课学生的知识水平有所提高。</td>
<td>学生完成阅读相关内容的练习。</td>
<td rowspan="2">①考虑学情，分层次布置作业。
②实现语言输入到输出的转化，同时培养学生的感恩之心。
[信息化手段]
UMU 平台—(AI 作业)</td>
</tr>
<tr>
<td>作业二：在 UMU 平台布置 AI 作业，教师评分。</td>
<td>为父母制作生日海报，拍照上传，并配以语音说明，生生互评打分，选出分数最高的两个海报作品，分享到学习群内。</td>
</tr>
<tr>
<td colspan="2">教学板书</td>
<td colspan="2">Unit 10 Birthday Food Around the World
China　UK
Present
Birthday
Activity
Food</td>
<td>生动简洁，有特色。</td>
</tr>
<tr>
<td colspan="2">教学反思</td>
<td colspan="3">课后，我进行教学效果评价，测试分数有所提高（运用信息技术班级比平行班提高17%）。
课上6个小组都顺利完成了课表，后续家长反馈他们过生日时备受感动（发来视频）。
本节课注重学生主体地位，合理运用多种信息技术软件，采用“翻转课堂”模式，调动学生学习兴趣，实现了教学目标和重难点的突破。塑造了学生的思维品格，提升了学生的文化素养。
今后，我将更加发挥网络信息技术对英语教学的推动作用，为学生创造更好的学习条件，追求教学效果的最优化，
感谢您的聆听，欢迎批评指正。</td>
</tr>
</table>

第三节 八年级上 Unit 3 I'm more outgoing than my sister Section B 2a～2e 教学案例

哈尔滨市第三十五中学校 纪宇红

一、教学设计

<table>
<tr><td colspan="6">课程基本信息</td></tr>
<tr><td>学科</td><td>英语</td><td>年级</td><td>八年级</td><td>学期</td><td>秋季</td></tr>
<tr><td>课题</td><td colspan="5">Unit Three I'm more outgoing than my sister.
Section B 2a～2e</td></tr>
<tr><td>教科书</td><td colspan="5">书 名：(人教版 Go for it!)八年级上册 教材
出版社：人民教育出版社 出版日期：2013 年 6 月</td></tr>
<tr><td colspan="6">教学目标</td></tr>
<tr><td colspan="6">By the end of the lesson, you will be able to
1. get the main idea of a paragraph by finding its topic sentence;
2. get more information by using reading strategies;
3. express ideas according to the structure of the passage.</td></tr>
<tr><td colspan="6">教学内容</td></tr>
<tr><td colspan="6">教学重点：
1. 掌握新单词和词组。
2. 运用阅读策略获取信息、识记信息和运用信息。
教学难点：
1. 对比朋友的不同与相似的框架及语言的提炼及运用。
2. 基于阅读完成口头表达任务。</td></tr>
<tr><td colspan="6">教学过程</td></tr>
<tr><td colspan="6">Ⅰ. Pre-reading
(1) Warm up.
A guessing game. (Look at the picture and guess which of the five is the teacher.)
(2) Presentation.
Get the students to "meet" a friend of the teacher's, Andy. Watch the video and find out his hobbies.
Present new words and useful expressions:
the same as.../break one's arm/ mirror</td></tr>
</table>

(3) Lead in and finish 2a.

Get the students to read words and find out their comparative forms. Then get the students to make sentences.

Ⅱ. While-reading

(1) Read 2b and find out who they are and who their friends are.

Tips:

① The pictures and information below are usually helpful.

② Skim the key words(the names).

(2) Read again and finish the tasks.

① Match the pictures with the sentences.

② Translate the sentences into Chinese.

(3) Read 2b again and finish 2c.

Tips:

To make sure the answers are correct, the students need to locate the sentences, analyse key words and draw conclusions.

(4) Read the passages one by one.

How does Jeff express his ideas?

①Listen and fill in the blanks.

	I'm ________ ________ than most kids. I like reading books and study ________ in class.
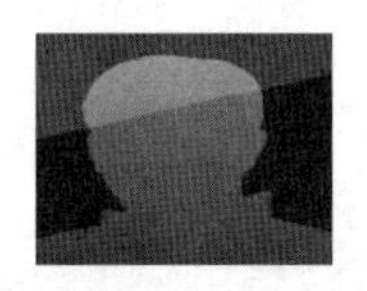	I'm ________ shy too, so we enjoy studying together.

② Sum up how Jeff expresses his ideas.

How does Huang Lei express his ideas?

①Underline comparative forms in the passage.

	Differences	**Similarities**

My best friend helps to bring out the best in me.

② Sum up how Huang Lei expresses his ideas.

(5) After reading the passages about Jeff and Huang Lei, finish 2d.

(6) How does Mary express her ideas?

Read and finish the chart according to the teacher's questions.

Q1: What's Mary's idea?

Q2: What's her favorite saying?

Q3: What happened between them?

Q4: What else do we know about them?

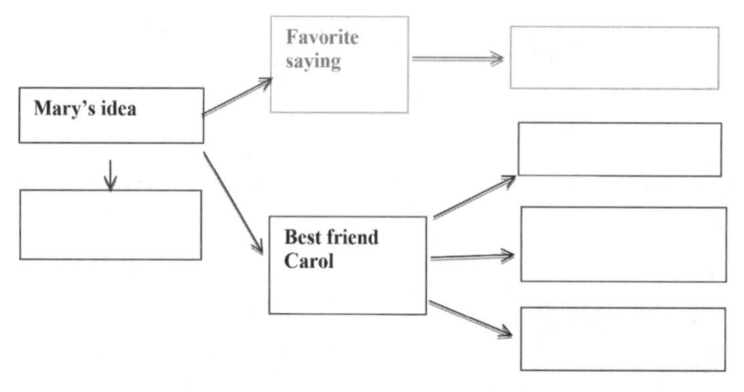

Ⅲ. Post-reading

(1) Tell others about your idea: Should friends be the same or different? Use the chart below. 2e can be helpful.

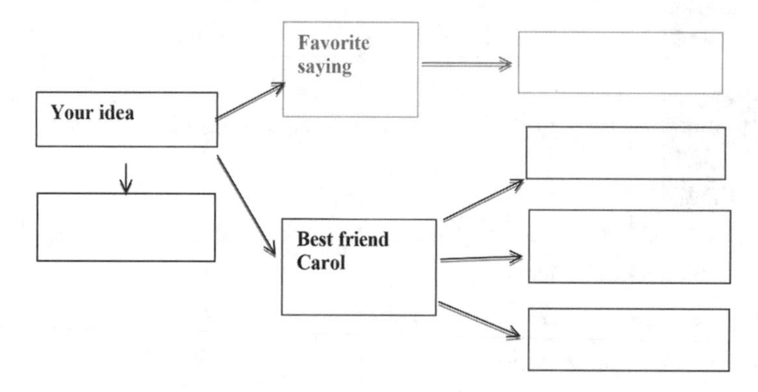

(2) The teacher gives a sample.

For me, friends should have something in common. In this way, we can do the same things and share happiness.

"A friend in need is a friend indeed." is a good saying. It makes me think about my best friend Andy. He is really kind. He's always ready to help me when I'm in trouble...

(3) Sum up the lesson.

Homework:

①Collect some sayings about friends.

②Write a passage about whether friends should be the same or different according to the chart given.

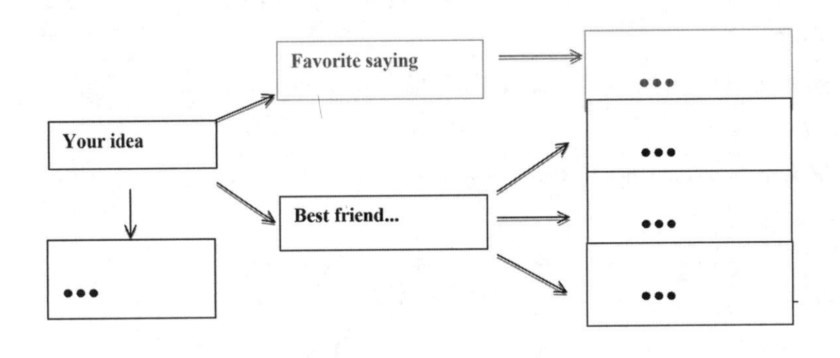

二、学习任务单

课程基本信息					
学科	英语	年级	八年级	学期	秋季
课题	Unit Three I'm more outgoing than my sister. Section B 2a ~ 2e				
教科书	书　名：(人教版 *Go for it*！)八年级上册 教材 出版社：人民教育出版社　　　出版日期：2013 年 6 月				
学习目标					
By the end of the lesson, you will be able to 1. get the main idea of a paragraph by finding its topic sentence; 2. get more information by using reading strategies; 3. express ideas according to the structure of the passage.					
课前学习任务(自主学习)					
1. 听录音,预习单词的读法,并熟悉汉意。 2. 查字典,预习单词表中重点词汇的用法。 serious/ necessary/ share/ similar 3. 查看书后注释,预习词汇及短语用法。 A. P84 注解 3 …you don't need a lot of them as long as they're good.					

课前学习任务(自主学习)
as long as 的用法,查看例句及注解 B. P85 注解 4 I don't really care if my friends are the same as me or different. if 的用法及注解 C. P85 注解 5 A true friend reaches for your hand and touches your heart. hand 和 heart 用法 D. P85 注解 6 I know she cares about me because she's always there to listen. be there 用法 E. P85 注解 7 My best friend helps to bring out the best in me. 习语 bring out 的用法
课上学习任务
【学习任务 1】 2a. Write the comparative forms of the following adjectives. Then use them to write five sentences about you and your friends. (抢读后举例) 【学习任务 2】 Match the sentences with the persons and translate the topic sentences into Chinese. ①I don't really care if my friends are the same as me or different. ②Friends are like books—you don't need a lot of them as long as they're good. ③It's not necessary to be the same. 【学习任务 3】 2c. Are the following statements true or false? (对答案,并指导阅读策略:准确获取信息三部曲:定位 locate—analyse 分析—conclude 定论) 【学习任务 4】 How does Jeff express his ideas? Listen and fill in the blanks.

	I'm ________ ________ than most kids. I like reading books and study ________ in class.
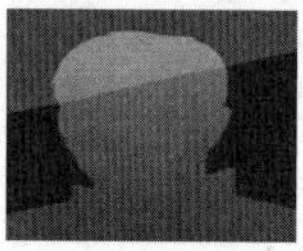	I'm ________ shy too, so we enjoy studying together.

【学习任务 5】How does Huang Lei express his ideas? Read and underline comparative forms in the passage.

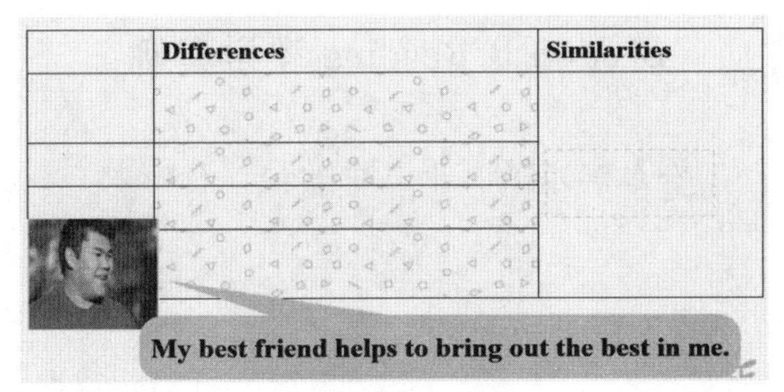

Describe Huang Lei and his friend Larry according to the form.

2d. How do you and your friends compare with the people in the article?

Write five sentences.

【学习任务 6】

How does Mary express her ideas? Read and answer questions. Finish the chart.

Q1：What's Mary's idea?

Q2：What's her favorite saying?

Q3：What happened between Mary and her best friend?

Q4：What else do we know about them?

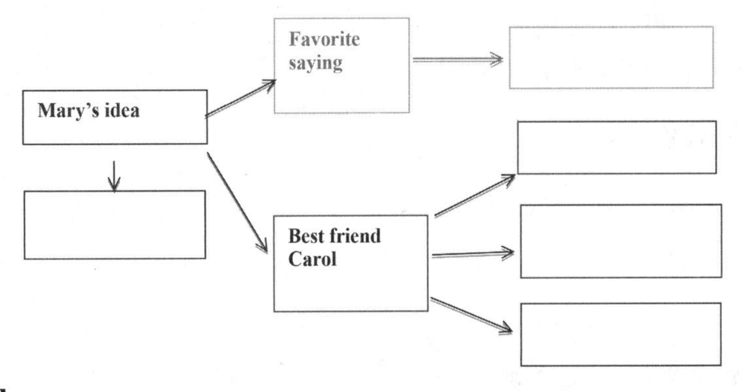

【学习任务 7】

What is your idea? Should friends be the same or different?

Look at 2e. You can use the sayings or you can use other sayings you like to describe you and your friend.

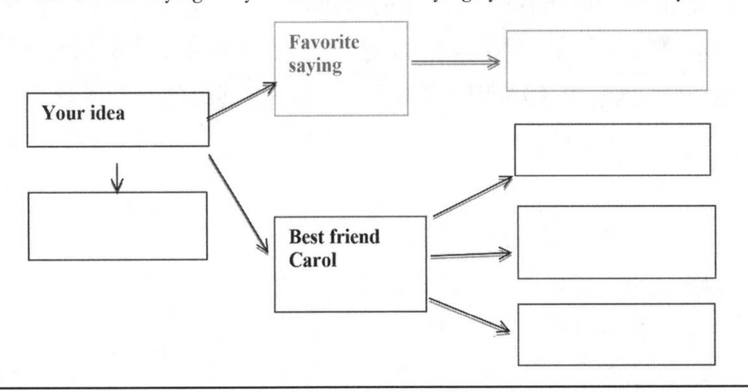

第四节　八年级上 Unit 4 What's the best movie theater? Section B Reading 教学案例

哈尔滨市第三十五中学校　付丽双

一、教学设计

(一)主题与背景

众所周知,学生英语能力的培养在很大程度上是靠阅读教学来实现的。从阅读教学的外部功能来看,它统领英语教学,制约和影响着写作教学、听说教学。阅读教学是英语教学的重中之重、要中之要。在初中英语阅读课教学中,教师要培养学生的语感和提高其理解能力,帮助学生更好地完成英语阅读,达到灵活运用英语的目的,同时也要注重培养学生的核心素养,即 communication(交往)、collaboration(合作)、critical thinking(批判性思维)、creativity(创造性)。本节课将结合实际案例阐述初中英语阅读课中如何培养学生的 4C 核心素养。

(二)课文简介

本单元的中心话题是"What's the best movie theater?"。本课是第 4 单元 Section B 2b 阅读课,阅读课的教学特点是提高学生的阅读能力和语言运用能力,同时为写作奠定基础。

(三)学情分析

八年级学生的特点是已经具备了一定的阅读能力,但是参与课堂的积极性不高,阅读水平有待提高,需要一些阅读技巧来提高阅读能力。因此我本着以教材和学情为基础,以新课程标准为依据,以"导学自悟"课题为指导,以提高学生的阅读能力,培养学生 4C 核心素养为目的,同时秉承以阅读促写作,以任务促能力的教学理念来设计本节课。

(四)教学目标

(1)知识目标:理解掌握目标语言。

(2)技能目标:培养学生听说读写的能力。

指导学生运用写作技巧。

培养学生 4C 核心素养。

(3)情感目标:培养学生理性思维及合作意识。

(五)教学重难点

(1)教学重点:熟练掌握和正确运用单词、短语和句型。掌握阅读技巧。

(2)教学难点:围绕话题"Who's got talent?"进行阅读训练,学生能够表达自己的观点。

(六)教学方式

(1)采用情景教学法来进行词汇教授。

(2)采用归纳教学法来捕捉文章大意。

(3)采用任务教学法来进行学习策略的指导。

(七)情境与描述

1.【课例实录一】游戏导入,激发兴趣(Warming up & lead in)

教学过程:

T: Boys and girls, let's see a video.

Ss: Watch a video.

T: This is our classmate. Guess, who is he?

Ss: Liu Gang.

T: Yes, you're so clever. These two pictures are also our classmates, do you know who they are.

S: Zhu Ming Yu and Zhang Li.

T: Yes, they are so great, and they all have different talents. Today we'll learn Section B 2B Who's got talent?

设计说明:以 guessing game 的形式引入新课,能够充分激发学生的学习兴趣并恰当地引入新课。游戏过程中选取学生玩魔方的视频及变脸和跳舞的图片,这样的导课方式更贴近学生生活实际,使其产生学习欲望。

2.【课例实录二】情境创设,学习新词(Presention)

教学过程:

T: Let's play a guessing game. Who's he?

Ss: Wow, Liu Qian.

T: Yes, we know Liu Qian is a magician. Follow me "magician".

Ss: Magician.

T: He shows "talent" in magic. Different students have different talents in our class, yes?

Ss: Yes.

T: What does it mean?

Ss: 天赋,才能.

T: Yes. Follow me, "talent".

Ss: Talent.

T: Zhang Li has talent in dancing.

Ss: Zhang Li has talent in dancing.

T: Liu Qian takes his shows seriously and we should take our study seriously.

Ss: Take ... seriously.

T: He won many prizes. He is the real winner of life.

Ss: Prize.

T: He plays an important role in magic.

Ss: Play an important role in.

T: Mao Buyi plays an important in pop music.

Ss: Mao Buyi plays an important in pop music.

T: All magicians have one thing in common: They practice a lot to finish their shows beautifully.

S: Yes.

T: Do you know have ... in common?

SS: 有共同特点,有相同之处.

T: Yes, follow me, have ... in common.

S: Have ... in common.

T: OK, Now let's see these sentences about Liu Qian.

Ss: Read these sentences.

T: Now,let students match the passage through CCQ(Concept Checking Questions).

Ss: Students use the new words match the passage

设计说明:以游戏的形式呈现新单词,激发学生学习的欲望。通过创设情境来调动学生思维的积极性,使学生真正学会运用英语,着重让其通过体验、实践、参与、合作与交流来获取和领悟知识,使学生在兴趣中学习,掌握更多的新词汇。

3.【课例实录三】阶梯搭建,培养学生阅读技巧及4C's 核心素养(Reading)

教学过程:

(Pre-reading)

T: Boys and girls,look at the title and predict what

we're going to read.

Ss: The most popular shows.

T: Maybe. Let's listen and check our answer.

Ss: We're right.

设计说明：先让学生预测，然后听音检测答案，使学生初步了解文章大意。为接下来的学习做好铺垫。

(While-reading)

a. Read for the structure.

T: look through the passage and then work in pairs with your partner. Then sum up the main ideas of each paragraph. OK?

Ss: OK.

设计说明：采用快速浏览全文的方式，迅速抓住文章的主要内容。为学生铺设接下来活动的框架。

b. Read for the detailed information.

(精读——独学、对学、群学)

独学——读课文完成习题

T: Read paragraph 1 and choose.

Ss: C.

T: Which is not true?

Ss: B.

对学——听音跟读判断对错，游戏检测

T: Read Paragraph 2 after the tape and then find out the mistakes with your partner.

Ss: (Read Paragraph 2 after the tape. Then work in pairs to find out the mistakes.)

T: Time is up! Let's play a Bing game to check our answers.

Ss: OK.

群学——小组阅读找出观点

T: What do you think of talent shows? What are your opinions? Let's read paragraph 3 and find out the reasons with your partners in groups.

Ss: (Finish the task in groups of four)

T: Let's guess the meaning of the phrase: make up.

Ss: B.

设计说明：通过独读、对读、群读等多种方式精读文章，使学生了解文章细节信息，掌握多种阅读方法。在对读、群读的过程中，学生的交流合作意识及批判性思维都能够得到较好的培养。

(Post-reading)

T: What's your opinion about talent shows? Talk in your groups and try to design a poster.

Ss: (Design a poster with partners.)

设计说明：在这一环节要鼓励学生小组合作、交流，表达自己的想法，也为课后的写作奠定了良好的基础。

八、问题与讨论

集体备课中对阅读课所产生的困惑和实际演练时所面临的问题及解决途径如下：

1. 课堂的导入如何能达到激发学生兴趣的目的，同时又自然而直接地切入主题？

对该问题的讨论，我采取猜一猜的方法，这样既达到了激发学生兴趣的目的，又让导入与本节课的话题自然地衔接起来。

2. 冗长繁复的授词如何能少些植入性的生硬，同时又达到阅读前扫清障碍的目的？

本节课的生词较多，为了在阅读之前扫清障碍，我采用讲述故事的形式把生词串联起来放入情境中，让学生在逼真的环境中进行语言交际，巧妙地规避了常规词汇教学的生硬植入和冗长繁复。让学生通过听、说、理解等交际活动不断与教师沟通交流来实现新知的呈现。

3. 阅读技巧的点播如何能规避常规形式的枯燥，同时又能高效地提升学生的语用能力？

全文主要内容分为三部分。第一部分采用磁带跟读的形式让学生们更为细致地了解 talent show 的背景。第二部分要鼓励学生大胆地使用英语进行交流，为了给学生提供自主学习和相互交流的机会以及充分表现和自我发展的空间，为了鼓励学生通过体验、实践、讨论、合作、探究等方式，发展听、说、读、写的综合语言技能，更为了创造条件让学生能够探究他们自己感兴趣的问题并自主解决问题，在这一环节我设置了独学、对学和群学的活动设计，使学生们在阅读中分工明确、主次分明，逐层为学生搭建平台，让各个层次学生的能力得到了最大化的提升。第三部分通过分工阅读让学生们合作完成海报，使学生乐于充分表达自己的想法。同时，学生的 4C's 核心素养得到较好的培养。

整个过程采用形成性评价与终结性评价相结合的方式,达到了既关注结果,又关注过程的和谐统一。通过评价,学生们在本节课的学习过程中不断体验进步与成功,认识自我,建立自信,综合运用语言的能力得到了全面的发展。

九、诠释与研究

【诠释一】简洁高效的课堂导入(Warming up)

过程方法与研究:常见的英语课堂导入有下列几种方法:

(1)开门见山,直接导入;

(2)温故知新,复习导入;

(3)创设环境,情境导入;

(4)边玩边学,游戏导入;

(5)边唱边学,歌曲导入;

(6)多媒体教学手段的导入。

我将方法(1)(4)(6)融为一体进行导入。Guessing game 在课堂伊始便为同学创设了情境,让他们在边猜边学的游戏氛围中明晰了本节课的话题。在这一教学环节中,我为学生创设情境,激发了学生的学习兴趣,从而导入了新课。

【诠释二】情境教学下的单词教授(Presention)

过程方法与研究:常规授词法包括实物授词法、音形结合授词法、构词法、英语解释法、语境授词法、情景授词法、谜语授词法、游戏授词法等。

通过将各教学法融合于情境链的教学中,大多数学生都达到了《课标》中语言技能的三级目标,即能正确朗读课文;理解简短的书面指令,并根据要求进行学习活动;能读懂简单故事和短文并抓住大意。这样设计的目的是力求结合多种授词法,以生动的教学方式为学生呈现新词,再通过反复操练,帮助学生掌握新词。

【诠释三】活跃新颖的学习策略点播(Reading)

过程方法与研究:由于授词部分铺设得充分,泛读又让学生们有充分的时间掌握文章的大意,因此绝大多数学生在此步骤都实现了《课标》中语言技能的四级目标,即能连贯、流畅地朗读课文;能从简单的文章中找出有关信息,理解大意。这一环节我落实了《课标》学习策略的要求:积极与他人合作,共同完成学习任务;主动向老师或同学请教;在学习中集中注意力;积极运用所学英语进行表达和交流。同时让部分学生达到了语言技能的五级目标:能够理解段落中各句子之间的逻辑关系;能找出文章中的主题,理解故事的情节;能读懂记叙文体裁的阅读材料;能根据不同的阅读目的运用简单的阅读策略获取信息。

第五节 八年级上 Unit 4 Section B 2b Who's Got Talent? 说课稿

哈尔滨市第三十五中学校 吴 波

一、教材内容

Read the passage. Which three talent shows are mentioned?

Who's Got Talent?

Everyone is good at something, but some people are truly talented. It's always interesting to watch other people show their talents. Talent shows are getting more and more popular. First, there were shows like *American Idol* and *America's Got Talent*. Now, there are similar shows around the world, such as *China's Got Talent*.

All these shows have one thing in common: They try to look for the best singers, the most talented dancers, the most exciting magicians, the funniest actors and so on. All kinds of people join these shows. But who can play the piano the best or sing the most beautifully? That's up to you to decide. When people watch the show, they usually play a role in deciding the winner. And the winner always gets a very good prize.

However, not everybody enjoys watching these shows. Some think that the lives of the performers are made up. For example, some people say they are poor farmers, but in fact they are just actors. However, if you don't take these shows too seriously, they are fun to watch. And one great thing about them is that they give people a way to make their dreams come true.

Good afternoon, everyone. Today my topic is "Who's got talent?" There are eight parts in my content today, they are analysis of teaching material, analysis of students, teaching aims, the important and difficult points, teaching methods, teaching procedures, homework and blackboard design.

Part Ⅰ: Analysis of teaching material

The title of my lesson is "Who's got talent ?". The reading material is about talent shows. It is based on listening and speaking in the previous lessons and it's also the preparation for writing.

Part Ⅱ: Analysis of students

The students of this stage are eager to show what they know. They have certain ability of reading, but they are lack of the reading skills and strategies that need to be improved.

Part Ⅲ: Teaching Aims

1. Knowledge aims

The students can master the usage of the important words and expressions, magician, talent, all kinds of, have... in common, take ... seriously, play a role, make up..., besides, they need to understand and use superlatives.

2. Ability aims

We are going to improve students' reading ability and guide students to improve studying strategies.

3. Emotional aims

By learning this lesson, the students increase their interest in reading and establish the right outlook on life through critical thinking.

Part Ⅳ: The Important and Difficult Points

(1) It is important for the students to understand and analyze the passage by using reading strategies.

(2) It is difficult for the students to express their opinions in their own words.

Part Ⅴ: Teaching Methods

For achieving these teaching aims, I will use the following teaching methods.

(1) Task-based Language Teaching

(2) Audio-visual Approach

(3) Inductive method

Part Ⅵ: Teaching Procedures?

Pre-reading, it includes warm up, lead in and presentation.

While-reading In this part, the students practice using reading strategies.

Post-reading—Production, the students will use what they've learned from the passage to express.

Now I'll explain them in details.

1. Pre-reading

To warm up and lead in, I'll come into the classroom, wearing a magic cap. I'll do a magic trick. And then let the students play a guessing game. What's in my cap? This way I'll arouse the students' interest and get everyone involved. At last, I'll show them it's a letter and I'll tell them what's it about at the end of the class. Then by telling them, I'm good at doing tricks, I've got talent, and asking the students who's got talent in their class? I successfully lead in the title Who's got talent ?

And then I'll present the new words and useful expressions by telling them my story. So that I link the new words and useful expressions in a certain situation. Although some expressions are difficult to understand, I'm sure they will understand them well in the real situation.

magician n. 魔术师	have... in common 有相同特征
play a role 发挥作用,有影响	make up 编造(故事、谎言等)
prize n. 奖,奖品;奖金	take... seriously 认真对待……

After that I'll ask the students to fill in the blanks according to Concept Checking Questions to see if the students can use the new words and useful expressions.

> I was a magician that is nearly known by everyone in my college. I played a role in every performance in my school. I have one thing in common with other magicians — we usually need to make up something to do tricks. Of course, I got lots of prizes.

2. While reading

Now the students are ready for reading the passage in 2B.

(1) Read for the main idea of the passage.

Let the students predict what the passage is mainly about according to the title and then look through the whole passage to prove their prediction.

In this way, the student can focus on the main idea by using predicting, skimming and scanning.

(2) Then we are going to read for the structure.

The students will look through the passage again match the main idea of each paragraph. I design this part to let the students focus on the structure by using skimming and scanning.

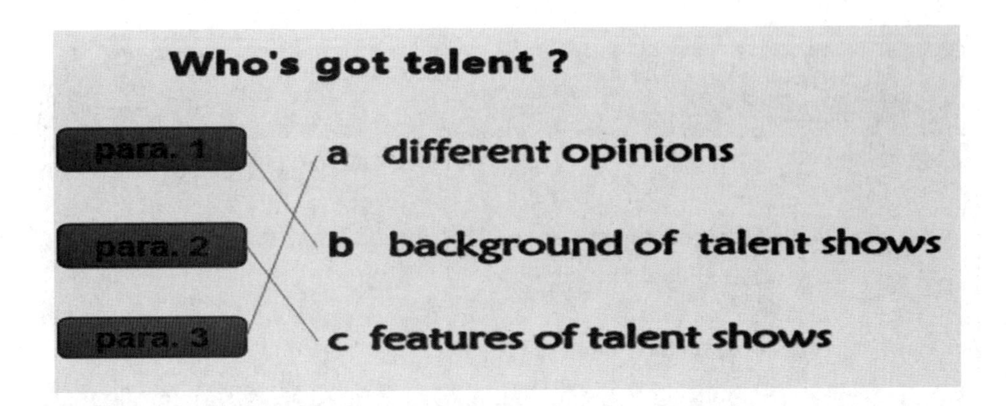

(3) Then the students will read the passage paragraph by paragraph for details. They'll listen to the first paragraph and answer the question.

Which three talent shows are mentioned ?

American Idol, America's Got Talent and China's Got Talent.

After looking for the answer to the question, the students can locate key sentences to get detailed information and get the basic understanding of part one.

Then let the students choose the right answer about the background of talent shows.

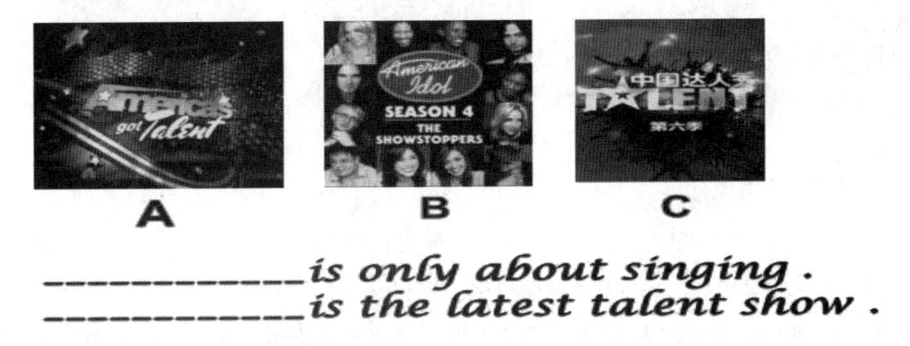

After that, I want to extent the background of the talent shows. So I design this activity, let the students choose the right answer.

(4) Then we move to Paragraph 2. I'll ask the students who can be winners in talent shows according to paragraph 2, the best singer, the most talented dancer, the funniest magician ... This way they can refine superlatives from paragraph 2. Then I'll provide the students with an opportunity to use superlatives in real life. Let them discuss classmates' talents with their partner.

winners' talents 3	classmates' talents 1
the best singers	the best singers
the most talented dancers	the most talented danc 1 s
the most exciting magicians	...
the funniest actors	

(5) In paragraph 3, the students will work in groups to read and find out different opinions about watching talent shows. Then they discuss and share their opinions so that they can form their own opinions by working together and thinking rationally.

opinions about watching talent shows	
agree	disagree
If you don' t take them seriously ,they are fun to watch .	The lives of the performers are made up.
They give people a way to make their dreams come true.	

3. Post-reading

The students have finished reading successfully. As a reward, I'll show them what the letter is about as I promised at the beginning of the class. That's an invitation for the best singer in our class to take part in Voice of China. Ten the students discuss in groups to decide whether the student should take part in this talent show. By designing this part, I want offer the students a chance to think critically and get them prepared for writing.

Part Ⅶ：Homework

Choose one or both of them.

(1) Remember the key words and expressions.

(2) Write a paragraph on whether she/he should go to the talent show.

Why：

(1) Remember the new words and useful expressions.

(2) Help the students write something about their own opinions.

I design two levels about homework. First, you must master the key words and expressions, main idea and specific ideas. If you can, please finish the writing about your attitude towards the talent show.

Part Ⅷ：Blackboard design

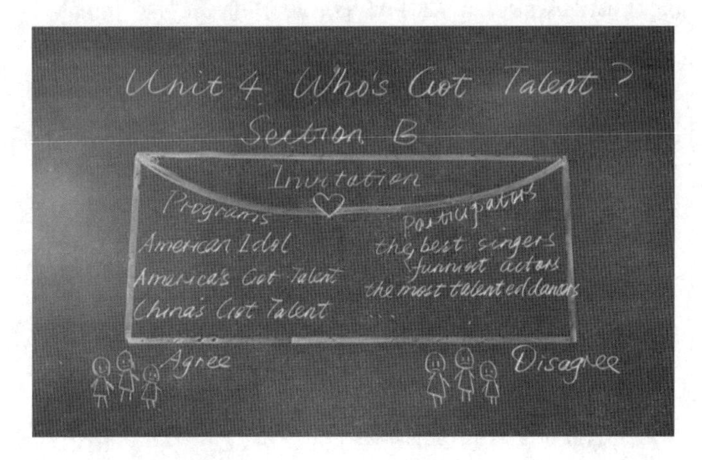

Teaching reflection

1. Creating an active studying atmosphere.

2. Arousing the students' interest in learning.

3. Guiding the students to learn in different ways like learning alone and cooperating with others.

4. Helping the students build self-confidence in learning.

第六节　八年级上 Unit 8　Section B (2a ~ 2c) Thanksgiving in North America 教学案例

哈尔滨第二十六中学校　闫石瀛

一、教材内容

••••••How do you make a banana milk shake? •••••••••••••••••• UNIT 8 ••••••••

2a **What kind of traditional food do people eat on special holidays in China?**

2b **Read the article and number the pictures [1-5].**

Thanksgiving in the United States

In most countries, people usually eat traditional food on special holidays. A special day in the United States is Thanksgiving. It is always on the fourth Thursday in November, and is a time to give thanks for food in the autumn. At this time, people also remember the first travelers from England who came to live in America about 400 years ago. These travelers had a long, hard winter, and many of them died. In the next autumn, they gave thanks for life and food in their new home. These days, most Americans still celebrate this idea of giving thanks by having a big meal at home with their family. The main dish of this meal is almost always turkey, a large bird.

Making a turkey dinner

Here is one way to make turkey for a Thanksgiving dinner.

➢ First, mix together some bread pieces, onions, salt and pepper.

➢ Next, fill the turkey with this bread mix.

➢ Then, put the turkey in a hot oven and cook it for a few hours.

➢ When it is ready, place the turkey on a large plate and cover it with gravy.

➢ Finally, cut the turkey into thin pieces and eat the meat with vegetables like carrots and potatoes.

61

二、教学设计

<table>
<tr><td>Topic</td><td>Unit 8 Section B
(2a – 2c)</td><td>Type</td><td>Reading</td><td>Time</td><td>2019. 10. 10</td></tr>
<tr><td>Teacher</td><td>闫石瀛</td><td>School</td><td colspan="3">Harbin No. 26 Middle School</td></tr>
<tr><td>Teaching Aims</td><td colspan="5">Knowledge Aim: Enrich the students' vocabularies about Thanksgiving Day and learn the usage of adverbs of sequence.
Ability Aim: Improve students' abilities of reading and writing with the target language.
Emotion Aim: Let students know the background information of Thanksgiving Day and at the same time arouse students to know more about the traditional Chinese culture.</td></tr>
<tr><td>Key and Difficult Points</td><td colspan="5">1. To use imperative sentences properly to express the production process of food.
2. To understand the article through the guidance of different readings skills.</td></tr>
<tr><td>Teaching Method</td><td colspan="5">1. Task-based Teaching Method.
2. Communicative Teaching Method.</td></tr>
<tr><td>Teaching Tools</td><td colspan="5">Textbook, blackboard, PPT</td></tr>
<tr><td colspan="6">Teaching Procedures</td></tr>
<tr><td colspan="6">Lead-in
Play a guessing game. Let students guess Chinese traditional food and match them with their special days in order to lead in American traditional food—turkey.
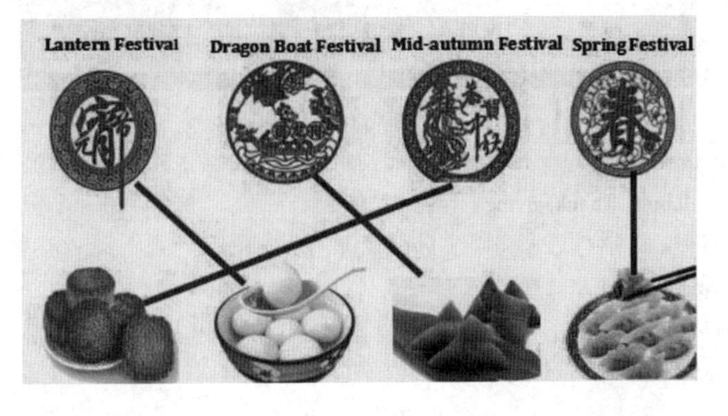
</td></tr>
</table>

Pre-reading

Learn the new words: Using the Thanksgiving background to teach the new words like traditional, autumn, celebrate, prepare, gravy, mashed, pumpkin, pie, mix, pepper, fill, oven, plate, cover in order to let students understand the article deeply.

While-reading

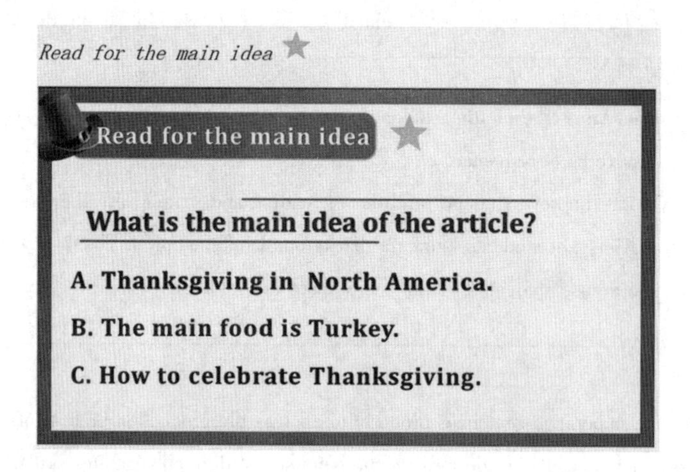

(通过略读培养学生对信息的概括能力)

Read for more information

1. Number the pictures from one to five.

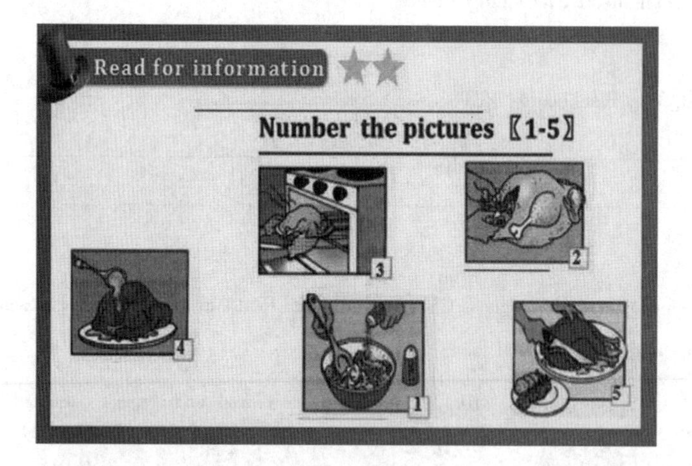

2. Answer the questions:

Where do people celebrate Thanksgiving?

When do people celebrate it?

Why is Thanksgiving important?

How do people celebrate it?

What is the main dish of the Thanksgiving meal?

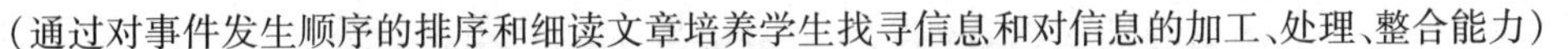

（通过对事件发生顺序的排序和细读文章培养学生找寻信息和对信息的加工、处理、整合能力）

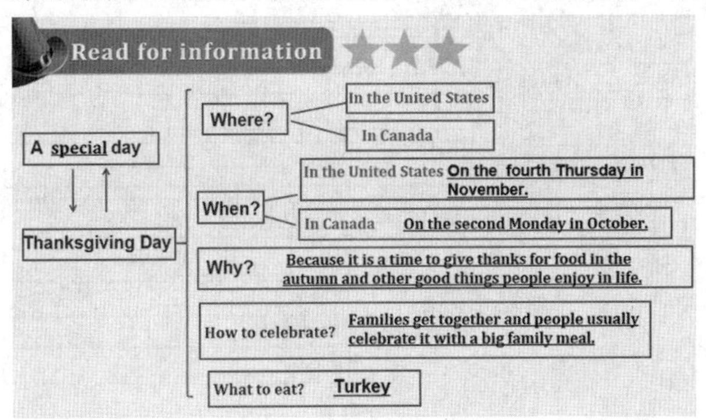

（通过思维导图培养学生对信息的理解归纳能力）

After-reading

1. Retell the story according to the mind map.

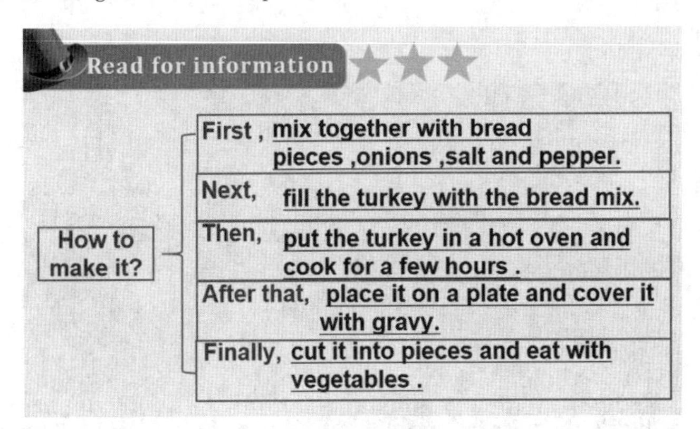

（利用思维导图复述课文，训练学生逻辑思维与整体语言的表达能力）

2. Think deeply.

Let the students think the most or special festival in China. And ask them what the people always eat in the most special festival.

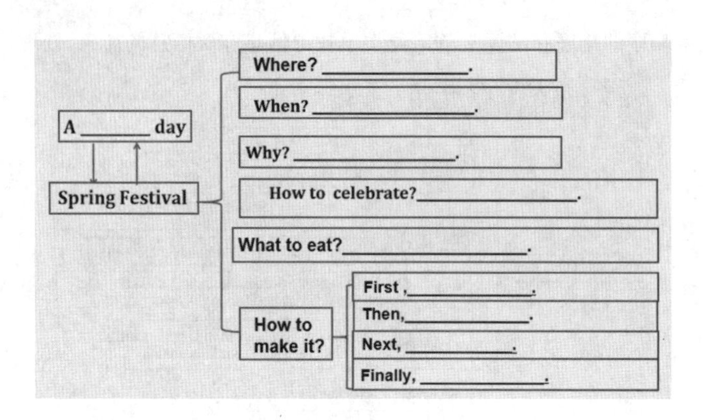

(通过复述和文化拓展培养学生对信息的重现和发散思维能力,激发学生对中国文化的热爱之情,增强民族自豪感和自信心。)

Homework：Write an article about Spring Festival and how to make dumplings.

Blackboard Design：

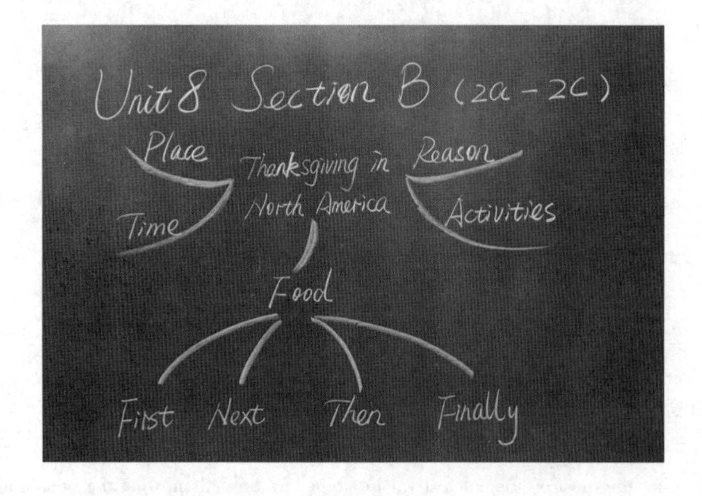

第七节　九年级 Unit 9 I like music that I can dance to Section B 3b 教学案例

哈尔滨市第三十五中学校　张　岩

一、教材内容

Use your notes to write an article for a newspaper or magazine to tell people about your favorite kind of music/movie and your favorite song/movie.

Use the following expressions to help you:

- My favorite kind of music/movie is ...
- I like ... because ...
- It was ... by ...
- When I listen to / watch it, I feel ...
- I think you should listen to / watch it too because ...

二、教学设计

教材及课题	人教版 Go for it! 九年级 Unit 9 I like music that I can dance to Section B 3b writing My favorite movie	作者	哈尔滨市 第三十五中学校 张岩
教学目标	1. To learn four skills of writing. 2. The abilities of writing.		
重点难点	写作四大技巧：仿写，扩写，补写及改写。		
重点突破策略	例句讲解，反复操练。		
情感态度及价值观	通过本课的学习，学生对事物能够做出客观的评价，表达自己的真实感受。		

教学设计		
教学流程	学生活动	设计意图
Ⅰ. Leading Watch a video about different kinds of movies. Ask the students how many movies are there in the video.	认真看录像,数出其中提到几部电影。	引起学生的学习兴趣,并引出本课要学习的内容。
Ⅱ. Brain Storm 1. There are many kinds of movies. Have them say as many kinds of movies as they can. 2. Think of the description words about the movie. 3. Some useful phrases can also help them to write a good composition.	让学生尽可能多地说出他们所知道的电影种类, 描述情感的词及短语。	让学生开动脑筋,复习已知内容,并用已知内容来学习新知。
Ⅲ. Guessing Game Guess the following questions about the teacher. 1. What's my favorite kind of movie? 2. Why do I like it? 3. What's the name of the movie? 4. Who is it acted/directed by? 5. How this movie makes me feel? 6. Why I think others should watch it?	猜出老师最喜欢的电影种类, 并回答问题。	让学生猜老师喜欢的电影种类,既能提高学生的学习兴趣,又能通过回答问题来帮助学生去写出关键句。
The teacher will tell them his/her information about the questions. Ⅳ. Presentation. 1. Write a short passage according to the teacher's key words. 2. Check their passage. Point out their mistakes and their key words. 3. Add something to enlarge their passage. 4. The passage misses some important reasons, so we must write more reasons to recommend others to watch the movie.	根据老师给的例文,仿写一个短文。 考虑哪些句子可以扩写,并考虑扩写些什么内容。	给学生例文,让不同层次的学生都能够写出文章来。 考试评分标准中提到要有适当的添加,所以在这里可以教给学生在哪些方面适当添加。

5. Group work: discuss with their partners about the reasons to watch the movie. List the center sentences on the screen.	四人一组，讨论推荐大家看电影的理由。	个人的想法是有限的，小组讨论可以打破思想的局限性，取长补短。
6. Explain how to write the supporting sentences. And give them some explanations for each reason. 7. Pay attention to the structure of a composition. Add the beginning and the ending.	补写中心句的支撑句。	教会学生写支撑句的方法及思考方向。
8. Teach them some ways to make their compositions better. (1) Make some similar sentences. (2) Change he word into phrases. (3) Change simple sentences into clauses. (4) Add some associated words.	试着用老师教的方法对文章进行优化，并想出关联词应放在什么位置上。	让学生了解优化作文的方法，为以后的写作打下基础。
Ⅴ. Summary 1. Summarize the writing skills. 2. Summarize the ways to write a composition. Ⅵ. Similar topic Tell the students what other topics they can also write after learning this lesson.	观察不同颜色代表的不同的写作技巧。	通过不同的颜色重现本堂课的写作技巧，让学生对本课的重点内容加深印象。

板书设计	My favorite movie 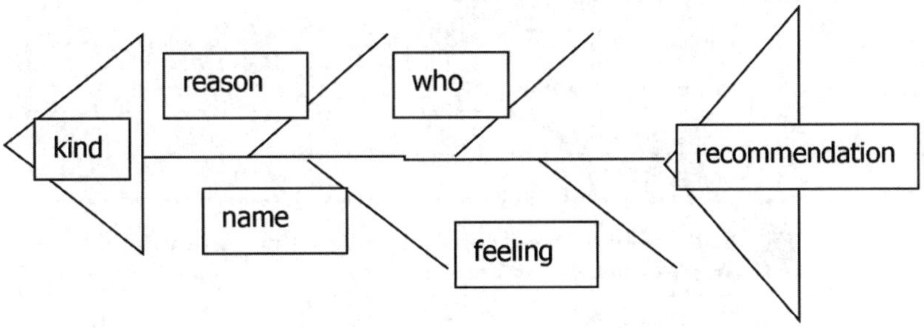 kind　reason　who　name　feeling　recommendation

第八节　十年级 Unit 10　You're supposed to shake hands 教学案例

哈尔滨市第三十五中学校　纪宇红

一、教材内容

•••••• You're supposed to shake hands. •••••••••••••••••••••••• **UNIT 10** ••••••

Read the following opinions of a Colombian and a Swiss student. In which country is it OK to be 15 minutes late for dinner?

Teresa Lopez
Cali, Colombia

Where I'm from, we're pretty relaxed about time. We don't like to rush around, so we don't mind if people are a little late sometimes. If you tell a friend you're going to their house for dinner, it's OK if you arrive a bit late. We like to enjoy our time slowly. We value the time we spend with our family and friends in our everyday lives. We often just drop by our friends' homes if we have time. We don't usually have to make plans to meet our friends. When we see each other, it's polite for boys to shake hands and for girls to kiss each other on the side of the face. We often just walk around the town center, seeing as many of our friends as we can!

Marc LeBlanc
Lausanne, Switzerland

In Switzerland, it's very important to be on time. We're the capital of clocks and watches, after all! If someone invites you to meet him or her at noon, then you're expected to be there at noon. If you're even 15 minutes late, your friend may get mad. So I make an effort to be on time when I meet my friends. I always leave the house early to avoid heavy traffic because I think it's impolite to keep others waiting. Also, we never visit a friend's house without calling first. We almost always make plans to see friends. We usually plan to do something interesting, or go somewhere together.

3b Read the passage again and complete the chart.

Ideas and customs about ...	Colombia	Switzerland
being on time		
visiting a friend's house		
making plans with friends		

Role-play a conversation. Student A is Teresa and Student B is Marc. Teresa is late and Marc is mad.

A: Hi, Marc. Sorry I'm a little late.
B: Teresa, you're 10 minutes late!
A: It's just 10 minutes! It's no big deal!
B: Well, in Switzerland, you're supposed to ...

75

二、教学设计

Subject	Unit 10 3a－3c P75	时间	Dec. 12. 2019
Teaching aims	At the end of the lesson, the students will be able to learn more about different cultures and customs in different countries. They will be able to tell others about what people should do or shouldn't do in China as customs. At the end of the lesson, the students can get information by choosing appropriate reading strategies.		

Teaching procedure	Students' activity	Purpose
Pre-reading Step Ⅰ: Preparation Game: Fact or lie Tell "fact or lie" according to the teacher's self-introduction. These numbers (6. 12/15/2012) are all about the teacher. Which one is a lie? • I was born on June 12. • I have been to 15 countries. • I studied in the UK in 2012.	The students listen to the teacher and tell which is a lie.	Warm up. Motivate the students' interest and involve everyone in the guessing game so that they are prepared for the lesson.
Step Ⅱ: New words Match the countries with the right sentence. In India, we can feel relaxed to eat with our hands. In Sydney, if you talk loudly in the theater, people around you will get mad. In the capital of France, you'd better make an effort to In the UK, you'd better drop by your friends' homes without calling first.	Follow the teacher to several countries she has been to, learn the real meaning of "Do as Romans do."	Present new words in situations. Meanwhile, the students know more about cultures.
While-reading Step Ⅲ: Background knowledge • Look at the flags of the countries, predict what countries the two passages about. • Listen to the tape and find out the two countries. • True or false: What you know about the two countries. Colombia is a country in North America. Switzerland is famous for its watches and clocks.	The students look at the flags and listen to the tape to find out the countries they are going to learn about. The students learn about the two countries by telling true or false.	Help the students to get background Knowledge about the two countries.

Step Ⅳ: Read for information Compare the two countries, fill the blank 3b. Get the students to use key words to tell the reason why. Game: Quiz time.	The students read for detailed information about the two countries. The students give reasons why they think so. The students have quick quizzes.	Offer the students chances to choose reading strategies to read for information. The students recognize information and use information based on information they get.
Post-reading Step Ⅴ: Group work According to the two passages and the form, the students work in groups of four, talking about China. They give advice to the exchanged student from the UK.	The students write down key words in the form and list what we do in China.	Help the students to focus on the information they get and use it in real life.
Step Ⅵ: Homework Write a letter to the exchanged student.	The students write about their own vacations according to the information given and the form.	Provide the students an opportunity to use the skills they've tried in class to practice writing.

三、英语阅读教学调查问卷

英语阅读教学调查问卷(学生卷)

1. 你对西方习俗的阅读文章感兴趣吗?

A. 感兴趣。　　B. 不感兴趣。　　C. 一般。

2. 在阅读一篇英语文章前,你通常会做些什么?

A. 读文章标题或观察所给图片,根据自己的经验对文章内容进行预测。

B. 马上开始读文章,因为这样可以节约时间。

C. 快速略读一遍了解文章大意,再逐词阅读,弄清楚每个词的含义。

3. 在阅读过程中遇到生词时,你通常怎样做?

A. 立刻查字典。

B. 根据上下文进行推测。

C. 不管它,忽略不计,继续阅读。

4. 如果在阅读课上,老师要求你针对文本标题或关键信息进行预测,快速略读一遍,概括文章大意,你的反应是________

A. 太难了,难以忍受。

B. 老师怎么要求我就怎么做。

C. 有挑战,我喜欢尝试。

5. 你对阅读技巧的理解和使用主要是________

A. 通过课堂上老师的指导获得。

B. 通过阅读过程中自己领悟获得。

C. 我不了解任何英语阅读技巧。

6. 在阅读文章时,你会用笔画出重点单词,短语或主题句等信息吗?

A. 会。　　　　B. 偶尔会。　　　　C. 不会。

7. 你认为英语阅读训练的好处有哪些?

A. 拓展词汇。

B. 写作素材积累。

C. 语法巩固。

D. 提高成绩。

E. 能学习相关内容知识。

8. 在英语阅读中遇到的障碍有哪些?

A. 生词太多,理解困难。

B. 句型复杂,各种语法混淆,理解困难。

C. 对相关文化缺乏了解。

D. 没有耐心阅读完。

E. 我阅读时基本没有障碍。

9. 在阅读课后,老师通常会留什么样的作业?

A. 抄写或复习阅读中的重点句式或短语。

B. 背诵或默写课文。

C. 写作任务或其他。

英语阅读教学调查问卷(教师卷)

1. 在阅读课上,您经常采用的方法是________

A. 直接翻译课文,讲解知识点。

B. 给学生布置任务,让学生在完成任务中学习。

C. 根据文章内容设计不同的课堂活动。

2. 在阅读课上,您认为有必要对文本背景适当加以介绍吗?

A. 有必要以适当的方式介绍。

B. 没必要浪费时间,会给学生造成负担。

C. 没有考虑过这个问题,认为可有可无。

3. 阅读课分为阅读前,阅读中和阅读后。通常在阅读后,您会让学生:________

A. 运用获取的信息复述课文或转述文章内容。

B. 续写或口头延伸阅读内容。

C. 根据阅读文章获取的写作框架和语言,指导学生写作。

D. 做习题,夯实基础知识。

4. 您认为英语阅读教学的首要目的是什么?

A. 提高学生阅读技巧。　B. 开阔学生阅读视野。　C. 提高阅读兴趣。

D. 拓展单词量。　E. 提高英语考试成绩。

5. 您对英语阅读课的设计使基于什么?

A. 自己的兴趣爱好。　B. 学生的兴趣爱好。　C. 学生的学习需求。

D. 教学内容的需要。　E. 对考试成绩的影响。

6. 您认为哪种关于阅读的观点是对的?

A. 阅读就是做题,做题多了就会了。

B. 绘本阅读,报刊阅读都不实用,学生课后没有时间。

C. 阅读课分泛读和精读,应该独立分成两个课时。

D. 英语阅读和语文阅读一样,是积淀,应成为习惯。

7. 您对应用思维导图进行初中英语阅读教学的看法________

A. 感兴趣,未尝试过。　B. 不感兴趣,不实用。

C. 想尝试,不太会用。　D. 使用过,能提炼文章框架。

8. 您认为在当前的外语学习环境中,提升学生阅读素养的关键是什么?

A. 由教师讲解为主的学习。　B. 在反复大量接触阅读材料中学习。

C. 在平时的练习和测试中进行。

D. 其他学习方式。

9. 您认为阅读教学应该注重什么?

A. 语法、词汇、重要句型等语言知识的积累。

B. 阅读方法和策略的训练。

C. 阅读兴趣和习惯的培养。

D. 系列问题设计和思维品质的培养。

E. 情感态度和价值观的渗透与指引。

第九节　九年级 Unit 13　We're trying to save the earth! Section A 3a 教学案例

黑龙江省哈尔滨市第三十五中学校　纪宇红

一、教材内容

We're trying to save the earth! UNIT 13

Read the passage about sharks and complete the fact sheet below.

Save the Sharks!

Many have heard of shark fin soup. This famous and expensive dish is especially popular in southern China. But do you realize that you're killing a whole shark each time you enjoy a bowl of shark fin soup?

When people catch sharks, they cut off their fins and throw the sharks back into the ocean. This is not only cruel, but also harmful to the environment. Without a fin, a shark can no longer swim and slowly dies. Sharks are at the top of the food chain in the ocean's ecosystem. If their numbers drop too low, it will bring danger to all ocean life. Many believe that sharks can never be endangered because they are the strongest in their food chain. But in fact, around 70 million sharks are caught and traded in this industry every year. The numbers of some kinds of sharks have fallen by over 90 percent in the last 20 to 30 years.

Environmental protection groups around the world, such as WildAid and the WWF, are teaching the public about "finning". They have even asked governments to develop laws to stop the sale of shark fins. So far, no scientific studies have shown that shark fins are good for health, so why eat them? Help save the sharks!

Where shark fin soup is popular	
Number of sharks caught and traded every year	
How governments can help	
Two environmental groups against "finning"	

3b Read the passage again and fill in the blanks with the words in the box.

so
although
if
but
when

1. Many people do not realize they are killing a whole shark ________ they enjoy a bowl of shark fin soup.
2. Sharks are at the top of the food chain, ________ if their numbers drop, the ocean's ecosystem will be in danger.
3. Many think that sharks are too strong to be endangered, ________ they are wrong.
4. ________ there are no scientific studies to support this, a lot of people believe that shark fins are good for health.
5. Sharks may disappear one day ________ we do not do something to stop the sale of shark fins.

99

二、教学设计

(一)设计理念

本节课课型为阅读课。教师通过课堂教学活动的设计,引导学生使用阅读策略,准确而快速地获取信息,识记信息和运用信息,并为写作做好铺垫。

(二)教学目标

(1)在语境中学会使用以下的生词和短语: fin, cruel, ocean ecosystem, at the top of, no longer, be harmful to, endangered。

(2)能够灵活运用阅读策略(gist-reading, prediction, guessing the meaning of new words, skimming, scanning)来获取信息。

(3)能够用阅读获取的信息复述文章。

(4)能够关心鲨鱼等濒危动物的命运,并主动唤醒身边人。

(三)教学过程

1. Pre-reading

(1) Play a guessing game.

(2) How much do you know about sharks? Let's continue with the guessing game.

设计意图:

首先,让学生猜一猜老师在黑板上画的是什么?吸引学生注意力,激发学生思维,导入话题“鲨鱼”。其次,在游戏过程中,学生通过判断正误和选择,对“鲨鱼”的背景知识有了更深入的了解。

2. Listening

(1)The students are asked to listen to a passage about sharks and write down key words.

(2)The students answer the teacher's questions：

What do we call this part of the sharks?（Fins.）

Where do sharks live?（ In the ocean.）

Where are they in the food chain?（At the top.）

设计意图：学生通过听关键词，从整体上把握文章。教师用问题引导学生匹配他们写下的"关键词"，边提问，边板书，边简笔画，学习词汇 fin，at the top of，the food chain，the ocean ecosystem，endangered.

3. While-reading

(1)Skimming。

学生快速归纳段落大意。

(2)分段阅读。

第一段：跟读，用三个段落中的形容词形容"鱼翅羹"。

What do you know about shark fin soup? Have a quick look.（学生扫读，填形容词）

The dish is ________，________ and ________ in southern China.

教师提问：What happens to sharks after they lose their fins? 你知道鲨鱼失去"鳍"会怎样吗？学生预测 prediction。教师播放视频，请学生描述视频内容。

设计意图：学生通过关注核心词和扫读方式来获取信息。学生观看了血淋淋的"割鳍"视频，引发情感共鸣。

第二段：首先，全体同学起立，读完的同学请坐下。学生合上教科书，凭借记忆填写第二段遗失的信息，主要遗失的是短语和关键词。其次，学生自己填写完毕之后，分别与同桌、后桌同学核对。再次，翻开教科书对答案。最后，教师引导学生讲解如何使用语言点。

设计意图：这篇文章主要的语言点集中于此段。学生通过聚焦知识点两遍的阅读，第三遍时对照答案，最后达到识记的目标。教师通过提 出"哪些做法对健康有害?"等问题，将知识点融入语境，帮助学生记忆、理解和运用。

第三段：教师提问：鲨鱼数量越来越少，人类可以通过什么方式来维护生物多样性呢？请同学回答三个问题。

- What are the two environmental protection groups called?
- What are they doing?
- What have they done?

设计意图：引导学生快速阅读，获取信息。了解人类对维护海洋生态系统所做的努力。教师完善板书。

4. Post-reading

(1)人类做了很多努力,同学们也要参与其中。

教师提出问题:我们能做什么?采用学生四人一组合作的方式,设计 Slogan,粘贴在黑板上。

(2)通过阅读,大家对鲨鱼越来越了解。

请同学根据板书和阅读获取的信息,以"鲨鱼"为话题,给大家做个汇报。

设计意图:通过问题的引导,学生用笔和纸写下自己的"呼吁",呼吁人类保护鲨鱼及其生存的环境。学生运用学到的词汇和板书的框架,实现语言的输出。

5. Homework

Write a short passage about how to protect endangered animals like sharks.

写一个关于如何保护像鲨鱼一样的濒危动物的小段落。

设计意图:

把自己的观点通过练笔的方式完善一下,为今后类似话题的写作积累素材。

亮点:

本节课围绕"鲨鱼"这条主线,通过课堂丰富有趣的教学活动设计,使学生在活动中学习,在阅读中成长。该节课教学设计有以下几个亮点:

(1)为学生提供了自主学习的空间。

首先,教师为学生留有自主选择阅读策略的空间。活动的设计,通过课堂指令,巧妙地给学生留出选择阅读策略的空间。教师将阅读策略 skimming, scanning, fast reading, gist-reading 等转化为课堂指令。学生成功完成了阅读课自上而下再自下而上,从泛读到精读的过程。其次,教师为学生留有台阶,学生进步就有了空间。从学生自己猜测鲨鱼失去鱼鳍的结果,到用语言描述有困难,到从文章中提炼语言,再到最后运用所学复述。循序渐进的设计为自主学习搭建适宜的台阶。

(2)立足课堂,提升学生"核心素养"。

英语学科的核心素养包括语言能力、思维品质、文化品格和学习能力四个维度。本节课的设计最后环节,看到了学生语言能力的提升质量的变化。这都归功于教师设计的课堂活动,启迪学生思维。学生的思维无论是在个体的活动中,还是在小组活动中,都处于积极状态。学生自己设计的"没有买卖,就没有杀戮"的口号,从内心深处同情并关切濒危动物的命运。

(3)"问题牵引"具有巧妙。

学生的学习是在教师设置的清晰简洁的问题中不断进行的。问题如下:

①画什么?(画鲨鱼)

②关于鲨鱼你知道多少?(猜的游戏)

③你听到了鲨鱼的哪些信息?

④整体分几段？段落大意是什么？

⑤分段阅读：

怎么形容“鱼翅羹”？

鲨鱼失去“鳍”会怎么样？

人类做了哪些努力帮助鲨鱼？

作为学生，我们能做什么？

在问题的牵引下，激励学生不断阅读，不断获取信息，不断深入思考。

课后习题：通过讨论的方式给学生更多的思考空间，采用连线的方式，降低难度。

When people catch sharks, they __1__ their fins and throw the sharks back into the ocean. This is not only __2__ , but also __3__ to the environment. Without a fin, a shark can __4__ swim and slowly dies. Sharks are at the top of __5__ in the ocean's ecosystem. If their numbers __6__ too low, it will bring danger to all ocean life. Many believe that sharks can never be __7__ because they are the strongest in their food chain. But in fact, around 700 million sharks __8__ and traded in this industry every year. The numbers of some kinds of sharks have fallen by over __9__ in the last 20 to 30 years.

Keys：

1. cut off　2. cruel　3. harmful　4. no longer　5. the food chain　6. drop

7. endangered　8. are caught　9. 90%

第十节　八年级下 Unit 5 ~ Unit 7 写作话题梳理

哈尔滨市第三十五中学校　刘洋

在初中英语写作教学中，教师应以培养学生英语核心素养为基础，整合每单元话题素材，引导启发学生更加轻松愉快地掌握英语写作技巧、提升写作能力。基于写作教学模式的探究，我整合出八年级下册 Unit 5 ~ Unit 7 的话题写作知识，包括第 5 单元：难忘的事件；第 6 单元：传说与故事；第 7 单元：世界知识。

1. Unit 5 话题总结

第五单元涉及两个小话题，包括《课标》中话题项目表的序号 24 讲故事以及序号 8 困难中与别人合作。第五单元的大小课文都是叙事类，虽然近几年的中考作文没出过记事体裁的写作，但是在 18 年南岗三模以及 18 年香坊二模，都出现了类似体裁，所以，我们要通过这一单元的话题，教会学生如何写一篇记事文章。我们可以从小课文以及语法部分 4b 的小文章，让学生提炼出关键信息点，从而梳理出记事类文章的结构，包括时间、地点、事件、过程以及原因,训练学生能够正确运用一般过去时以及过去进行时叙述事件。同时从这两部分,我们也可以训练学生如何掌握事件发展的先后顺序并积累一些居住场景中的常用词汇。大课文的教学中,我们首先要先向学生渗透故事发生的文化背景。这一部分旨在拓展学生的文化知识。同时我们通过课后 3a 的练习,使阅读与写作相结合,重在训练学生对故事中时间、地点、原因、结果等重要信息的提取功能,并且能让学生通过课后 3b 的练习,利用框架提示,完整地描述一件难忘且重要的事。

小课文中另一个重要话题体现,就是在自然灾害中我们如何通过团结合作来战胜困难。首先,通过小课文所提到的关于美国亚拉巴马州遭遇风暴袭击的事件,向学生拓展一些自然灾害的相关知识。我们可以找到一些自然灾害的相关英文报道,包括地震、火灾、洪水以及疾病,给学生拓展一些常见自然灾害的名称。之后,在小课文最后一段,虽然作者一家遭受到自然灾害,但是邻里之间的团结合作,让彼此更亲密,以及 3c 中最后的点题句"在困难时期我们如何互相帮助",让学生体会到,在灾害面前要更团结、更友善、更懂得互相帮助,这也是对青少年情感的教育和培养,同时也能促进英语学科核心素养的形成与发展。

2. Unit 6 话题总结

第六单元教材中涉及两个小话题,包括课标中话题项目表的序号 7,不同的个人观点以及如何克服困难。我们先从 2d 对话中,能看出两个孩子对愚公移山这个故事的不同的观点——同意与不同意。在这一部分教学中,我们可以让学生展开讨论,训练学生根据故事相关信息发表自己的观点,并适当渗透批判思维的培养,鼓励学生对事物持不同观点。根据历年真题分析,18 年道外一模"不应该由家长接送的理由",这类就是固定观点的写作,而在 18 年南岗一模"表达支持或不支持住校的观点"以及 19 年道外三模"谈谈你对中学生应不应该带手机上学的观点",出现了这样类似辨析式话题,所以在我们平时的教学中,也要注意培养学生的开放性思维。

本单元第二个小话题,体现在对话中,愚公的"一直努力、永不放弃"的精神,以及大课文《糖果屋》片段中,韩赛尔面对后母的不断刁难,一次次运用自己的智慧化险为夷,以及后来遇到女巫的勇敢。再有在小课文中,西方孩子喜欢孙悟空的原因是因为他帮助弱小,永不放弃。这几点,都是教会学生如何克服困难。并且在 2020 年松北一模的作文话题"如果你是孙悟空,将如何帮助世界人民打赢战争",就涉及本单元的这一话题。通过这一话题的挖掘,我们能达到训练学生具备一定的跨文化沟通的能力并达到传播中华优秀文化的目的。这一单元,教材中给出了几个古代传说与童话,我们可以在这个基础上给学生拓展更多的中外著名传说与童话,例如四大名著以及安徒生一些童话的英文名字,并且通过大课文戏剧场景的教学,帮助学生了解戏剧的要素、语言特点、表现手法等,使学生能获得更好的文学与艺术的熏陶。学生通过学习能获得文化知识,理解文化内涵,吸收文化精华,形成正确的价值观与道德情感。

3. Unit 7 话题总结

第七单元涉及三个小话题，包括课标中话题项目表的序号 20 中的地理与自然和挑战极限，以及保护动物。在 Section A 1b 与 4a 的教学环节中，我们可以帮助学生总结不同的表达比较的句式，为说明文的写作做铺垫。在 Section A 1b、语法、Section B 小课文以及 1a 的教学环节中，我们要借助人口、历史、河流、自然等话题，将学生带入地理与人文语境中，训练学生构建说明文写作的思维导图，包括罗列事实及数据等，使学生初步了解说明文的写作。

第二个小话题，挑战极限，体现在小课文中。小课文阅读材料是关于珠穆朗玛峰的介绍，学生通过阅读了解珠穆朗玛峰的险峻和人类克服困难、挑战极限的勇气与实践精神。

话题三为如何保护动物。本部分在 Section A 的基础上，从对自然和文化的比较过渡到动物这一话题。本部分呈现了大象、熊猫以及鲸鱼等相关内容。野生动物是人类的朋友，是大自然赋予人类的宝贵自然资源。所以在大课文以及 3b 部分，可以让学生总结如何保护动物以及为什么保护动物。在 2020 年香坊二模试题中，就涉及本单元的话题。同时，我们也可以找到一些介绍野生动物的英文报道，培养学生保护动物的意识，从而塑造学生正确的人生观与价值观。

希望以上我梳理的几单元话题内容，能对各位老师的写作教学有所助力。

第四章 高中英语教材教学案例

第一节 北师大版高中英语必修一 Unit 1 Chinese Festivals 教学案例

哈尔滨市第一二二中学校 李 宁

Ⅰ. Teaching aims

1. Students learn the reading of three Chinese traditional festivals—the Dragon Boat Festival, the Mid-Autumn Festival, and the Lantern Festival.

2. Enlarge students' knowledge about Chinese traditional festivals, like the Lantern Festival, the dragon boat festival...

3. Students have learned some words related to festivals and use the expressions to create a poster about the new festival.

Ⅱ. Teaching difficulties

1. Cultivate the students' patriotism and family heart.

2. Students learn the content, structure and useful expressions of introducing festivals.

Ⅲ. Teaching procedures

1. Lead-in

(1) First draw students' attention to the topic on the students' page. By doing so, students will have a clear idea of what they will learn in the text. Listen to fragments of six songs and guess the festivals related.

(2) What festivals happen during each season?

Winter	January	
Spring	February	
	March	
	April	
Summer	May	
	June	
	July	
Autumn	August	
	September	
	October	

(3) Guess: Which festival is related to the poem?

但愿人长久,千里共婵娟。 ____________

国亡身殒今何有,只留离骚在人间。 ____________

众里寻他千百度,蓦然回首,那人却在灯火阑珊处。 ____________

2. Reading

Reading: read the text carefully, fill in the forms and discuss the answers with your partners.

Festivals	Season & date/ month	Typical activity or food	Special meaning
The Mid-Autumn Festival			
The Lantern Festival			
The Dragon Boat Festival			

3. Writing: How to describe a festival

when	date	It falls... / The festival is celebrated on...
what	typical food	The special food for the festival is...
how	activities	The most important activity of this festival is... / People take part in...
why	meaning	It marks... / It's a special occasion for...

4. Create a new festival and make a poster

Topic:

About food

About protecting the environment

About occupation

…

5. Presentation

Let the students present their poster and introduce the new festivals they created.

6. Homework

Write a passage about a new festival which you have created.

About 100 words.

第二节　外研社高中英语必修一 Unit 4　Developing ideas：After Twenty Years 教学案例

哈尔滨市第四十六中学校　尚逸舒

一、教学设计

After Twenty Years

Type	Reading Developing Ideas	Teacher	尚逸舒	Class	1.3
Teaching Objectives	Knowledge Objectives： 1. The students learn more about elements of fiction/short story, know about the writing background. 2. Know of the author O. Henry and get a deeper understanding of his works and the surprise endings to his stories. 3. The students can understand the passage and identify the characters and features in the story. 4. Grasp some new words and expressions to enrich students' vocabulary. Ability Objectives： 1. The students can use reading strategies to get information such as predicting, skimming, guessing. 2. Do some oral work such as answering questions, role play and interaction activities to help to develop the students' communicative abilities. Moral Objectives： The students can have a deeper understanding of friendship and dialectical thinking the relationship between friendship and laws.				

Key & Difficult Points	Key points: The students can understand and master the main idea and specific ideas. Difficult points: The students can retell the passage and master the difficult words and useful expressions.	
Teaching Methodology	Task-based Approach. Group Work.	
Teaching Aids	Multimedia	
Teaching Procedures		
Steps	Teaching Activities(Interactive Mode)	Objectives and Improvement of Core Competence
1	Lead in The Christmas is coming, what will you give to your friends? (Ask a girl) Will you sell your long hair to get money if you're pretty poor? The Magi sold her hair to buy a gift for her lover, have a short talk about *The Gift of the Magi* created by O. Henry.	*The Gift of the Magi* is the most famous work of O. Henry, and some students have read before. According to it, students will be interested to this lesson "After Twenty Years".
2	Pre-reading (1) Have a short introduction to about O. Henry. (2) Ask some simple questions about O. Henry. (3) Introduce some elements of fictions.	Help the students get a deeper understanding of his works and the surprise endings of his stories in order to improve the students' abilities of cultural awareness.
3	While-reading (1) Scan the passage and find out why the man is standing outside the shop. (2) Ask volunteers to role-play and find out setting, time, place, character, the beginning of the story. (3) Read the passage again for some details. (4) Work in groups. Think of a possible ending to "After Twenty Years" and find evidence to support your ideas. (5) Work in groups. Act out the whole story. And retell the whole story.	1. Do some exercises including answering some questions and translation to improve students' comprehensive skills. 2. Grasp some new words and expressions to improve the students' linguistic competence. 3. With different kinds of reading strategies, students can improve their reading skills.

Steps	Teaching Activities(Interactive Mode)	Objectives and Improvement of Core competence
4	Post-reading (1) Now read the note from the original ending and find out what actually happened. (2) Do you think that Jimmy did the right thing? Why or why not? (Open, tell students there is no standard answers.) (3) Do you like the ending? Give your reasons. (Open, tell students there is no standard answers.) (4) What would you do if your friends did something immoral, even illegal?	The students can have a deeper understanding of friendship and dialectical thinking the relationship between friendship and laws.
5	Homework Write a review of the short story. You can comment on O. Henry's writing style, the characters in the story, the ending of the story, or the historical background of the story.	Have a revision of the whole lesson, and have the students prepare for next lesson.

二、板书设计

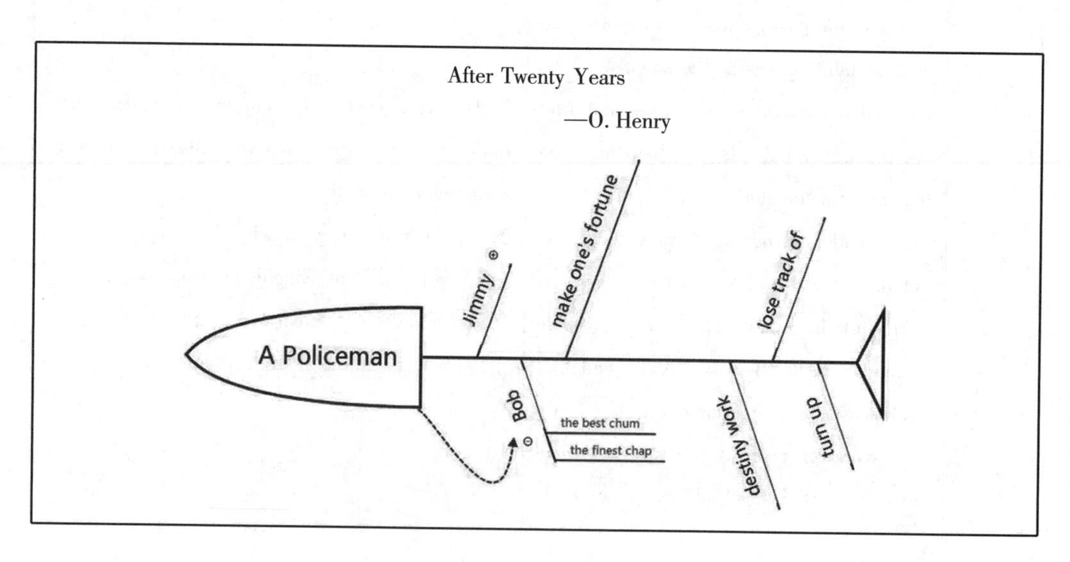

第三节　外研社高中英语必修　Unit 2　Understanding Ideas：Neither Pine nor Apple in Pineapple 教学案例

哈尔滨市第四十六中学　尚逸舒

一、教学设计

课 题	Unit 2　Understanding Ideas：Neither Pine nor Apple in Pineapple	学 科	英语
教材分析	本课选自外研社出版的高中英语第一册 Unit 2 Exploring English 的第一篇阅读部分。本单元的主题语境是“人与自我”，涉及的主题语境是学习英语、探索英语。内容丰富多彩，活动形式多种多样，集趣味性和实用性为一体。通过深入挖掘教材，充分发挥教材的功能，激发学生对于英语学习的兴趣，提升学生的英语学科素养，同时为以后的英语学习铺平道路，打好基础。单元标题中的 Exploring 值得教师深思。英语语言就好像一个广阔的海洋，教师想办法将学生带入其中，去探索、去发现、去领悟。 就本节课而言，这是一篇反映单元主题的课文，语篇类型为小品文。需要兼顾知识性、趣味性和思辨性，对课文的内容进行适当的补充，引导学生深入思考英语的特点，类比中国的汉语文化，探究本单元的主题意义，深入感受英语语言的幽默、“疯狂”和创意，激发学生对英语学习的兴趣。		
教学目标与核心素养	1. 语言能力目标 （1）能够通过阅读文章，快速获取细节信息，并概括归纳出作者意图、观点。 （2）能够给文章分清层次脉络，并理解每段的段落大意。 2. 思维品质目标 初步了解举例、对比等写作手法，并理解作者如何通过这些方法组织安排文章，呈现自己观点。学生通过教师的引导，发挥自己的主观能动性，实现知识的内化与迁移，发展思维品质。 3. 文化意识目标 （1）通过了解一些单词/词组的起源，探究思考单词/词组的含义，体会英语语言的多样性，趣味性。 （2）初步将英语语言与汉语母语进行比较，培养跨文化交际意识。 4. 学习能力目标 （1）树立正确的英语学习观，通过初步了解英语语言的一些特点，培养对英语学习的兴趣。 （2）能够多渠道获取英语学习资源，培养英语学习能力。		

<table>
<tr><td>重点</td><td colspan="2">带领学生分析理解文章,通过激活已有的语言、背景知识,激发对英语学习的兴趣,培养学生跨文化意识,树立正确的英语学习观。</td></tr>
<tr><td>难 点</td><td colspan="2">引导学生基于教材内容和自身实际,了解英语的单词由来和发展历史,让学生感受到英语的语言文化和语言魅力,对英语学习加深兴趣,能够更加勤奋地学习英语。</td></tr>
<tr><td>教学方法</td><td>Interactive Reading Approach, Analogical Method</td><td>时间分配/分钟</td></tr>
<tr><td rowspan="3">教学内容与过程</td><td>Step 1 Lead in
请学生观看抖音软件中一段流行的视频,让学生发现汉语中很滑稽幽默的语言现象,为后文体会英语的“疯狂”、幽默和创意作铺垫。
Boys and girls, what do you often do in your spare time? Maybe you often sweep Douyin, right? Now let's enjoy together!</td><td>2</td></tr>
<tr><td>Step 2 Understanding ideas: reading
Activity 1 Before-reading
学生以小组为单位,看本课标题和图片,讨论题目和图片中所表达的信息,推测课文内容。帮助学生提前了解课文主题,培养学生关注细节和获取信息的能力。
Look at the title of the passage and the pictures. Tick what you think the passage is about. Then, read the passage and check your answer to Activity 1.
A. food B. cooking C. words D. plants E. fruit
Activity 2 Reading</td><td>3</td></tr>
<tr><td>Ⅰ. Reading for main idea
首先,对学生进行学法指导,找出课文主题观点句。并对学生做高考题型“作者观点题”的指导。
之后,请学生读题和选项,根据课文主题句和对课文的理解选出作者的写作意图。在讲解第一题时,引导学生关注四个选项词,为今后的学习打下基础。
1. What is the writer's attitude towards English?
A. Approving(赞成的). B. Pessimistic(悲观的).
C. Indifferent(中立的). D. Disapproving(反对的).
2. Choose the author's purpose in writing the passage.
A. To tell us that English is very difficult to learn.
B. To give advice on how to learn English.
C. To show that English is interesting and creative.
D. To explain how English was created.
Ⅱ. Reading for discourse analysis
请学生以小组为单位,细读文章,把握文章结构,给文章分层,并能说出每段的段落大意。</td><td>5</td></tr>
</table>

<table>
<tr>
<td>教学内容与过程</td>
<td>

1. What is the structure of the text?

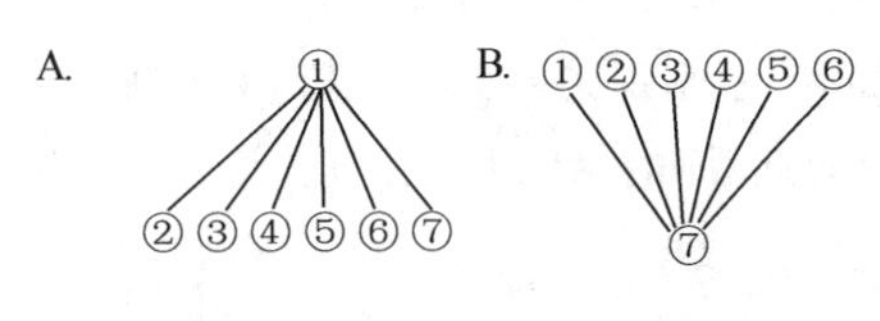

C.
①
②③④⑤⑥
⑦

2. Match the main idea of each part.

3. The logical structure.

Ⅲ. Reading for factual detail information

请学生细读每一段的文章内容，根据文章相应段落的具体语句信息，完成每一段的习题，题型分为单项选择题、问答题、判断正误、图表题等多种题型，多维度引领学生深入感知文章，提升学生的阅读能力。通过此活动引导学生进一步梳理英语的奇妙之处，考查学生对课文细节信息的理解和整合。

第一段，为选择题和问答题。

1. What makes English a crazy language to learn according to Para. 1?

2. Why is the son's question mentioned in Para. 1?

3. What does the word "this" in sentence 4 refer to?

在文章第二段的细节分析上，选取判断正误题型和图表题。

学生分组活动，各小组在文中寻找相应的信息，与题目进行比对，做题和完成笔记的同时，提升学生的信息获取能力和信息甄别能力。请各小组选派代表，全班核对答案。引导学生注意课文中举例的方法和具体句式。

最后，（适合程度较好的班级或学生）：引导学生思考并讨论题目中不同类别下的例子，并思考汉语中有无类似的情况，培养学生的跨文化意识。

Complete the notes with words from the passage.

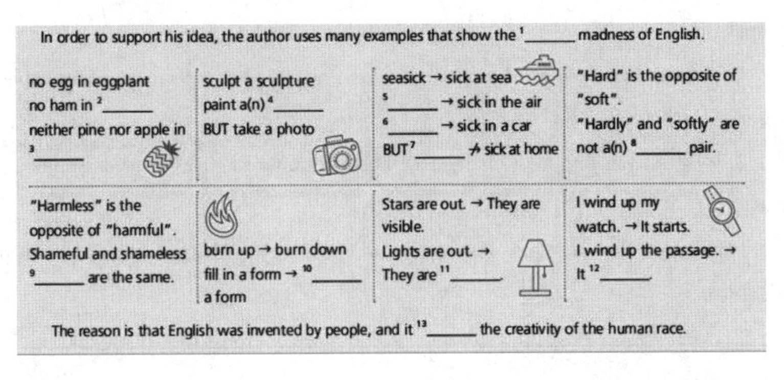

</td>
<td>11

5</td>
</tr>
</table>

<table>
<tr>
<td rowspan="2">教学内容与过程</td>
<td>Activity 3　Post-reading
请学生阅读材料，此活动提供课文内容的补充材料，介绍课文中部分词汇的来源，通过此活动加深学生对课文主旨和主题语境的理解，拓展学生的思维。之后呈现一段视频，通过此活动激活学生已有的语言、背景知识，帮助学生更系统第了解英语发展与演变的历史。
Read the following information and answer the questions.
The word “pineapple” developed from the Spanish word “piña”, which means pine cone. When it came to England, “apple” was added to show it is a kind of fruit.
What can you infer from the sentence above?
Probably answer：Language is the carrier（载体）of culture, so language learning is closely related to culture.
So let's learn about English further more!</td>
<td>5</td>
</tr>
<tr>
<td>Activity 4　Ending
鼓励学生在深入理解文章主题的同时联系自身实际，反思自己在英语学习上的问题。视频中的老师以幽默诙谐的语言吐槽学生考试中的翻译错误，以引起学生对英语学习的重视，今后更加勤奋刻苦地学习英语。本节课以一种轻松愉快的抖音视频结束，呼应整节课。
Think & Share：
What can you learn from the words and phrases mentioned in the passage and examples learnt in this period?
We know although English can be crazy to learn, the access to a good command of it is available. Learning English is an interesting, meaningful and rewarding thing because history and customs come into our sight as well as the people who are wise, sensible, humorous and creative.
OK. It's time to have a break, enjoy a short video.
At last, I hope all of my students can be interested English what is wise, humorous and creative. Please work hard. Intelligent out of diligence, genius is gained by accumulation.
Homework
1. What's your opinion about the English language? Give me some examples or reasons.
2. What do you find most challenging about learning English? How do you deal with this?
Please read the questions above, choose one that you're interested in, write down your ideas.</td>
<td>3</td>
</tr>
</table>

二、说课稿

Hello, distinguished judges, ladies and teachers!

I'm Shang Yishu from No. 46 Middle School. It's my great honor to be here to present Unit 2 Developing ideas. Reading Part: Neither Pine nor Apple In Pineapple

Now, begin.

(一)教材分析

本课选自外研社出版的高中英语第一册 Unit 2 Exploring English 的第一篇阅读部分。本单元的主题语境是“人与自我”,涉及的主题语境内容是学习英语、探索英语。单元标题中的 Exploring 值得深思。英语语言就好像一个广阔的海洋,教师想办法将学生带入其中,去探索,去发现,去领悟。

就本节课而言,这是一篇反映单元主题的课文,语篇类型为小品文。需要兼顾知识性、趣味性和思辨性,对课文的内容进行适当的补充,引导学生深入思考英语的特点,类比咱们中国的汉语文化,探究本单元的主题意义,深入感受英语语言的幽默、“疯狂”和创意,激发学生对英语学习的兴趣。因此要仔细设定教学目标与重难点,再通过教学流程呈现出来,还是具有相当挑战性的任务。

(二)教学目标与核心素养

1. 语言能力目标

(1)能够通过阅读文章,快速获取细节信息,并概括归纳出作者意图、观点。

(2)能够给文章分清层次脉络,并理解每段的段落大意

2. 思维品质目标

初步了解举例、对比等写作手法,并理解作者如何通过这些方法组织安排文章,呈现自己观点。学生通过教师的引导,发挥自己的主观能动性,实现知识的内化与迁移,发展思维品质。

3. 文化意识目标

(1) 通过了解一些单词/词组的起源,探究思考单词/词组的含义,体会英语语言的多样性,趣味性。

(2) 初步将英语语言与汉语母语进行比较,培养跨文化交际意识。

4. 学习能力目标

(1) 树立正确的英语学习观,通过初步了解英语语言的一些特点,培养对英语学习的兴趣。

(2) 能够多渠道获取英语学习资源,培养英语学习能力。

(三)教学重难点 PPT

(四)教学方法

Interactive Learning Approach, Analogical method 交互式学习法,类比法。

(五)教学过程

Step 1　Lead in

请学生观看抖音软件中一段流行的视频,让学生发现汉语中很滑稽幽默的语言现象,为后文体会英语的“疯狂”、幽默和创意作铺垫。

请看教学片段(播放视频)

Boys and girls, what do you often do in your spare time? Maybe you often sweep Douyin, right? Now let's enjoy together!

Step 2　Understanding ideas: reading

Activity 1 Before-reading

学生以小组为单位,看本课标题和图片,讨论题目和图片中所表达的信息,推测课文内容。帮助学生提前了解课文主题,培养学生关注细节和获取信息的能力。

Activity 2 Reading

1. Reading for main idea.

首先,对学生进行学法指导,找出课文主题观点句。并对学生做高考题型“作者观点题”进行指导和帮助。

之后,请学生阅读两道题和四个选项,根据课文主题句和对课文的理解选出作者的写作意图。在讲解第一题时,引导学生关注四个选项词,为今后的学习打下基础。

2. Reading for discourse analysis

请学生以小组为单位,细读文章,把握文章结构,给文章分层,并能说出每段的段落大意。

(1) What is the structure of the text?

(2) Match the main idea of each part.

(3) The logical structure

3. Reading for factual detail information.

请学生细读每一段的文章内容,根据文章相应段落的具体语句信息,完成每一段的习题,题型分为单项选择题、问答题、判断正误、图表题等多种题型,多维度引领学生深入感知文章,提升学生的阅读能力。通过此活动引导学生进一步梳理英语的奇妙之处,考查学生对课文细节信息的理解和整合。

第一段，为选择题和问答题。

(1) What makes English a crazy language to learn according to Para. 1?

(2) Why is the son's question mentioned in Para. 1?

(3) What does the word "this" in sentence 4 refer to?

在文章第二段的细节分析上，选取判断正误题型和图表题。

学生分组活动，各小组在文中寻找相应的信息，与题目进行比对，做题和完成笔记的同时，提升学生的信息获取能力和筛查能力。请各小组选派代表，全班核对答案。引导学生注意课文中举例的方法和具体句式。最后，（适合程度较好的班级或学生）：引导学生思考并讨论题目中不同类别下的例子，并思考汉语中有无类似的情况，培养学生的跨文化意识。

Activity 3 Post-reading

请学生阅读材料，此活动提供课文内容的补充材料，介绍课文中部分词汇的来源，通过此活动加深学生对课文主旨和主题语境的理解，拓展学生的思维。之后呈现一段视频，通过此活动激活学生已有的语言、背景知识，帮助学生更系统第了解英语发展与演变的历史。

Activity 4 Ending

鼓励学生在深入理解文章主题的同时联系自身实际，反思自己在英语学习上的问题。视频中的教师以幽默诙谐的语言吐槽学生考试中的翻译错误，以引起学生对英语学习的重视，今后更加勤奋刻苦地学习英语。本节课以一段轻松愉快的抖音视频结束，首尾呼应，使整节课感觉浑然一体。

第五章　绘本阅读教学案例

第一节　阳光英语分级阅读初一上 *Tracks in the Sand* 教学案例

哈尔滨市第三十五中学校　张　颖

一、文本分析

本书是“阳光英语分级语阅读”初一上的动物科普类读物。本册书讲述了动物们在沙漠里留下了形状大小和深浅都不同的脚印或尾巴的印记，观察这些印记，要求同学们能够说出这些动物的相关信息。

本书内容生动有趣，采用总分总的方式。首先，总述脚印。然后，分述各种脚印的大小、形状以及特点。最后，启发同学们根据所学每种动物留下印记的特点找到这是谁的脚印，他们要去哪里，去干什么，来引导学生有序阅读。在阅读中，教师需要引导学生关注细节，观察不同种类的动物，如哺乳动物、爬行动物、两栖动物等的脚印的特点。本堂课是基于学生进行课前阅读，对文本有了大致了解的基础之上进行的教学设计。

二、学情分析

本课的授课对象是初一年级学生，从语言能力上来说他们阅读并理解动物科普类读物有些困难。这个年龄阶段的学生思维比较活跃，但思维的深度不够，因此教师可以在阅读的深度上对学生进行适当的引导。而这个年龄阶段的学生表现欲都还比较强，所以采用图片和文字相结合，再加上适当的小组合作理解的方式，帮助学生梳理信息脉络，找到每种动物的脚印的特点，寻找文中的细节。学生们会对这个话题非常感兴趣，愿意去发现这其中的奥秘。同时激发学生们热爱大自然，热爱动物的情感。

三、教学目标

1. 学生能在教师的引导下梳理本文主要信息。
2. 学生能在阅读过程中把握文本中心内容、准确提取细节信息。
3. 学生能理解并运用恰当的语句来复述动物们的脚印和特点。
4. 学生能根据观察到的脚印，发现动物们正在做什么或要去做什么。

5. 学生通过活动能进行自主探究并加强相互合作的能力。

四、教学过程

时间	教学步骤	学生活动	设计意图
3 分钟	话题引入	学生基于教师的图片启发,根据教师提问,进入主题。 • What are these? • Can you guess who left them? • How do you know that?	互动交流,轻松地 进入主题。
2 分钟	故事引入	学生描述封面图片并根据教师的问题回忆文本相关信息。 提问建议: • How many sections are there in the book? What are they about? • Which section are you most interested in ? Why?	导入故事内容息。
2 分钟	引发思考	• When is the best time of day to see tracks clearly?	细节回忆。
15 分钟	整体阅读	• 略读整本书,通过拼图式阅读的方式,完成 worksheet 1。 • How many types of animals' tracks are there in this book? What are they? • 小组讨论后,学生根据自己的对文章的理解将文本信息进行进一步梳理,并用简洁的语言对文章进行概括和梳理。 • Group 1: P3 ~ 5 • Group 2: P6 ~ 9 • Group 3: P10 ~ 11 • Group 4: P12 ~ 15 • Group 5: P16 ~ 19 提问建议: Which animals belongs to your type? How can you identify their tracks?	梳理文本脉络,整体把握全文。 学生分小组进行自主阅读,分组讨论。 合作探究,完成图片匹配和描述的主要内容,锻炼学生自主合作能力和语言表达能力的同时,培养学生归纳概括能力,训练其语言表达的准确性。
5 分钟	小组活动	学生就教师问题思考并分享找到的论据提问建议: • What animals left these tracks? How do you know that? Finish worksheet 2 The Most ________ Tracks!	学生思考、分析每种脚印的特点。 鼓励学生积极参与表达,培养学生准确提取细节信息的能力。

时间	教学步骤	学生活动	设计意图
3 分钟	小组活动	Read P22 ~ 23 Can you match the tracks with the animals that made them? Why do you think this animal made them?	利用在前面拼图阅读中所掌握的知识,确定是谁的脚印。学生进行深入思考、分析并概括。通过讨论,学生积极参与表达,畅所欲言。
10 分钟	展示活动	When we try to identify some animals' tracks, what clues can we hunt for? What impresses you the most about animals' tracks?	根据自己的理解总结所学到的知识,锻炼语言组织能力和团体合作能力。
板书设计		Tracks in the Sand Tracks Kinds of Animals Hooves Reptile Paws Birds Footprints Tailprints	

第二节　阳光英语分级阅读初一上 *The Desert Machine* 教学案例

哈尔滨市第三十五中学校　孙　宇

一、教学设计

文本分析
《沙漠之舟》是"阳光英语分级阅读"初一上的一本百科类读物,介绍了生活在沙漠中的动物——骆驼。书中主要对骆驼的分布范围、外形特征、身体构造、生活习性以及对于人类的价值等方面进行了生动的描述。文中所配的大量照片也真实地反映了骆驼的生存状态。作者通过介绍骆驼的各方面相关信息,让学生更深入地了解骆驼这种沙漠动物,同时启发读者思考:动物与自然以及人类之间的关系。本书信息丰富、结构清晰,对于学生来说,是一本很有吸引力的动物科普手册。文中描述骆驼特点时使用了比喻这一修辞手法,增强了描述的生动性。教师可引导学生欣赏相关的表达方式,鼓励学生积累并将其迁移运用到自己的写作中。

学情分析

本课的授课对象为初中一年级的学生。大部分学生的学习态度端正、学习热情较高。但一部分学生英语基础较弱,英语表达和英语阅读能力较弱。可以预测到他们绝大多数对于骆驼只是一般常识上的了解,缺乏相关的背景知识。文中涉及与骆驼或动物主题相关的词汇,对于学生来说可能存在一定难度。教师在教学过程中可引导学生结合相关配图及上下文推测、理解词义,也可以鼓励对这一主题了解更多的学生进行分享。

教学目标

1. 知识目标:
(1)学习生词: desert, distance, eyelash, flatten, grip, kneel, nostril, padded, pricky, spread, stretch, survive, tank, zip。
(2)了解骆驼的分布范围、外形特征、身体结构、生活习性以及对于人类的价值等方面的主要信息。
2. 能力目标:
(1)能够整理、概括书中的重要信息,用于讨论中。
(2)训练学生的猜词、归纳总结等阅读技巧。
3. 情感目标: 通过关注与理解骆驼的身体构造与自然环境之间的关系,保护动物。

教学重点、难点

1. 理解文章的主要内容,掌握关键词和完成教学认为。
2. 自由流利表达自己的想法。

教学方法

1. The Situational Method
2. Task-based Teaching Method
3. Mind-mapping Method
4. Communication and Cooperative Learning

教学过程

The mind-map of the teaching procedures

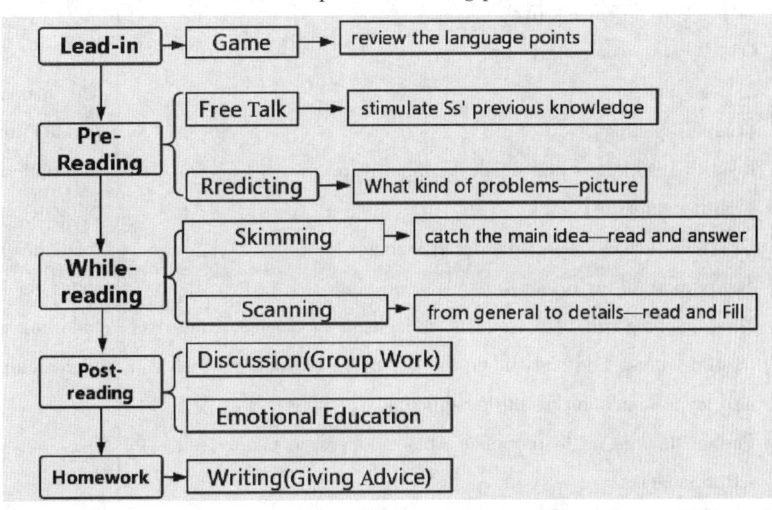

<table>
<tr><td colspan="3">The analysis of the teaching procedures</td></tr>
<tr><td>Steps</td><td>Teaching procedures</td><td>Learning procedures</td></tr>
<tr><td rowspan="3">Step 1:
Warming Up &
Pre-reading
(5 mins)</td><td>1. Greetings.
2. Playing a game(Revision):
Review the key phrases about the problems to introduce the topic.
3. Free talk:
Q1: What does camel close?
Q2: What do camels need to keep warm?</td><td>Students are going to play the game and review the expressions then talk about the two questions.</td></tr>
<tr><td colspan="2">The purpose of my design:
Playing the game can not only attract the attentions of students, but also review the key language points to introduce the topic—problems. Free talk the two questions about the topic is to stimulate the previous information of students.</td></tr>
<tr><td colspan="2">The supporting theory of this step:
The theory of cognitive schema.</td></tr>
<tr><td>Step 2:
While-reading
(21 mins)</td><td>【Predicting】Find the answers by skimming the structure and the picture.
Q1: In a desert sandstorm, how do you think a camel zip itself up?
【Skimming】Read and Answer.
Q2: What does camel close?
Q3: What do camels need to keep warm?
【Scanning】
1. Read the answer.
Q4: Where do camels live?
Q5: What do camels give up?
2. Read and fill:
【Careful reading】
Read the two letters and finish the mind-map.
【Further thinking】
Q1: What makes camels the desert machine?
The purpose of my design:
Mind-mapping will help students understand the logical context of the two letters, and consolidate the key target language, which can also lay a foundation for further thinking.
Further thinking is to introduce what the passage mainly wants to tell to students.</td><td>Students are expected to predict some information from the structure and the picture.

The passage will be divided into two parts for students to read. Students are going to read the passage three times and finish the following tasks one by one carefully.</td></tr>
</table>

Step 3: Post- reading (10 mins)	The learning aims that can be reached: Students are going to get the information from the passage and master the key words and expressions and and finish the reading tasks. 1. Discussion(Group Work) Q1: What makes camels the desert machine? Q2: What is the relationship between animals and people? 2. Make a mind map The purpose of my design: The main purpose of this passage is to encourage students to express themselves, and they will make a mind map according to the passage. This step is the most important part in this lesson to stimulate students to express their own opinions. During the process, the ability of information processing is also improved.	Students will complete the mind-map to master the main content. Students will discuss the questions in pairs.
Step 5: Homework (1 min)	Write a passage to express your ideas about Mr. Hunt's advice, and tell him your problems in your daily life. Homework is expected to consolidate the language points for students and let them learn to express themselves.	
板书设计		
Animals and Their Teeth 1. Different kinds of teeth 2. The functions of these teeth 2. The way to help teeth		

二、说课稿

(一)文本分析

《沙漠之舟》是“阳光英语分级阅读”初一上的一本百科类读物,介绍了生活在沙漠中的动物——骆驼。书中主要对骆驼的分布范围、外形特征、身体构造、生活习性以及对于人类的价值等方面进行了生动的描述。文中所配的大量照片也真实地反映了骆驼的生存状态。作者通过介绍骆驼的各方面相关信息,让学生更深入的了解温度这种沙漠动物,同时启发读者思考:动物与自然以及人类之间的关系。本书信息丰富、结构清晰,对于学生来说,是一本很有吸引力的动物科普手册。文中描述骆驼特点时使用了比喻这一修辞手法,增强了描述的生动性。教师可引导学生欣赏相关的表达方式,鼓励学生积累和迁移运用到自己的写作中。

（二）学情分析

本课的授课对象初中一年级的学生。大部分学生的学习态度端正,学习热情较高。但一部分学生英语基础较弱,英语表达和英语阅读能力较弱。可以预测到他们绝大多数对于骆驼只是一般常识上的了解,缺乏相关的背景知识。文中涉及与骆驼或动物主题相关的词汇,对于学生来说可能存在一定难度。教师在教学过程中可引导学生结合相关配图及上下文推测、理解词义,也可以鼓励对这一主题了解更多的学生进行分享。

（三）教学目标

1. 知识目标

（1）学习生词：desert、distance、eyelash、flatten、grip、kneel、nostril, padded、pricky、spread、stretch、survive、tank、zip。

（2）了解骆驼的分布范围、外形特征、身体结构、生活习性以及对于人类的价值等方面的主要信息。

2. 能力目标

（1）能够整理、概括书中的重要信息,用于讨论中。

（2）训练学生的猜词,归纳总结等阅读技巧。

3. 情感目标

通过关注与理解骆驼的身体构造与自然环境之间的关系,保护动物。

（四）教学重点难点

（1）理解文章的主要内容,掌握关键词和完成教学认为。

（2）自由流利表达自己的想法。

（五）教学方法

（1）The Situational Method

（2）Task-based Teaching method

（3）Mind-mapping method

（4）Communication and cooperative learning

采取“任务型”教学法。教师根据本节课内容,安排合适的任务,让学生在完成任务的过程中达到本节课所拟定的目标。

任务型。让学生通过完成课前找资料、上课积极参与、讨论,课后进行巩固和迁移等任务,来达到拟定的目标。初中英语新课程理念中说,使用“任务型”的教学,能让学习者在实施任务的过程中有更多的机会去接触可理解的语言输入,有更多的机会以口头或笔头的形式去进行语言交际,由此产生更多的语言互动或磋商性的活动,最终将促进他们更好更快地学习语言。

(六)教学过程

1. Warming-up and lead-in

首先,通过看视频,导出沙漠－骆驼这个话题,然后回答这个问题: What does camel close?

接着我追问: Q2: What do camels need to keep warm?

设计意图: 导入话题 camel 的话题,并且为下面的阅读进行热身,引起学生的好奇心。

2. Before-reading

我通过一个问题

Can you find out the style of the book according to its name and the content?

A. Narration　　B. Argumentation　　C. Exposition

让学生去猜体裁。

3. While-reading

【Skimming】Read and Answer.

Q2: What does camel close?

Q3: What do camels need to keep warm?

【Scanning】

(1) Read the answer.

Q4: Where do camels live?

Q5: What do camels give up?

(2) Read and fill:

【Careful reading】

Read the two letters and finish the mind-map.

(3) Discussion (Group Work)

Q1: What makes camels the desert machine?

Q2: What is the relationship between animals and people?

【Make a mind map】

(七)教学反思

整个绘本采取不同形式的活动,来了解绘本内容,并培养学生的记忆,归纳总结,猜词,回填句子等阅读能力。应用实践和迁移创新类活动,通过听,说,读,写,小组合作等方式来巩固绘本内容,并且通过绘本解读,让学生认识到动物与大自然的关系,从而爱护动物。让学生小组完成任务后复述绘本内容,提高语言运用能力。教师应在学生讲完后,及时给出合理的评价并总结重点内容,帮学生理解并记忆绘本。

(八)教学亮点

(1)Introduce the topic in a real situation to arouse students' echo, and give them the eager to express themselves, then learn to get on well with families.

(2)Core literacy of English can be achieved. Students' thinking ability can be enhanced.
2021 年全国中小学英语分级阅读教学说课大赛教学设计。

第三节 阳光英语分级阅读初一上 *Letters for Mr. James* 教学案例

哈尔滨市第三十七中学校 鞠小迪

一、教学设计

文本分析
[what] *Letters for Mr. James* 是给 Mr. James 的信,讲述了期待收到信的 Mr. James 却从来没有收到过信;女邮递员把这个情况告诉了商店的售货员,售货员把这个事情告诉了银行的女职员,银行的女职员把这个事情告诉了他的孩子们,孩子们把这个事情告诉了老师,在老师的引导下,所有的孩子都给 Mr. James 写了信;终于 Mr. James 收到很多信,他激动地简直不敢相信。 [why] 本文通过从未收到过信的 Mr. James 终于收到很多信的故事,来体现人与人之间的关爱和帮助。以此来引导学生关爱他人,拒绝冷漠,树立正确的人生观和价值观,实现情感的升华。 [how] 文本特征:本文是一篇故事类绘本,通过开端—发展—高潮—结局的事件发展的顺序展开的。 开端,呈现起因,Mr. James 从来没有收到过信。 发展,通过邮递员大家口口相传,都知道了这件事。

文本分析
高潮,老师组织孩子们给 Mr. James 写了很多信。 结局,Mr. James 收到信激动地简直不敢相信。 词汇特征:在 Mr. James 收不到任何来信时,在人们口口相传 Mr. James 的情况时,一些词汇重复出现,如 never、said to、never get any letters 等充分体现出 Mr. James 的孤独,绝望。从人们的一些情感态度的词汇,如 poor、never、feel sorry 等,却可以体现出大家对 Mr. James 的关心,同情。为故事的推进奠定了基础。 语法特征:文章在讲述故事时使用了一般过去时,在叙述人物对话时使用了一般现在时,再结合绘本中的图画和大量的人物对话,使故事变得生动活泼,十分耐读。描写结局时,用了 Mr. James 和邮递员对话的形式,如"They can't be for me, I never get any letters.","They are for me! Where did they all come from?"体现出他终于收到信时的从不敢相信到惊喜、激动以及邮递员的欣慰。文中多处用了感叹句充分表达了人物的情绪和情感。
学情分析
学生语言水平:本节课的授课对象初一下半学期的学生。学生基本掌握情绪词汇如 feel, angry, sorry 等,并且熟知职业类相关词汇 postwoman, teacher, children。 学生认知水平:班级的大部分学生英语基础薄弱,阅读能力较差,后进生多,小部分学生英语基础较好。但大部分同学都乐于发表自己的观点和看法,勇于提出问题。 上课过程中可能存在的问题及解决的方法: 1. 同学们可能无法完成大段的故事阅读,故而我们选择了外研社阳光英语分级阅读初一上的故事文本,这样更加简洁易懂;故事的选择上尽可能与学过的话题有所重合,指导学生进行优势阅读。 2. 同学在阅读时可能存在个别生词无法识别或者句子无法理解,所以我们在文本的选择上,有意选择贴近生活主题且图片丰富易懂的文本;在课前布置读前任务,课中绘制思维导图帮助学生梳理故事情节。
教学目标
学习理解方面:梳理故事脉络,概括故事的开端、发展、高潮和结局。 实践应用方面:通过关注 Mr. James 说的话,分析角色的情感态度及性格;通过对故事细节的观察和推理,对故事的结局进行合理且大胆的猜想;以读促写,培养学生的读写能力。 迁移创新方面:归纳故事的寓意,联想现实生活,推断孩子们写的信的内容;引导学生关爱他人,拒绝冷漠,树立正确的人生观和价值观实现情感的升华。
教学重点、难点
教学重点:梳理故事脉络,概括故事的开端、发展、高潮和结局; 教学难点:通过文本线索,完成信件;运用自己的语言进行小组互评。

教学过程			
教学步骤与时间安排	教学活动	设计意图	效果评价
第一课时 Pre-reading 读前(10 mins)	Activity 1 Cover reading: 互动方式: 教师单独提问;师生互动 提问: 1. What is Mr. James doing? 2. Is there anything in his mailbox? 3. Do you think Mr. James is happy? Activity 2 Picture tour: 互动方式: 教师单独提问;师生互动 图片环游 P2 ~ 11,针对图片内容进行提问: 1. What is the girl? 2. Can you guess the job of the man? 3. What is the woman talking about with her children? 4. What are they doing? 学生能够大胆设想,在老师的引导下抓住了故事的主线。	读前预测: 创设故事情境,激发学生兴趣。 感知与注意: 培养学生读图能力,信息提取能力,问题引领环游。	学生的好奇心被激发,纷纷猜想封面问题,打开课堂局面。
While-reading 读中(15 mins)	Activity 3 Jigsaw reading: 互动方式: 教师引导;小组合作将绘本 2 ~ 11 页故事分为 5 部分,每 5 名同学为一组,明确分工任务,组成基础组。相同编号同学组成专家组进行相同故事片段研修,后回到基础组将文本正确排序,完成后进行汇报展示。 Activity 4 Guessing game: 互动方式: 师生互动 教师提问: Let's guess the result of this story. What are they doing? And give your support.	整合与合作: 培养学生的团队协作能力。 分析与判断: 培养学生的观察能力及逻辑思维能力。 描述与阐释: 帮助学生整合绘本线索,宏观浏览全书。	学生们能相互探讨完成专业组任务后回到基础组,根据图片环游顺序完成绘本前半部分的阅读。 学生们重读文本寻找线索,大部分同学都能根据铺垫猜中结局,也有少数同学奇思妙想给出出人意料的结局。

教学步骤与 时间安排	教学活动	设计意图	效果评价
Post-reading: 读后(15 mins)	Activity 5 Retell the story: 互动方式:师生互动,小组接龙。 再读全文完成情节发展可视图: 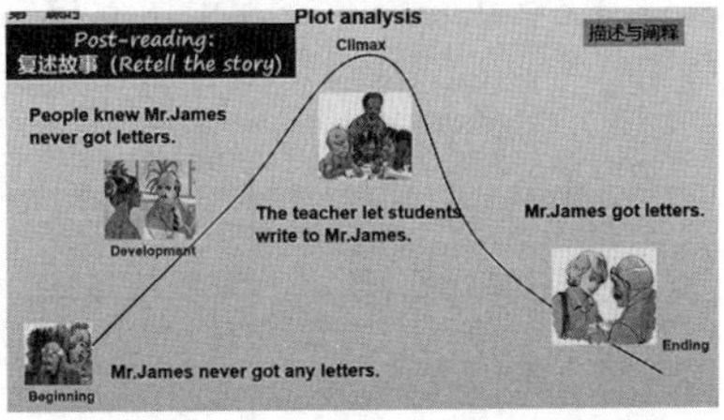 随后,根据思维可视图,小组接龙复述故事。	学生们小组合作准确根据绘本线索完成可视图。 小组分工明确,提高了复述效率。	
After class	Homework: Please tell this story to your friend.		
第二课时 Activity 1 (5 mins)	回顾故事,完成思维导图。 Finish the mind map. 互动方式:师生互动,独立思考。 教师通过大屏幕展现绘本内容空缺的思维导图,请同学们快速回顾绘本,完成思维导图的填写。	内化与应用: 快速回顾第一课时内容。 培养学生默读能力与独立思考的习惯。	同学们通过导图找到线索,快速回顾第一课时内容。
Activity 2 (5 mins)	深入探究。 Further discussion. 互动方式:教师提问,讨论回答 提问: 1. Why did children write to Mr. James? 2. What did they write to Mr. James? 3. Do you think it is a good idea to write to Mr. James?	批判与评价: 培养学生的发散性思维和批判性思维。	同学们深入思考,各抒己见,给出依据。
Activity 3 (15 mins)	小组合作,完成信件。 Write a letter to Mr. James: 互动方式:小组合作,生生互动。 绘本中对于信件的描述寥寥几笔,于是引导学生以小组为单位自行创作,也给 Mr. James 写一封信。	想象与创造: 培养学生的团队协作能力与创造性思维。	同学们为小组信件献言献计,老师四处流动给予指导。

教学步骤与时间安排	教学活动	设计意图	效果评价
Activity 4 (10 mins)	展示信件,小组互评。 Show the letter: 互动方式:组间互动 1. 老师先下发信件评价表。 要求同学们从语法,内容,礼仪,创造性 4 各方面对各组信件进行评价。	教学评一体化:培养学生的批判性思维,在小组评价的过程中深入思索,相互学习,给出提议。	每组选出代表展示信件,其他组成员根据评价表进行评比,在发表结果时一部分同学也能根据自身经验给出可行的改进意见。
	2. 并给出提示: (1) Do you think the language is correct? (2) Do you think the content is logical and clear? (3) Do you think the letter makes you feel comfortable? (4) Do you think the letter is creative and critical? 3. 各组展示信件。 4. 各组进行评价与提议。	反思与升华:通过对自身的反思培养学生的批判性思维,并且引导正确的价值观,关心他人拒绝冷漠。	同学们都能根据实际情况自我评分,并且大部分同学能根据最终分数进行反思。
Activity 4 (5 mins)	反思日常,自我评价。 Self-evaluation for daily action: 互动方式:独立反思。 老师下发问题小卷: 学生根据自身实际情况进行打分。分数越高,说明平时有很好的社交礼仪与同情心。教师针对高分同学进行表扬,同时也为低分同学进行正确引导与鼓励。	完成任务。 整合创新。	同学们推翻文本,思考除了写信,还能为 Mr. James 做些什么?
After class	Homework: 完成方式:独立思考 + 小组整合。 老师布置课后任务: What else can you do for Mr. James? Please list it with your team.		

板书设计

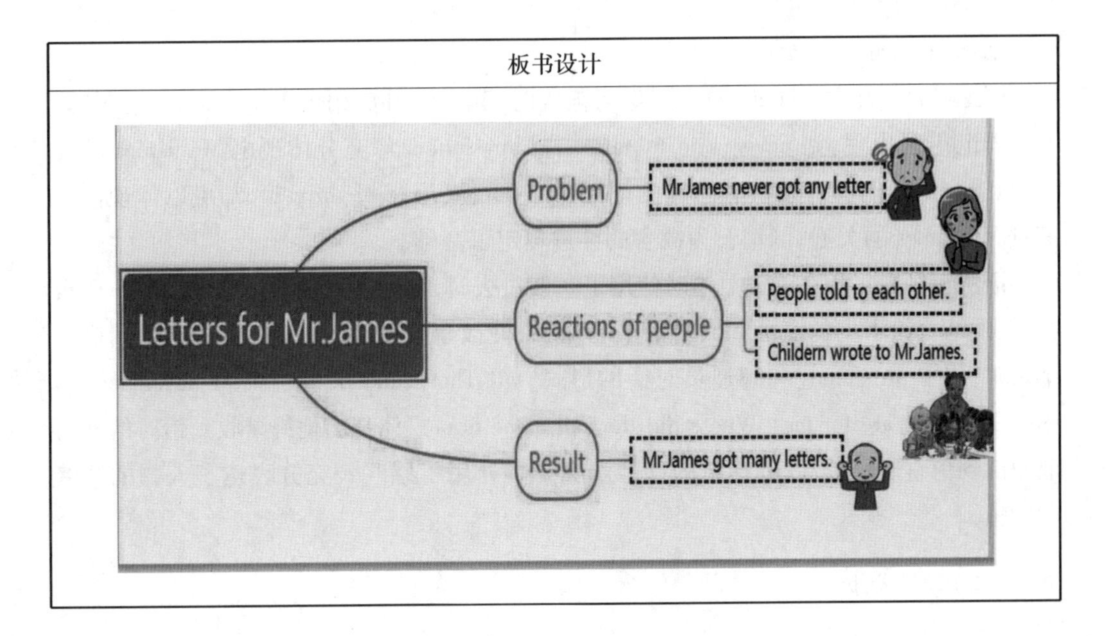

二、说课稿

各位评委老师,各位同仁。大家好,我是哈尔滨市第37中学鞠小迪。

此堂课我将针对外研社阳光英语分级阅读,初一上 *Letters for Mr. James* 一课进行说课。我将从以下六个方面进行阐述。

(一)文本解读

从 What 的方面分析:

Letters for Mr. James 讲述了期待收到信的 Mr. James,却从未受到过信。女邮递员把这个情况告诉了商店的售货员,售货员告诉了银行的女职员,女职员告诉了他的孩子们,孩子将事情告诉老师,在老师的引导下。所有的孩子都给 Mr. James 写了信。

从 Why 方面进行分析:

通过从未收到过信的 Mr. James 终于收到很多信的故事,来体现人与人之间的关爱和帮助,以此来引导学生们,关爱他人,拒绝冷漠,树立正确的人生观和价值观,实现情感的升华。

从 How 方面进行分析:

文本特征:本文是一篇故事类绘本,通过开端—发展—高潮—结局的事件发展的顺序展开的。

开端,呈现起因,Mr. James 从来没有收到过信。

发展,通过邮递员大家口口相传,都知道了这件事。

高潮,老师组织孩子们给 Mr. James 写了很多信。

结局，Mr. James 收到信。

词汇特征：在 Mr. James 收不到任何来信时，和人们口口相传 Mr. James 的情况时，一些词汇重复出现，如 never、said to、never get any letters 等充分体现出 Mr. James 的孤独，绝望。从人们的一些情感态度的词汇，如 poor、never、feel sorry 等，却可以体现出大家对 Mr. James 的关心，同情。为故事的推进奠定了基础。

语法特征：文章在讲述故事时使用了一般过去时，在叙述人物对话时使用了一般现在时，再结合绘本中的图画和大量的人物对话，使故事变得生动活泼，十分耐读。描写结局时，用了 Mr. James 和邮递员对话的形式，如"They can't be for me, I never get any letters.""They are for me! Where did they all come from?"体现出他终于收到信时的从不敢相信到惊喜、激动以及邮递员的欣慰。文中多处用了感叹句充分表达了人物的情绪和情感。

（二）学情分析

学生语言水平：本节课的授课对象初一下半学期的学生。学生基本掌握情绪词汇如 feel、angry、sorry 等，并且熟知职业类相关词汇 postwoman、teacher、children。

学生认知水平：班级的大部分学生英语基础薄弱，阅读能力较差，后进生多，小部分学生英语基础较好。但大部分同学都乐于发表自己的观点和看法，勇于提出问题。

上课过程中可能存在的问题及解决的方法：

（1）同学们可能无法完成大段的故事阅读，故而我们选择了外研社阳光英语分级阅读初一上的故事文本，这样更加简洁易懂；故事的选择上尽可能与学过的话题有所重合，指导学生进行优势阅读。

（2）同学在阅读时可能存在个别生词无法识别或者句子无法理解，所以我们在文本的选择上，有意选择贴近生活主题且图片丰富易懂的文本；在课前布置读前任务，课中绘制思维导图帮助学生梳理故事情节。

（三）教学目标

学习理解方面：梳理故事脉络，概括故事的开端、发展、高潮和结局；

实践应用方面：通过关注 Mr. James 说的话，分析角色的情感态度及性格；通过对故事细节的观察和推理，对故事的结局进行合理且大胆的猜想；以读促写，培养学生的读写能力。

迁移创新方面：归纳故事的寓意，联想现实生活，推断孩子们写的信的内容；引导学生关爱他人，拒绝冷漠，树立正确的人生观和价值观实现情感的升华。

（四）教学重难点

教学重点，梳理故事脉络，概括故事的开端，发展，高潮和结局。

教学难点，通过文本线索完成信件，运用自己的语言进行小组互评。

（五）教学流程

我将绘本课分为两课时：第一课时：扫读全书，完成故事梳理，分组细读。

第二课时：联系生活 内化探讨；反思全书 批判评价。

此次说课对第一课时进行简要说明，详细分享第二课时。

第一课时读前，我们首先通过 cover reading 对绘本进行读前预测。又通过图片环游方式大体了解绘本内容。读中环节，通过合作拼图方式，针对 2～11 页故事进行学习。随后猜想结局，完成阅读。读后以小组为单位完成情节分析图后小组接龙的方式复述故事，完成教学。

第二课时，我们对于绘本进行更深层次的内化与学习，主要通过以下几项活动完成活动：

活动一，引导学生用完成思维导图的方式，回顾故事，激活课堂。

活动二，我们针对绘本内容进行了更深入的讨论，询问为什么孩子们要给 Mr. James 写信，信中会写些什么内容，你是否认为给他写信是一个好主意？同学们深入思考，各抒己见，对绘本情节进行评价，培养的学生们的批判性思维与发展性思维。三，小组合作为 Mr. James 写信。小绘本中，孩子们的信形式各异，如 big letters、little letters、five letters 等等，但并不够具体，于是我引导同学们组员之间相互献计，天马行空，培养学生的创造性思维，也为 Mr. James 写一封信。每组派代表展示信件，下面是一段课堂实录。

这是信件分享片段。随后，其他组成员会持评价表，从四个方面进行小组互评，评价时要考虑语法是否正确，内容是否清晰，逻辑礼貌方面是否会让 Mr. James 感觉到舒适，这封信是否是有创意的？在这一环节体现了教学评一体化。下面是一段小组互评的课堂实录。

最后一个活动，请同学们根据老师展示的自评表，反思自己日常行为是否经常问候父母，老师是否关心心情低落的同学，等等。测试题从零分到十分，对于分数较高的同学提出表扬，对于分数较低的同学进行引导和鼓励，培养学生关心他人，拒绝冷漠，完成反思与升华。

作业环节，让同学们思考，除了写信，我们还可以为 Mr. James 做些什么，以小组为单位进行汇报。

（六）教学反思

本堂课的教学特色主要有以下三点。

1. 教学评一体化

首先体现在每次完成活动任务时，老师都能及时地进行过程性评价。二，课程当中制作小组互评表，从四个方面进行小组互评。三，课程的最后也引导学生针对自身的行为进行自评，反思，可以说，教学评贯穿于此堂课等各个环节。

2. 培养学生的批判性思维和创造性思维

在第二课时时，我引导学生深入讨论，发动思维，评价绘本内容：在小组互评的环节，也让同学们思考他人的信件是否具有创造性。包括在作业环节，我们推翻文本，思考是否有更好的方法使 Mr. James 感觉到备受关怀。这不是单一的接受和吸收，而是进行了批判与创新。

3. 思维可视图的运用

在梳理绘本内容，回顾绘本等环节，我们都运用了思维可视图，这样的方式更加的直观有趣。总而言之，一切的活动设计都要促进学生的建构意义，而不是单纯的语言活动，单纯的理解活动。

当然此堂课还有一些不足，有待改进，例如互评时以小组为单位，没能使每一位学生都有表达自己想法的机会，改进方面可以在课程设置时更加灵活，给更多的同学展示的机会，也可以让孩子们以书面的形式提交评价。

在书信环节，学生们的词汇，语法还有很多欠缺，个别小组完成的并不完整，改进方面可以在前期给同学们做更多的铺垫，让每位同学有话可说，有词可写。分组时，平均各组实力，使学生指导学生。同时加大课外阅读，扩充词汇量，以读促写。

以上就是我说课的全部内容，感谢您的倾听。

第四节　阳光英语分级阅读初一下 *The Magic Porridge Pot* 教学案例

哈尔滨市第三十五中学校　冯　妍

文本分析
词汇部分：本文中有一些词汇是我们这个段的孩子不会的，但是绘本阅读不同于普通的阅读，孩子们可以借助插图去猜词，并且能够更好地理解文本的内容。 What：本文的体裁是一篇故事，课标对应的话题是食物。 这个故事讲述的是一个小女孩和她的家人住在一个有着很多小村落的森林里。冬日里她和家人依靠售卖从黑森林里捡来的树枝生活，而春季却因没有人家再需要柴火而挨饿。小女孩每天都去森林里为家人捡拾蘑菇和浆果当作食物，有一天当她躲在一个大树的树洞里休息，因为太饿了而忍不住哭泣的时候，一阵怪风从树林吹过，随后出现了手拿一个黑色锅的老奶奶。老奶奶交给了她一首歌，这首歌可以让这个锅做出又热又甜的粥，这是一个魔法煮粥锅。临走时，老奶奶嘱咐她看好这个锅，别忘记开始和停止的歌曲。从那以后，小女孩每天都对着这个锅唱歌，家人们再也没有挨饿过。但是有一天，当小女孩没在家时，她的弟弟想吃粥，所以对着锅唱起歌来，可是他却忘记了如何唱歌让它停下来。结果粥流淌得到处都是，地板上、卧室里、整个房子，到整个村庄。当小女孩回来的时候，她不得不从过膝的粥河里趟过去回到家，她终于让锅停了下来，可流淌出来的冷粥让整个村庄的人吃了整整一个月。

文本分析
How：本篇是故事类体裁，通过开端—发展—高潮—结尾的顺序讲述了一个小女孩和一个魔法煮粥锅的故事。 开端部分：P2～5 介绍了故事的背景。 发展部分：P6～11 主要讲述小女孩是如何遇到一个老妇人并且得到一个魔法煮粥锅的。 高潮部分：P12～21 小女孩的弟弟她不在家的时候让锅开始煮粥，却不知如何让它停下来，结果粥流淌得满村庄都是。 结尾部分：P22～24 小女孩回来了，她唱了歌曲让锅停了下来，可是全村的人吃了整整一个月的凉粥。
学情分析
本节课的授课对象是哈尔滨市第三十五中学校六年三班的学生，共 49 人。班级多数学生学习态度端正，学习热情较高。部分学生英语基础还行，乐于参与英语课堂，表达自己的观点。但班级后进生比较多，有 15 名同学英语基础很薄弱，单词认读得不好。但是对于有趣的故事，孩子们会很感兴趣的。 问题预测： 这个故事文本的长度对于初一的孩子稍微有点长，部分同学在阅读时可能会梳理不清楚故事的脉络，遇到生词会有畏难情绪，一定程度上会影响对故事的理解。 解决方法： 1. 学生在教师的带领下，从绘本的封面到封底，仔细地看每一个插图，并提出问题，让他们大胆地预测故事的发展，并且猜词。 2. 平时的英语教学中我会根据学生学情对学生进行强弱搭配，进行小组合作，提高生生间的帮带，让每一名学生都能参与到课堂。
教学目标
1. 能够借助配图，通过对文本的分析，梳理故事脉络，找到故事的开端、发展、高潮和结局。 2. 能够对故事的结尾进行大胆和个性化的猜想，并能够根据图片复述故事。
教学重点、难点
教学重点：借助配图，结合文本梳理故事脉络，找到故事的开端、发展、高潮和结局，充分理解这个故事。 教学难点：通过对故事的理解表达自己的观点并复述。

<table>
<tr><th colspan="4">教学过程</th></tr>
<tr><th>教学步骤与时间安排</th><th>教学活动</th><th>设计意图</th><th>效果评价</th></tr>
<tr><td>热身 & 导入</td><td>给出魔法帽、魔法棒的图片，导入 magic 话题；给出故事的封面，提出两个问题：
What can you see in this picture?
What was the girl doing?</td><td>导入话题，激发学习兴趣；通过读封面回答问题猜测故事的大意。</td><td>学生很激动，立刻被吸引。</td></tr>
<tr><td>读前</td><td>小组合作，通过分析图片让学生初步了解故事梗概，将故事分成开端、发展、高潮、结局。</td><td>小组合作，学生共同了解故事梗概，对故事有初步的了解。</td><td>孩子们都能通过图片了解故事大意。</td></tr>
<tr><td>读中</td><td>Read for outline
Read for details</td><td>学生自读、共读，先了解故事的基本脉络，然后再读细节。</td><td>这部分基本是原文能找到答案的，孩子们都很愿意做。</td></tr>
<tr><td>读后</td><td>复述故事
讨论 1 & 2</td><td>小组合作共同完成，分层教学，孩子们根据自己的情况都能参与。</td><td></td></tr>
<tr><th colspan="4">板书设计</th></tr>
<tr><td colspan="4">What → Beginning / Developing / Climax / Ending</td></tr>
</table>

二、说课稿

(一)文本分析

词汇部分:本文中有一些词汇是我们这个段的孩子不会的,但是绘本阅读不同于普通的阅读,孩子们可以借助插图去猜词,并且能够更好地理解文本的内容。

What:本文的体裁是一篇故事,课标对应的话题是食物。

这个故事讲述的是一个小女孩和她的家人住在一个有着很多小村落的森林里。冬日里她和家人依靠售卖从黑森林里捡来的树枝生活,而春季却没有人家再需要柴火而挨饿。小女孩每天都去森林里为家人捡拾蘑菇和浆果当作食物,有一天当她躲在一个大树的树洞里休息因为太饿了而忍不住哭泣的时候,一阵怪风从树林吹过,随后出现了手拿一个黑色锅的老奶奶。老奶奶交给了她一首歌,这个歌可以让这个锅做出又热又甜的粥,这是一个魔法煮粥锅。临走时,老奶奶嘱咐她看好这个锅,别忘记开始和停止的歌曲。从那以后,小女孩每天都对着这个过唱歌,家人们再也没有挨饿过。但是有一天,当小女孩没在家时,她的弟弟想吃粥,所以对着锅唱起歌来,可是他却忘记了如何唱歌让它停下来。结果粥流淌得到处都是,地板上,卧室里,整个房子,到整个村庄。当小女孩回来的时候,她不得不从过膝的粥河里趟过去回到家,她终于让锅停了下来,可流淌出来的冷粥让整个村庄的人吃了整整一个月。

How:本篇是故事类体裁,通过开端—发展—高潮—结尾的顺序讲述了一个小女孩和一个魔法煮粥锅的故事。

开端部分:P2~5 介绍了故事的背景。

发展部分:P6~11 主要讲述小女孩是如何遇到一个老妇人并且得到一个魔法煮粥锅的。

高潮部分:P12~21 小女孩的弟弟她不在家的时候让锅开始煮粥,却不知如何让它停下来,结果粥流淌得满村庄都是。

结尾部分:P22~24 小女孩回来了,她唱了歌曲让锅停了下来,可是全村的人吃了整整一个月的凉粥。

(二)学情分析

本节课的授课对象是哈尔滨市第三十五中学校六年三班的学生,共 49 人。班级多数学生学习态度端正,学习热情较高。部分学生英语基础还行,乐于参与英语课堂,表达自己的观点。但班级后进生比较多,有 15 名同学英语基础很薄弱,单词认读的不好。但是对于有趣的故事,孩子们会很感兴趣的。

问题预测:

这个故事文本的长度对于初一的孩子稍微有点长,部分同学在阅读时可能会梳理不清楚故事的脉络,遇到生词会有畏难情绪,一定程度上会影响对故事的理解。

解决方法:

(1)学生在教师的带领下,从绘本的封面到封底,仔细地看每一个插图,并提出问题,让他们大胆地预测故事的发展,并且猜词。

(21)平时的英语教学中我会根据学生学情对学生进行强弱搭配,进行小组合作,提高生生间的帮带,让每一名学生都能参与到课堂。

(三)教学目标

(1)能够借助配图,通过对文本的分析,梳理故事脉络,找到故事的开端、发展、高潮和结局。

(2)能够对故事的结尾进行大胆和个性化的猜想,并能够根据图片复述故事。

(四)教学重难点

教学重点:借助配图,结合文本梳理故事脉络,找到故事的开端、发展、高潮和结局。

教学难点:通过对故事的理解表达自己的观点并复述。

(五)教学过程

本节课一共分为读前、读中、读后。读前——热身导入学习场,给出一个魔法帽魔法棒的图片,导入 magic 话题;给出故事的封面,回答两个问题:"What can you see in this picture?""What was the girl doing?"。读中——Read for outline、Read for details 学生自读、共读先了解故事的基本脉络,然后再读细节。读后——复述故事,讨论。

在这里我简单介绍一下本课中两个教学环节。

一个是 Retell 环节,我给学生六个主要脉络的图片,把学生分组(我们班日常也都是分组活动比较多),学生四人组,每组都是强弱搭配,在准备复述时可以互相帮助。小组共同展示,英语程度好一点的可以多承担两句,基础薄弱的可以只承担一句。这样,每个孩子都参与,都能够在课堂上找到学习英语的信心。同时也能保证英语课堂无死角,尽量不让任何一个同学掉队,也为未来英语课堂的学习氛围提供一个有力的保障。

另外一个是 Discussion 环节,前面的阅读活动,问答部分侧重于基础,绝大多数问题原文中能找到答案,学生通过小组互助都能完成。我在 Retell 环节第一次分层,讨论环节侧重于程度较好的学生,给他们搭建一个平台用英文去思辨,表达自己的观点。

(六)学习效果评价

过程性评价	大部分学生都能够积极参与阅读,并在小组互助下中找到问题的答案 多数学生能做到语言顺畅,小组共同复述课文,一部分孩子能基于故事表达自己的观点
小组学生互评	学生们对于自己组员的表现比较满意,能够做到互相带动互相鼓励
组际互评	小组间进行互评,针对本节课大家的表现

(七)教学反思

学生在互相评价时,表达的还不是很成熟,因为平时这个环节做得不多。

复述这个部分可以往前调一下,放到 Read for outline 后面可能更顺畅。

第五节 阳光英语分级阅读初二上 *Hot and Cold Weather* 同课异构

Ⅰ.哈尔滨市第三十五中学校 苏 欣

一、教学设计

文本分析
Hot and Cold Weather 是外语教学与研究出版社“阳光英语分级读物”初二上的一本百科类读物,课标话题为天气情况、季节。话题涉及内容为气温。语篇类型为说明文。 【What】 本书主要介绍了影响气温的因素,包括季节(地球公转)、纬度、一天中所处的时间、大气、云、烟尘、海拔、距海远近等,又解释了生活中常见的气温变化或差异出现的原因,最后又介绍了气温造成的影响。 【Why】 通过阅读给学生科普气温的知识:了解生活中常见的气温变化或差异出现的原因以及气温造成的影响;通过阅读绘本联系实际生活,了解与气温相关的环境问题,从而激发自身要保护环境以及提高环境保护的意识。

文本分析
【How】 本书是一本很典型的科普手册,有非常明显的百科类文章的特点,如目录、照片、插图、说明文字、边框文字和索引等。本书框架划分清晰,语段保持了独立性。由于科学性较强,书中配备了大量示意图和照片来进行辅助说明,得以让科普类的叙述更加通俗易懂又生动形象。在教学中应注重引导学生关注图片和思维导图对本书文字的辅助作用,同时培养学生学习利用思维导图来进行辅助说明的能力。虽然是科普性较强的文本,但本书难度适中,内容贴近学生生活又覆盖了其他学科课程,因此容易激发学生的阅读欲望。
学情分析
本节课的授课对象为持续坚持参与绘本分级阅读一年以上的学生。这三十名学生均来自八学年。因此绝大多数学生的学习态度端正,对于课外读物热情较高、英语底蕴较好,乐于且善于表达自己的想法。 可能存在的问题及解决措施: 问题1:生词影响对文本的理解。解决措施如下: A. 课前预读文本,充分预习; B. 鼓励使用词典扫清生词障碍; C. 鼓励学生在语境和思维导图提示下猜词; 问题2:文本的深度思维有待通过合作得以提升。解决措施如下: A. 鼓励学生学习并使用思维导图; B. 通过问题牵引引发学生深度思考; C. 引导学生通过分享集思广益,拓展深度。
教学目标
在本节课结束时,学生能够: 1. 阅读绘本,通过思维导图梳理框架结构,概括文本梗概(获取信息)。 2. 通过分块阅读和思维导图辅助理解科学文本信息(识记信息)。 3. 通过预测、表格提炼和思维导图训练学生生成科普性文本(运用信息)。
教学重点、难点
教学重点 1. 阅读绘本过程中,利用关键词和图片来绘制思维导图,重现文本框架,归纳绘本主要内容并分段。 2. 引导学生在阅读过程中积累科普性文章的语言表达和句式框架,并在读后对语言和知识进行迁移。 3. 分块阅读,完成任务。 教学难点 1. 全方位、多角度分析文本信息,并用英文表达。 2. 改编、扩写文本信息,并用英文演绎。

教学过程			
活动层次(学习理解类、应用实践类、迁移创新类)	教学步骤与时间安排	设计意图	学习效果评价(如需要可在后面附评价表)
学生理解类	Warm up—Game(Truth/Lie) (1分钟) T: I'm going to tell you something and you should tell me if it is a truth or just a lie. T: It's sunny today. You didn't do your homework yesterday. We're going to read a book today. S: Truth. T: It's a book about a person. S: Lie. T: How do you know that? S: Hot and Cold Weather. Tip 1: You can get the information from the title of a book. Only from the title? S1: And the pictures. S2: The Chinese characters and sentences. Tip 2: You can get information from the front and back covers. T: How many parts can the book be divided into? S: … T: Why? S: The title What else Affects the temperature?. Tip 3: You can get the structure from the contents.	一分钟破冰,拉近师生关系,激发学生学习兴趣,导入新课。培养学生观察封面获取信息的能力。 通读全文,分段整合。培养学生观察目录整合文章的能力。	学生热情参与并积极反馈。 由于绘本框架清晰,学生会相对容易划分出层次。
学生理解类 应用实践类 迁移创新类	Reading P2~5 (5分钟) T: Read in silence. There are some important words. When reading, please find them out. T: Which word is important in your opinion. S: ….	让学生感受思维导图在科普文章中的作用。同时培养学生通过思维导图复述文章的能力。	猜词的过程会因为思维导图的辅助而进行得异常顺利。复述的部分也会因为思维导图而呈现得流畅。

活动层次（学习理解类，应用实践类，迁移创新类）	教学步骤与时间安排	设计意图	学习效果评价（如需要可在后面附评价表）
学生理解类 应用实践类 迁移创新类	T：What does tilt mean? S：倾斜。 T：How do you know that? S：From the mind map on P5. T：Describe the mind map. Tip 4：A mind map can help us guess words, especially in science passages. P6～9（5分钟） T：What affects temperature? Maybe you can get some help from the video. T：Let's complete the passage with the words in the box. Tip 5：Catching the key words may help you get the main idea of a sentence group. P10～11（5分钟） T：Rush to answer. Circle T for true or F for false. Tip 6：To get the meanings that are not clearly stated in a text, you can read between the lines.	传递给学生宣传百科知识的手段之一视频。同时培养学生在阅读过程中抓关键词的能力。 通过抢答的形式检测学生对这一部分阅读的掌握情况。通过抢答当中的内容引导学生掌握文本中的深层含义。 通过预测，训练学生们设计并编写科普性文章的能力。“一分为二”的处理方式让这一部分的呈现前有台阶的搭建，后有比较的惊喜。	有了视频的辅助，学生们对这部分知识的理解会更加深刻。填空的任务也让他们意识到捕捉关键词在英语阅读中的重要地位。 个别学生在抢答过程中可能会出现错误。也正是这些错误帮助他们意识到在阅读过程中，重视语句之间逻辑关联的重要性。

活动层次(学习理解类,应用实践类,迁移创新类)	教学步骤与时间安排	设计意图	学习效果评价(如需要可在后面附评价表)
学生理解类 应用实践类 迁移创新类	P12～14（5分钟） T：How does the atmosphere affect temperature? S：…. T：What about the night? Make a prediction according to the sentences and the mind map in the form of both language and mind maps. Tip 7：Patterns play an important role in predicting.	将抽象的文字转化成形象的图片，把学生们的想象力跃然纸上。	由于前半部分框架性语言和思维导图的台阶搭建，使得学生们在后半部分的预测进行得十分顺利。在与第14页的原文进行比较后收获了十足的惊喜。
	P15（3分钟） T：If I give you nothing but words can you picture the passage? Tip 8：To picture the languages can help you understand a passage.	引导学生理解，根据需要我们可以利用提纲替代细节，让文本详略得当。	有了上一步骤的"模仿"，学生们在这一环节设计得思维导图更加有个性。
	P16～17(3分钟) T：Read this part and finish the match. Then retell the paragraph with the help of the match. T：The previous parts use much more words to describe one or two things. But this part use only one page to describe three thing. Tip 9：If necessary，we can use an outline to introduce something briefly .	引导学生形成提炼意识，加强关键词提取的能力培养；检测阅读理解的情况。	连线的部分对于学生们来说相对简单；这一部分的写作意图需要紧跟老师来进行理解。
	P18～21（5分钟） T：What else affects temperature? Fill in the blanks. Tips 10：You can conclude what you've read by using summary tables.		摘要表的作用学生们在完成任务之后，在老师的解释下才体会得到。

活动层次(学习理解类,应用实践类,迁移创新类)	教学步骤与时间安排	设计意图	学习效果评价(如需要可在后面附评价表)
学生理解类 应用实践类 迁移创新类	P22～23(5分钟) T: Complete the mind map by answering the three questions. What forms does water have? What are they? How does water change from one form to another? Tip 11: Questioning may be helpful in drawing a mind map.	为学生们提供设计思维导图的方法和步骤,增强画思维导图的逻辑性和可用性。	由于词汇量的限制,回答问题过程中学生们可能要借助中文来表达,但不会影响对于设计思维导图的培训。
应用实践类 迁移创新类	Homework—Finish the task 今年的地球日,世界环保组织号召大家设计一个关于温室效应的宣传,促进大家对全球变暖的了解,提高环保意识,唤起全球重视温室效应的问题。宣传形式可以是海报,宣传手册,短片,科普微课等。 T: To finish the task, what help can you get from this class?	通过设置合理的情景,布置新颖的任务,激发学生完成作业的兴趣,并在课后将本节课所学传承运用下来。	大多数的学生可以利用本节课所学完成作业,图文并茂地仿写科普类文章。个别学生甚至可以呈现出宣传短片之类的作品。
本教学设计的亮点			
本节课打破了以往阅读课的教学惯例,以全新的思维方式构建了科普类文本教学的新框架。在精读过程中,没有了循规蹈矩地照本宣科,而是结合科普类文本语言独立的特点大胆展开活动,鲜明地呈现出科普类绘本的两大特点——语言和思维导图。并在充分分析和理解文本的基础上,设计活动和贴士,培养学生编写科普类绘本的能力。教学设计环环相扣,遵循了学生的认知规律,利用了自上而下、自下而上的教学法,通过阅读技巧的使用和阅读活动帮助学生提高读写素养。一切虽然只是初现端倪,但却在绘本教学的探索中独辟蹊径。			

二、课堂实录

T: Nice to meet you! Firstly, I'd like to play a game with you. Are you good at playing games?

T：Okay, truth or lie. I'm going to tell you something and you should tell me if it is a truth or just a lie. Got it? Okay, are you ready? Here we go. It's sunny today. You didn't do your homework yesterday. I'm much more beautiful than your English teacher. We're going to read a book today. It's a book about a person. How do you know that?

S：Hot and Cold Weather.

T：Yes！You can get the information from the title of a book. Only from the title? ...Yes！The pictures. And what other ways? ...Yes. The Chinese characters and sentences. You can get information from the front and back covers...Let's focus on the back cover. Discover what affects weather. Can you find the answer here? Good！Temperature！When we have a high temperature, it is hot. And when we have a low one, it is cold. What causes a change in the temperature? Why does it go up or down? It's hard to say. I'm sure we can get some help from the book. So, let's read the book together. First of all, I'd like to give you 2 minutes, please find out how many parts can the book be divided into?

S：通过看目录可以帮助分段,感知应该分几段……

T：With the help of the content we can get the structure. The title "What else affects temperature" gives us a hint. That is to say the parts above it are also the effects on temperature. So the book can be divided into such two parts. And what are the main ideas of them?

The first part—What affect temperature?（板书）

The second part—What does temperature do? It means what does temperature affect.（板书）

Let's get more details by starting with the first part.

Open your book and read page 2 to page 5. Guess the Chinese meaning of the word tilt and tell us how.

S：（学生回答根据思维导图得知）

T：A mind map can help us guess words, especially in science articles. Do you think the mind map is good enough?

S：No.

T：Draw your own mind maps in groups of four.

（学生画思维导图）

T：From this part, who can tell me what affects temperature? ...seasons? What causes season? The sun. The movement of the sun.（板书）

T：Let's move onto the next part. Read P6 – 9 and tell us what affects temperature? 1 minute, go！...It's a little bit hard. Okay, maybe you can get some help from this video.

Let's finish this task first.（学案）

Tell me what affects temperature?

S：…

T：Latitude！（板书）Catching the key words may help you get the main idea of a sentence group.

Okay，next part. Read page 10 and 11，then you will get a big challenge.

What affects temperature?

S：The time of day.（板书）

T：Boys and girls，rush to answer. Circle T for true or F for false. I'll read the sentences one by one，if you got the answer，you can directly stand up without lifting your hand and tell us T or F…

To get the meanings that are not clearly stated in a text，you can read between the lines.

T：Please focus on Page 12 and 13 carefully，and there will be a big task for you to finish…

What affects temperature?

S：Atmosphere.（板书）

T：How does the atmosphere affect temperature?

S：…

T：The sentences and the mind map explain the reason clearly. What about the night? Please make a prediction according to the sentences and the mind map.（学案）

——学生活动——

T：You've really done a good job. Okay boys and girls，please turn to page 14 and compare the sentences and mind map with yours. Wow！You can write a book！Yes? Actually speaking，patterns play an important role in predicting.

T：Let's continue to read page 15. At the same time compare the pictures according to their temperatures.（use the two symbols）

T：What affects temperature?

S：Clouds.（板书）

T：Have you got the answers? … From this task，we can see that mind maps can also be used in testing after reading.

T：Let's go on with P16 ~ 17 and finish the match…

T：Who can retell the paragraph with the help of the match?

S：…

T：In fact，the red phrases have similar meanings. They all tell us the three things make the temperature lower. In another word，diverse languages can improve the readability of a text.

T：Till now, we've got several effects on temperature. What else affects temperature? Let's read P18 ~ 21 to get the answer…

T：Have you got the answer?

S：sea level (altitude), distance from the sea, desert.（板书）

T：Please fill in the blanks…

T：Summary tables can help us analyse what we've read.

Thus far, we've finished the first part. What affect temperature. What does temperature affect? We can also say what does temperature do? Let's read P22 – 23 and complete the mind map below… I'd like to help you like this. What forms does water have? In Chinese is OK.

S：气体，液体固体。（板书）

T：What are they? When it is liquid, we have water. When it is gas, we have moisture. When it is solid, we have frost and ice. How does water change from one form to another?

S：When the ground cools down, moisture in the air can turn into little drops of water.（板书）

S：In winter, the temperature can be below freezing. This can change moisture in the air straight into frost.（板书）

T：When the temperature become lower, moisture can turn into water. And when it is freezing, moisture can be changed into frost or ice. When it is cold, water may be changed into frost or ice. For example, in winter, the river or lake turn into ice. Try to imagine, if it is warmer, what can water turn into?（板书—补全箭头）

S：moisture（板书—补全箭头）

T：What if it is very hot? Maybe the frost and ice can be changed into…

S：moisture water（板书—补全箭头）

T：Good! That is to say, water can be changed from one form to another freely according to temperatures. Isn't it wonderful? We've finished the mind map by answering the questions.

That is to say, questioning may be helpful when drawing a mind map. Therefore, from the mind map we know, temperature affects the forms of water. What else does the temperature do? If the temperature becomes higher and higher, what will happen?

S：Green house, global warming

T：Today's homework has something to do with green house. Let's read it together.

S：齐读作业

T：To finish the task, what help can you get from this class?

S：language, mind map, testing ways…

T：I'm sure all of you will do a good job in finishing the task. Next time, when you read a book like this, don't forget catch the good sentence patterns, mind maps and use them as much as you can during your daily life. Ok? So much for this class. Bye, kids!

三、说课稿

各位专家老师大家好,今天我说课的内容为,阳光英语分级阅读初二上 *Hot and Cold Weather*. 我将从以下几个部分进行我的说课。

(一)文本分析

Hot and Cold Weather 是外语教学与研究出版社"阳光英语分级读物"初二上的一本百科类读物,课标话题为天气情况,季节。话题涉及内容为气温。语篇类型为说明文。

【What】

本书主要介绍了影响气温的因素,包括季节(地球公转)、纬度、一天中所处的时间、大气、云、烟尘、海拔、距海远近等,又解释了生活中常见的气温变化或差异出现的原因,最后又介绍了气温造成的影响。

【Why】

通过阅读给学生科普气温的知识:了解生活中常见的气温变化或差异出现的原因以及气温造成的影响;通过阅读绘本联系实际生活,了解与气温相关的环境问题,从而激发自身要保护环境以及提高环境保护的意识。

【How】

本书是一本很典型的科普手册,有非常明显的百科类文章的特点,如目录、照片、插图、说明文字、边框文字和索引等。本书框架划分清晰,语段保持了独立性。此外,它的实用性强,所涉及话题,气温,与生活密切相关,容易引起读者的注意;知识性强,向读者介绍有关气温的知识,增强认识的同时引发思考,启发人们注意与气温有关的问题;客观性强,介绍对象客观存在,不带主观感情。由于科学性较强,书中配备了大量示意图和照片来进行辅助说明,得以让科普类的叙述更加通俗易懂又生动形象。在教学中应注重引导学生关注图片和思维导图对本书文字的辅助作用,同时培养学生学习利用图表来进行辅助说明的能力。虽然是科普性较强的文本,但本书难度适中,内容贴近学生生活又覆盖了其他学科课程,因此容易激发学生的阅读欲望。

(二)学情分析

本节课的授课对象为持续坚持参与绘本分级阅读一年以上的学生。这三十名学生均来自八学年。因此绝大多数学生的学习态度端正,对于课外读物热情较高、英语底蕴较好,乐于且善于表达自己的想法。

可能存在的问题及解决措施:

问题1:生词影响对文本的理解。解决措施如下:

A. 课前预读文本,充分预习;

B. 鼓励使用词典扫清生词障碍;

C. 鼓励学生在语境和图表提示下猜词。

问题2:文本的深度思维有待通过合作得以提升。解决措施如下:

A. 鼓励学生学习并使用图表;

B. 通过问题牵引引发学生深度思考;

C. 引导学生通过分享集思广益,拓展深度。

(三)教学目标

在本节课结束时,学生能够:

1. 阅读绘本,通过课堂活动积累阅读技巧,梳理文本框架(获取信息)。

2. 通过分块阅读、图表和语言辅助理解文本信息(识记信息)。

3. 用句型、图表、思维导图和总结下的建议来生成科普性文章。

(运用信息)

(四)教学重难点

1. 教学重点

(1)阅读绘本过程中,利用关键词和图片来绘制思维导图,重现文本框架,归纳绘本主要内容并分段。

(2)引导学生在阅读过程中积累科普性文章的语言表达和句式框架,并在读后对语言和知识进行迁移。

(3)分块阅读,完成任务。

2. 教学难点

(1)在阅读绘本之后对语言表达,句式框架和图表进行迁移。

(2)提炼科普类文章的语言和配图特点并用英文表达。

(五)教学过程

Activity 1　Lead to the topic of the lesson.

First of all I played a game with them called truth or lie. It could not only shorten the distance between us but lead to the new lesson as well. Meanwhile guided them to the front and back covers. The tip getting information from the covers can help them with book reading in the future.

一分钟破冰,拉近师生关系并激发学生的学习兴趣,从而导入新课。

Activity 2 Read for detailed information by reading in blocks.

根据科普类绘本的特点,我在这一环节设计了很多活动,但活动的标志不在“动”而在“思维”。同时,在解读绘本的过程中引导学生关注并学习科普读物的写作特点,也为最后完成输出任务做铺垫。

首先培养学生通过目录所传递的信息划分文章结构的习惯,从而提升学习能力。(获取与梳理)

在第一节中,培养学生利用图片猜词和复述文章的能力;因为所涉及内容与地理学科知识相关,也达到了提升文化意的效果(描述与阐释)。

在第二节中培养学生通过关键词获取文章主要内容的习惯,从而提升语言能力(概括与整合)。

在第三节培养学生通过读懂字里行间的意思挖掘隐含信息的习惯,提升思维品质(分析与判断)。

在第四节中培养学生利用框架性语言和图片进行预测的习惯,提升思维品质(推理与论证)。

在第五节中培养学生通过描绘文字来更好地理解文章的习惯,提升思维品质(想象与创造)。

在第六节中培养学生利用提纲简要概述文字的习惯,提升语言能力(感知与注重)。

在第七节中培养学生利用摘要表进行总结的习惯,提升思维品质(获取与梳理)。

在第八节中通过提问绘制思维导图来培养学生的审辩思维,提升思维品质(内化与运用)。

Activity 3 Connect what students have learned with their life.

通过设置合理的情景、布置新颖的任务,激发学生的学习兴趣。在构建了有关气温的知识体系后,引导学生将本节课与完成任务相联系。学生在完成任务的过程中结合并迁移使用本节课所学到的语言、图表和建议等。

(六)学习效果评价

本节课的评价方式大多体现在生生互评和教师评价两方面。因为课堂活动的设计多为小组活动,更适合互评的模式。学生在参与各个环节的过程中会一直处于比较兴奋的状态,来自他人的评价会给予学生更加客观而有效的刺激,从而促进活动的推进。至于教师的部分主要是以伴随性评价和及时性评价体现。这些评价也多以鼓励和肯定的内容而出。如此也就达到了教学评一体化的效果。

(七)教学反思

在教学过程中不仅要给予学生阅读方法的指导,更应当引导他们总结好的阅读技巧。在培养学生的英文思维过程中,首先要让学生的思维活跃起来。既有独自冥想,又有火花碰撞；既要巩固形象思维（绘本），又要鼓励创新理念（想象力）。如此方可成就一个有创造性的自主课堂。

Ⅱ.哈尔滨市第三十五中学校　张　岩

一、教学设计

文本分析
《天气冷暖知多少》是“阳光英语分级阅读”初二上的一本百科类读物，依次介绍了影响气温的因素，包括季节（地球公转）、纬度、一天中所处的时间、大气、云、烟尘、海拔、距海远近等，解释了生活中常见的气温变化或差异出现的原因，最后又介绍了气温造成的影响。本读物的科学性较强，为了生动形象地解释各种因素，书中配有大量示意图和照片辅助说明。我们可以引导学生关注图片对本书文字的辅助作用，学习利用图片辅助说明的方法。本书话题与日常生活息息相关，有助于培养学生细心观察生活，联系实际的意识。
学情分析
本课的授课对象为五四制初中二年级的学生。大部分学生的学习态度端正，学习热情较高。但一部分学生英语基础较弱，英语表达和英语阅读能力较弱。由于学生很少接触较长的英语科普性文本，部分学生在阅读过程中可能会遇到理解不上去的问题，同时文本中出现一些专业名词，会让很多学生感到陌生，一定程度上影响学生的阅读理解。所以我们在授课前，要把生词让学生了解，有助于学生理解本书。
教学目标
1. 知识目标 （1）学习生词：North Pole，South Pole，tilted，equator，ray，atmosphere，volcano，lava，ash，dew，frost。 （2）理解影响气温的因素，以及气温的影响。（以上为第一课时） （3）根据所学知识，结合生活经验，给出保护地球的合理建议。（第二课时） 2. 能力目标 （1）能够整理、概括书中的重要信息，用于讨论和写作中。 （2）训练学生的猜词，归纳总结等阅读技巧。 （3）将文本知识用于生活实践中。 3. 情感目标 能够通过阅读科普读物，增强科学探究的精神，形成尊重科学的态度。

教学重点、难点			
1. 理解并能表达影响气温的因素以及气温的影响。 2. 能够根据所学知识,分析气温变化的原因,从而推断出如何阻止全球变暖。			
教学过程			
教学步骤与时间安排	教学活动	设计意图	效果评价
一、Leading (导课) 2 mins	Look at three pictures which are about seasons. Have the students tell the season of each picture. Ask and answer: — What's the difference between the four seasons? —Temperature.	用季节之间的区别—温度,直接引出本课题目:*Hot and Cold Weather*。	在老师的指引下,学生能够直入主题。
二、Brain storm (头脑风暴) 2 mins	Answer the question: What affects the temperature? Have the students say as many as they can.	让学生开动脑筋,想出跟课本内容有关的已有知识。同时为下一步进行铺垫。	由于学生的知识面较小并受语言的限制,不能准确地表达自己的想法。
三、New words (新词讲解) 6 mins	1. Show three pictures of the book. P9, P13, P17 Explain and teach the new words according to the pictures. North Pole, South Pole, tilted, equator, ray, atmosphere, volcano, lava, ash. 2. Check their work: Say something about the factors that affect the temperature according to the pictures.	利用绘本中图片讲授单词,很直观,有助于学生理解并记忆,培养了学生观察图片的能力,同时为下面的阅读扫清障碍。 训练学生的语言组织能力,并对新学的单词进行考察,帮助学生熟练应用新单词。	由于学生刚刚考完地理相关知识,所以学生对这一知识较熟悉,能够利用所学单词,和图片表达出基本的原因。

教学步骤与时间安排	教学活动	设计意图	效果评价
四、Group work（小组合作）6 mins	1. Divide the students into 6 groups. Choose one leader for each group. Each group chooses one card on the blackboard which has their tasks on the other side. Some useful information about their task is on the 6 places of the wall. Each group has to send 5 students to come to the nearest place to remember the information of their topic in one minute. Then write it down on the card.	让一个学生一分钟内记住一段文章很难，让五个人一起去记，培养了学生团队合作的能力，同时训练了他们的瞬间记忆能力。	只有把任务分配清楚，才能把任务完成，否则会出现多人记一个句子，一些句子没写出的现象。
Discussion 2 mins	2. Put the information which the five students remembered together, and discuss the factor that affects the temperature and choose the best title for their topic from the contents.	让学生离开座位去找任务，也能提高学生的学习兴趣。训练学生的语言组织能力及阅读理解能力。	
Show their work 15 mins	3. Choose one student to show their work and explain their topic in details in front of the students. Compare their work with the right answer.	检查小组合作成果。让学生对文章细节进行讲解，把课堂交给学生。教师起到辅助作用。	由于学生的水平不同，有些组不能准确地记住所有内容，我们最后给出标准答案能帮他们查缺补漏。
五、Reading（阅读）4 mins	1. Read the two passages, and put the sentences which are in the box in the right place. 2. Read the passages on P22 and P23. Guess the words dew and frost according to the passages.	训练学生猜词，和归纳总结的阅读能力。	学生能够通过已知信息，准确完成题目要求。
六、Practice（练习）3 mins	Read the book again and then choose the best answer for the questions.	通过五道题检测学生对本文的理解情况。	大部分学生能够准确做出选择。

教学步骤与时间安排	教学活动	设计意图	效果评价
七、Listen to the tape (听磁带) 2 mins	Listen to the tape carefully and review the knowledge in the book.	通过听故事,对文章有个整体的感知。	学生听得很认真。
八、Explain the cover (封面解说) 6 mins	Look at the 9 pictures on the cover. Say something about the pictures according to the knowledge we learnt from the book. The answer should be about the weather and the factors.	通过图片复习影响温度的因素。 训练学生的表达能力和对知识的应用能力。	有些图较相似,不容易直接看出原因。教师需要适当引导。
九、Group work (小组合作) 10 mins	1. Fill in the blanks on the left with "higher than" "lower than" or "the same as". 2. State the reasons for their answers. (Try to use the simple words to describe)	训练学生捕捉信息和归纳总结的能力。	一些学生,原因总结地不够简练。教师可做适当提示。
十、Discussion (讨论) 10 mins	1 Discuss with the students about more ways that the temperature affects our daily life. 2. Discuss the ways they should do to stop the Earth from becoming warmer according to the knowledge of this book.	让学生意识到温度的重要性。 培养学生保护地球的意识。	学生说的不是很全,我们还需做一定的补充。
十一、Writing (写作) 10 mins	1. Have the students write some suggestions to protect the earth. 2. Show their suggestions.	训练学生写的能力,及对已学知识的应用能力。	通过前面的铺垫,学生有内容和方向去写。
十二、Summary (总结)2 mins	Have the students summarize the main points of the book.	让学生了解本课的重难点。	能够准确说明本课应掌握的内容。

二、说课稿

尊敬的各位老师，大家好！今天我说课的绘本是阳光英语分级阅读，初二上 *Hot and Cold Weather*。

我的说课会通过五个部分来进行。

（一）文本分析

我通过 what，why and how 三方面来对绘本进行分析。

首先 what：《天气冷暖知多少》是“阳光英语分级阅读”初二上的一本百科类读物，依次介绍了影响气温的因素，包括季节（地球公转）、纬度、一天中所处的时间、大气、云、烟尘、海拔、距海远近等，解释了生活中常见的气温变化或差异出现的原因，最后又介绍了气温造成的影响。

本读物的科学性较强，为了生动形象地解释各种因素，书中配有大量示意图和照片辅助说明。

本书话题与日常生活息息相关，有助于培养学生细心观察生活，联系实际的意识。

第二步 why：作者通过介绍了影响气温的因素及气温造成的影响，让学生了解温度的重要性，同时启发读者思考：我们在日常生活中应该做些什么来阻止全球变暖。

最后是 how。

本读物段落划分清晰。全书分为两部分：第一部分依次从季节（地球公转）、纬度、一天中所处的时间、大气、云、烟尘、海拔、距海远近等方面介绍了影响气温的因素；第二部分介绍了气温造成的影响。整本书语言科学性较强，大量的示意图和照片生动形象地解释各种因素，帮助学生理解本书内容。

（二）学情分析

本课的授课对象为五四制初中二年级的学生。大部分学生的学习态度端正，学习热情较高。但一部分学生英语基础较弱，英语表达和英语阅读能力不强。由于学生很少接触较长的英语科普性文本，部分学生在阅读过程中可能会遇到理解不上去的问题，同时文本中出现一些专业名词，会让很多学生感到陌生，一定程度上影响学生的理解。所以我们在授课前，可以让学生提前自读绘本，了解大意，再把生词通过图片让学生学习，这样可以帮助他们理解绘本。

（三）教学目标

绘本通过两课时完成，第一课时主要是学习生词，理解影响气温的因素，以及气温的影响。

第二课时主要根据所学知识，结合生活经验，给出保护地球的合理建议。

整堂课的能力目标是：

1. 能够整理、概括书中的重要信息，用于讨论和写作中。

2. 训练学生的猜词，归纳总结等阅读技巧。

3. 将文本知识用于生活实践中。

情感目标：能够通过阅读科普读物，增强科学探究的精神，形成尊重科学的态度。

（四）教学过程

Step One：Leading

Look at three pictures about seasons. Have the students tell which seasons they are and what the difference between them is. Lead to our title "Hot and Cold Weather"

利用绘本中第二三页的三幅季节图，提出问题，并用各个季节之间的区别——温度，引出本课课题：Hot and cold weather. 导课简单且直入主题。同时激起学生的求知欲。

Step Two：Brain storm

Have the students think of the factors that affect the temperature as many as they can, so that they can go into our study quickly. Meanwhile, it leads to the next step.

头脑风暴，让学生开动脑筋，想出他们所知道的影响温度的因素，既让学生头脑动起来，使他们尽快进入学习状态，又能利用已知引出新知，为下一步做铺垫。

Step Three：New words

It contains two parts. In the first part, we explain the new words with pictures and some short passages to help them understand the meanings of the new words. And we have the students fill in the new words according to the pictures to check their work in the second part.

单词讲解分两部分：第一部分，新知讲解，本环节选取了绘本中三幅有代表性的图片并配有文字解释说明来讲授单词，很直观。既可以培养学生观察图片的能力，还有助于学生理解并记忆，为下面的阅读扫清障碍。

第二部分，考察所学单词。我们进行原图再现，让学生用所学单词进行填空，这样可以帮助学生熟练应用所学单词，同时，文本信息可以让学生熟悉课文内容，降低下一步学习的难度。

Step Four：Reading

We know about the book through three activities. The first one, group work. Divide the students into six groups and ask them to choose their own task card. I use "running reading" to help them understand the contents of the book. It is the most important part, because it decides whether the students can understand the book.

此环节我们通过三个活动来深入绘本阅读。

活动1　小组合作

此环节，我采取了"跑读"的方式帮学生理解绘本内容。

将学生分为六组，并选出一个小组长，每组在黑板上选出一张任务卡。领取任务后，每组派5个人到离自己小组最近的墙上找，有关自己小组任务的信息，并记住，回来后写在任务卡上。

在这个活动中，让一个学生一分钟内记住一段文章很难，但让五个人一起去记，相对就容易了。这样培养了学生团队合作的能力，同时训练了他们的瞬间记忆能力。

其次，运用“跑读”的方式，让学生在上课期间离开座位去找任务，能提高学生的学习兴趣。五个学生汇总所记信息，训练了学生的语言组织能力，及捕捉重要信息的能力。让学生去讲解绘本任务，教师辅助，体现了学生是课堂的主人。

此环节是整节课的重要部分，它涉及绘本的大部分内容，决定着学生是否能够读懂绘本。

活动2和活动3 分别通过两种阅读技能：选出文中所缺的句子及猜词，来完成剩下的阅读。

选出文章所缺失的句子，是我们中考新加的阅读题型，我设计此活动意在把课内与课外阅读相结合，让课外阅读成为课内阅读的补充。训练学生归纳和总结的阅读能力同时训练学生细心观察的能力。

活动4

因为这是一篇科普性的绘本，用了很多解释说明的方法来介绍的，所以特别适合训练学生“猜词”的能力，同时，我利用了物质的三种形态示意图，清晰，明了地概述了这两段文字的内容，把难题简单化，有助于学生的理解。

Step Five Check the work

We check whether the students have mastered the knowledge through five questions. That's the summary of the first lesson.

通读全文，根据课本内容选出最佳答案。这五道题检测了学生对整个绘本的理解情况。同时也是对绘本进行复习，是第一课时的一个总结。

第二课时主要从三方面进行：

第一方面，巩固课文：

(1)边看绘本，边听录音，先让学生对绘本内容有个整体感知，并且回顾上节课内容。

(2)利用所学内容，解释封面上九幅图所示的有关温度的现象。此活动能够通过图片复习影响温度的因素。巩固所学知识，同时训练学生的表达能力和对知识的应用能力。

(3)小组活动，通读绘本，完成表格。由于学生的理解程度是不同的，有一部分学生不能独立完成表格，小组活动能够填补这一不足，让每个人都有所收获。此表格对比性较强，有助于学生对绘本的理解，训练了他们捕捉信息和归纳总结的能力。

第二方面，课外延伸：

让学生与同学讨论两个话题：我们日常生活中有哪些方面受温度的影响？我们该

做些什么来阻止全球变暖？此活动为知识拓展部分，让学生发挥想象，把所学知识与生活实际连在一起，从而意识到温度的重要性。也为下一步的写作提供素材。

第三方面，写作。

由于时间的关系，让学生写完整片文章有一定的难度。所以我们注重让学生写作文的最后一部分，给出阻止全球变暖的两条建议。

The last part is summary, from the mind map, we know what affects the temperature. It is the revolution around the sun, latitude, time of day, atmosphere, clouds, smoke, dust and ash, altitude, distance from the sea, and desert. We also know the three forms of the temperature. At last we call on our students to do something to protect the earth through the importance of the temperature.

（五）教学反思

整个绘本通过两课时完成。

第一课时主要采取不同形式的活动，来了解绘本内容，并培养学生的记忆，归纳总结，猜词，回填句子等阅读能力。

第二课时主要是应用实践和迁移创新类活动，通过听，说，读，写及小测等方式来巩固绘本内容，并且通过绘本解读，启发学生用实际行动来阻止全球变暖。

但通过教学，我发现在第四部分，让学生小组完成任务然后讲绘本这一环节中，一些学生只对自己小组讲的内容熟悉，对其他组的内容印象不深。

我们教师应在学生讲完后，及时给出合理的评价并总结重点内容，帮学生理解并记忆绘本。

第六节　阳光英语分级阅读初二下 *Animals and Their Teeth* 教学案例

哈尔滨市第三十五中学校　赵亚晶

一、教学设计

文本分析
通过绘本内容，绘本意义和读物构成等三方面来对绘本进行分析。 绘本内容：《尖牙利齿》是“阳光英语分级阅读”初二上的一本百科类读物，依次介绍了动物和人类的牙齿，包括所有种类的牙齿。食肉类的牙齿；食草类的牙齿；食肉和食草的牙齿；长牙；没有牙齿的动物等。解释了各种牙齿特点和功效。

本读物的科学性较强,为了生动形象地解释各种因素,书中配有大量示意图和照片辅助说明。

本书话题与动物生活息息相关,有助于培养学生细心观察生活,联系实际的意识。

绘本意义:作者通过介绍动物界中各种各样的牙齿。让学生了解到各种牙齿的不同之处和它们的功能性。同时引发读者思考,在日常生活中,我们也应该注意保护自己的牙齿。

读物构成:

本读物段落划分清晰。全书分为两部分:第一部分所有种类的牙齿;第二部分介绍了食肉类的牙齿;食草类的牙齿;食肉和食草的牙齿;长牙;没有牙齿的动物等。整本书语言科学性较强,大量的示意图和照片生动形象地解释各种牙齿,帮助学生理解本书内容。

学情分析

本课的授课对象为五四制初中二年级的学生。大部分学生的学习态度端正,学习热情较高。但一部分学生英语基础较弱,英语表达和英语阅读能力不强。由于学生很少接触较长的英语科普性文本,部分学生在阅读过程中可能会遇到理解不上去的问题,同时文本中出现一些专业名词,会让很多学生感到陌生,一定程度上影响学生的理解。所以我们在授课前,可以让学生提前自读绘本,了解大意,再把生词通过图片让学生学习,这样可以帮助他们理解绘本。

教学目标

绘本通过两课时完成,第一课时主要是学习生词,理解各种动物牙齿和其区别。

第二课时做到根据所学知识,结合生活经验,给出保护牙齿的合理建议。

教学重点、难点

教学重点:掌握各种牙齿的类型和牙齿的不同功效。

教学难点:掌握保护牙齿的方法。

教学过程

教学步骤与时间安排	教学活动	设计意图	效果评价
第一部分: 导入(2 分钟)	学生观看不同牙齿的图片	提出问题,引出本课课题: Animals and Their Teeth	导课简单且直入主题。同时激起学生的求知欲。
第二部分: (15 分钟左右) 呈现 操练 提升	第一部分,新知讲解, 第二部分,考察所学单词。 小组活动	既可以培养学生观察图片的能力,还有助于学生理解并记忆,为下面的阅读扫清障碍。	降低下一步学习的难度。 分层次合作完成任务

板书设计
Animals and Their Teeth Ⅰ. Different kinds of teeth Ⅱ. The functions of these teeth Ⅲ. The way to help teeth

二、教学课件

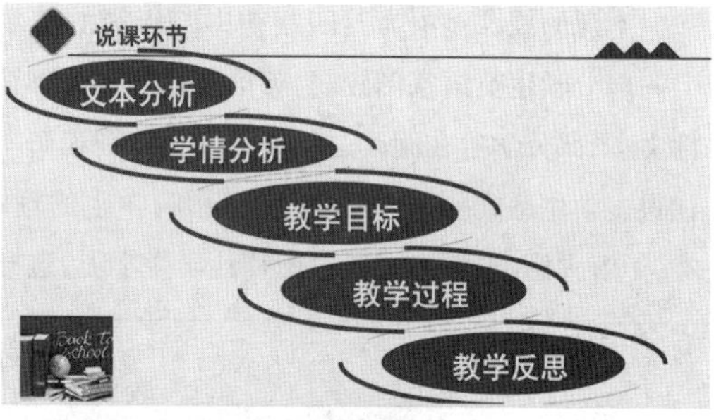

第一部分：

文本分析

绘本内容：

《尖牙利齿》是“阳光英语分级阅读”初二上的一本百科类读物，依次介绍了动物和人类的牙齿，包括所有种类的牙齿。食肉类的牙齿；食草类的牙齿；食肉和食草的牙齿；长牙；没有牙齿的动物等。解释了各种牙齿特点和功效。本读物的科学性较强，为了生动形象地解释各种因素，书中配有大量示意图和照片辅助说明。

本书话题与动物生活息息相关，有助于培养学生细心观察生活，联系实际的意识。

绘本意义：

作者通过介绍动物界中各种各样的牙齿。让学生了解到各种牙齿的不同之处和它们的功能性。同时引发读者思考，在日常生活中，我们也应该注意保护自己的牙齿。

读物构成：

本读物段落划分清晰。全书分为两部分：

第一部分介绍了所有种类的牙齿；

第二部分介绍了食肉类的牙齿；食草类的牙齿；食肉和食草的牙齿；长牙；没有牙齿的动物等。

整本书语言科学性较强，大量的示意图和照片生动形象地解释各种牙齿，帮助学生理解本书内容。

第二部分：

学情分析

学情分析：

本课的授课对象为五四制初中二年级的学生。大部分学生的学习态度端正，学习热情较高。但一部分学生英语基础较弱，英语表达和英语阅读能力不强。由于学生很少接触较长的英语科普性文本，部分学生在阅读过程中可能会遇到理解不上去的问题，同时文本中出现一些专业名词，会让很多学生感到陌生，一定程度上影响学生的理解。所以我们在授课前，可以让学生提前自读绘本，了解大意，再把生词通过图片让学生学习，这样可以帮助他们理解绘本。

第三部分：

教学目标

教学目标：

两课时

第一课时：

主要是学习生词，理解各种动物牙齿和其区别。

第二课时：

做到根据所学知识，结合生活经验，给出保护牙齿的合理建议。

整堂课的能力目标：

1. 能够整理、概括书中的重要信息，用于讨论和写作中。
2. 训练学生的猜词，归纳总结等阅读技巧。
3. 将文本知识用于生活实践中。

情感目标：

能够通过阅读科普读物，增强科学探究的精神，形成尊重科学的态度。

第四部分：

教学过程

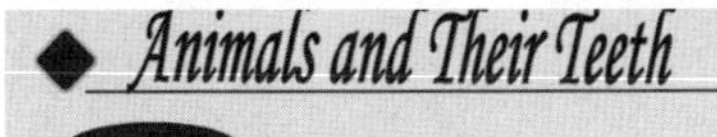

第一课时

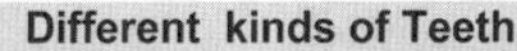

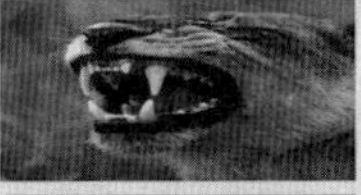

Question1:Why do these animals have different kinds of teeth?

Question 2:What do you know about animals' teeth?

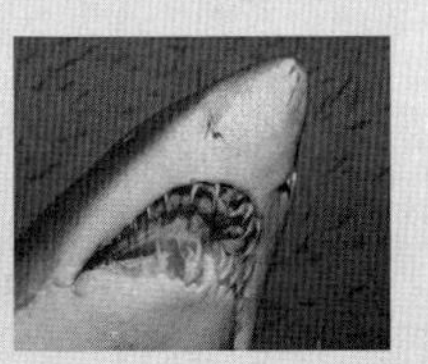

New Words

alligator *n.* 短吻鳄
baleen *n.* 鲸须
baleen whale 长须鲸
beaver *n.* 河狸，海狸
boar *n.* 野猪
canine *n.* 犬齿
carnivore *n.* 食肉动物
chimpanzee *n.* 黑猩猩
crop *n.* 嗉囊
cud *n.* 反刍的食物
dam *n.* 堤坝
depend on 取决于
dwelling *n.* 住处
fang *n.* 尖牙；（蛇的）毒牙
flick *v.* 轻快地移动
gnaw *v.* 咬，啃
grind *v.* 磨碎，碾碎
hatch *v.* 孵化
herbivore *n.* 食草动物
hyena *n.* 鬣狗
incisor *n.* 门齿，切牙
jagged *adj.* 锯齿状的
jaw *n.* 颌（骨）
krill *n.* 磷虾
mammal *n.* 哺乳动物
molar *n.* 臼齿
omnivore *n.* 杂食动物
pellet *n.* 小球，小丸
rattlesnake *n.* 响尾蛇
replace *v.* 更换
ruminant *n.* 反刍动物
saliva *n.* 涎，唾液
shellfish *n.* 水生有壳动物
shred *v.* 把……撕成碎片
sieve *n.* 筛子，细筛
swallow *v.* 吞下，咽下
termite *n.* 白蚁
trap *v.* 困住
tusk *n.* 獠牙
wading bird 涉水鸟，涉禽
walrus *n.* 海象

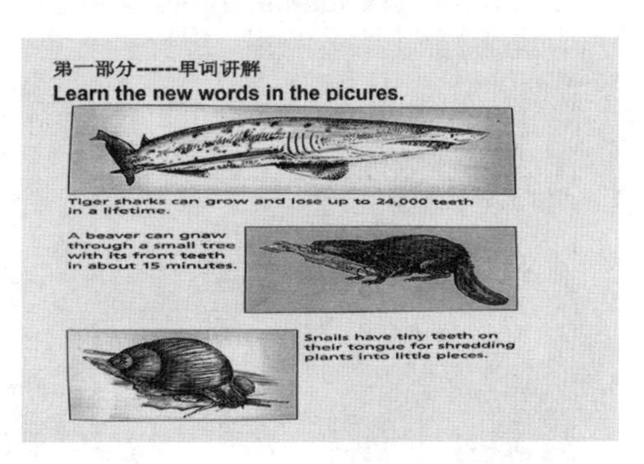

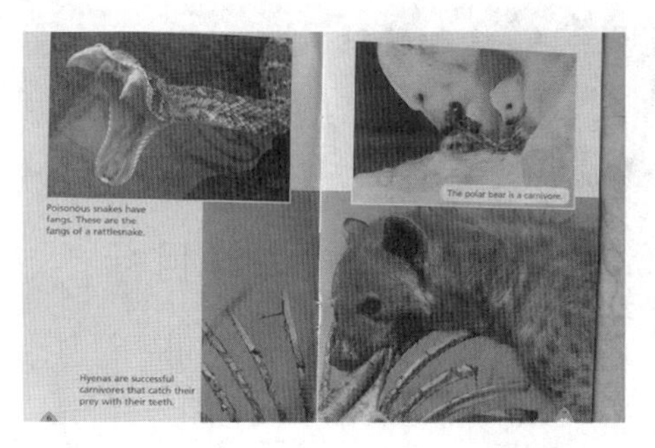

第二部分------单词挖空
Fill in the blanks with the new words.

Tiger sharks can grow and lose up to 24,000 teeth in a lifetime.

A ______ can ______ through a small tree with its front teeth in about 15 minutes.

______ have tiny teeth on their tongue for ______ plants into little ______.

Activity 1:
小组合作（Group Work）
小组研讨、分层次完成任务

讨论形式：
将学生分为六组，并选出一个小组长，每组在黑板上选出一张任务卡。领取任务后，每组派5个人到离自己组最近的墙上找，有关自己组任务的信息，并记住，回来后写在任务卡上。
在这个活动中，让一个学生一分钟内记住一段文章很难，但让五个人一起去记，相对就容易了。这样培养了学生团队合作的能力，同时训练了他们的瞬间记忆能力。
其次，让学生在上课期间离开座位去找任务，能提高学生的学习兴趣。

Activity 2：选出文中所缺的句子。
Find the missing sentences for the passage.

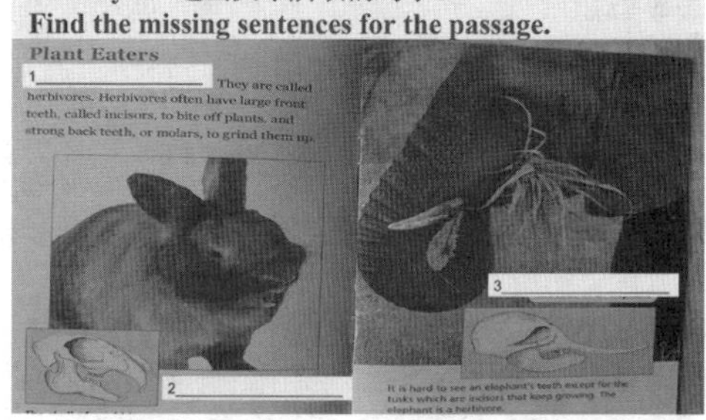

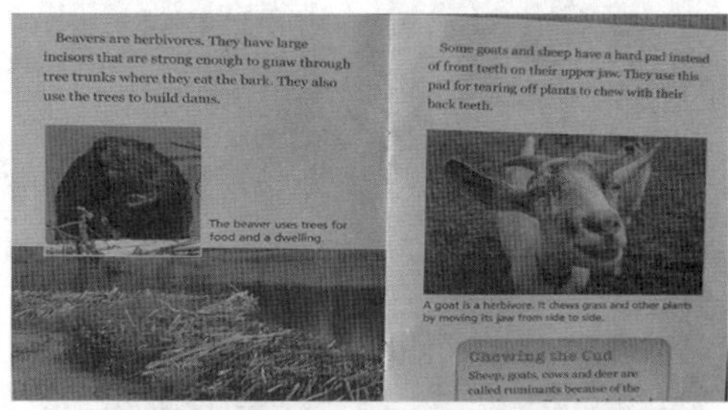

Tusks

Some animals have tusks. Tusks are teeth, too, but they are not used for eating. A walrus has long tusks. It uses its tusks to push itself over the ice, to dig for shellfish and to make breathing holes in the ice.

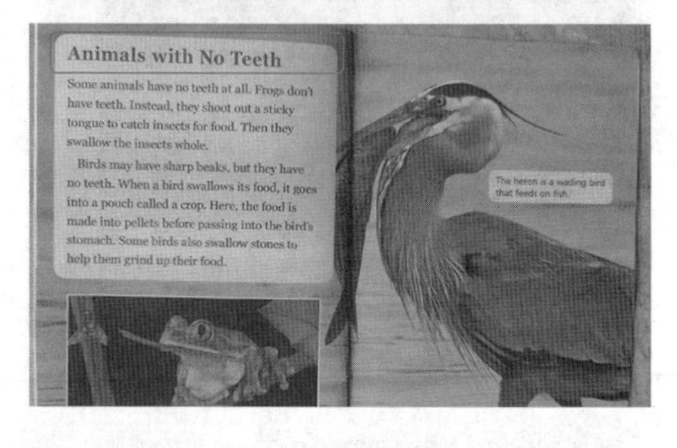

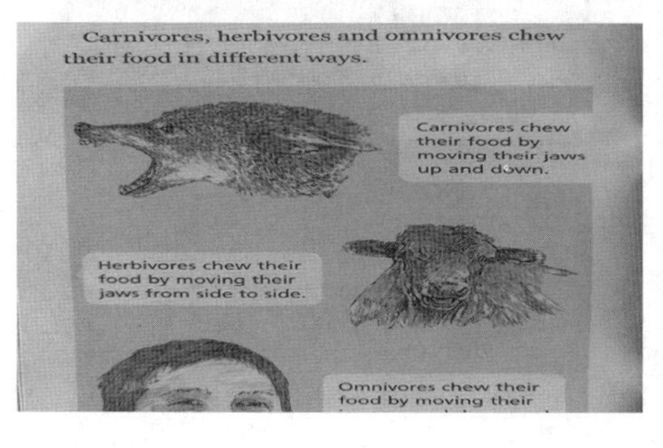

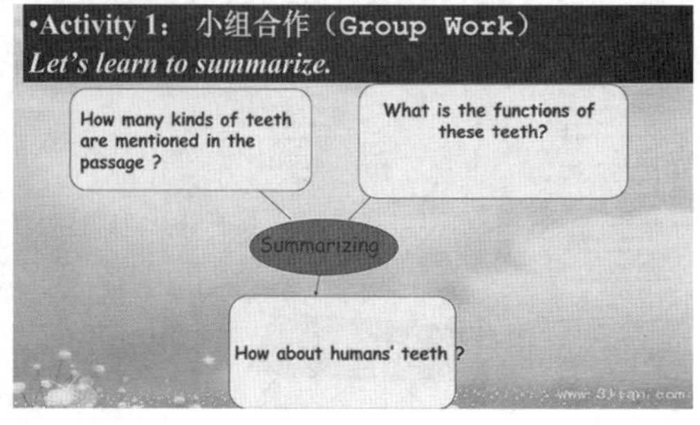

Activity 2：Questions

1. What's the importance of teeth in animals and humans?

2. What should we do to protect our teeth?

第五部分：

教学反思

Animals and Their Teeth

主要采取不同形式的活动，来了解绘本内容，并培养学生的记忆，归纳总结，猜词，回填句子等阅读能力。

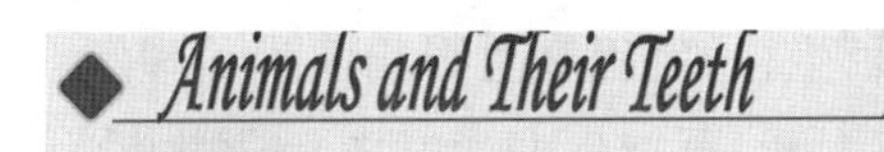

应用实践和迁移创新类活动，通过听，说，读，写及小测等方式来巩固绘本内容，并且通过绘本解读，启发学生用实际行动来保护牙齿。

三、说课稿

尊敬的各位老师,大家好！今天我说课的绘本是阳光英语分级阅读,初二上 *Animals and Their Teeth*（《尖牙利齿》）。

我的说课会通过五个部分来进行：

（一）文本分析

我通过绘本内容,绘本意义和读物构成等三方面来对绘本进行分析的。

绘本内容:《尖牙利齿》是“阳光英语分级阅读”初二上的一本百科类读物,依次介绍了动物和人类的牙齿,包括所有种类的牙齿。食肉类的牙齿;食草类的牙齿;食肉和食草的牙齿;长牙;没有牙齿的动物等。解释了各种牙齿特点和功效。

本读物的科学性较强,为了生动形象地解释各种因素,书中配有大量示意图和照片辅助说明。

本书话题与动物生活息息相关,有助于培养学生细心观察生活,联系实际的意识。

绘本意义:作者通过介绍。动物界中各种各样的牙齿。让学生了解到各种牙齿的不同之处和它们的功能性。同时引发读者思考,在日常生活中,我们也应该注意保护自己的牙齿。

读物构成:

本读物段落划分清晰。全书分为两部分:第一部分所有种类的牙齿;第二部分介绍了食肉类的牙齿;食草类的牙齿;食肉和食草的牙齿;长牙;没有牙齿的动物等。整本书语言科学性较强,大量的示意图和照片生动形象地解释各种牙齿,帮助学生理解本书内容。

(二)学情分析

本课的授课对象为五四制初中二年级的学生。大部分学生的学习态度端正,学习热情较高。但一部分学生英语基础较弱,英语表达和英语阅读能力不强。由于学生很少接触较长的英语科普性文本,部分学生在阅读过程中可能会遇到理解不上去的问题,同时文本中出现一些专业名词,会让很多学生感到陌生,一定程度上影响学生的理解。所以我们在授课前,可以让学生提前自读绘本,了解大意,再把生词通过图片让学生学习,这样可以帮助他们理解绘本。

(三)教学目标

绘本通过两课时完成,第一课时主要是学习生词,理解各种动物牙齿和其区别。

第二课时做到根据所学知识,结合生活经验,给出保护牙齿的合理建议。

整堂课的能力目标是:

(1)能够整理、概括书中的重要信息,用于讨论和写作中。

(2)训练学生的猜词,归纳总结等阅读技巧。

(3)将文本知识用于生活实践中。

情感目标:能够通过阅读科普读物,增强科学探究的精神,形成尊重科学的态度。

(四)教学过程

绘本通过两课时来完成,由于时间的关系,我重点讲解第一课时的教学过程,并简单介绍一下第二课时的内容。

Step one, Leading. Look at three pictures about animal teeth. Have the students tell what kind of teeth they are and what the differences between them. Lead to our title "Animals and Their Teeth "

通过观看不同牙齿的图片，提出问题"Why these animals have different kinds of animals?"，引出本课课题 "Animals and Their Teeth."，导课简单且直入主题。同时激起学生的求知欲。

Step two, Brain storm. Have the students think of the factors about teeth as many as they can so that they can go into our study quickly. meanwhile, Question 2: What do you know about animals' teeth? it leads to the next step.

头脑风暴，让学生开动脑筋，想出他们所知道的关于动物牙齿的知识，既让学生头脑动起来，使他们尽快进入学习状态，又能利用已知引出新知，为下一步进行铺垫。

Step three, New words It contains two parts. In the first part, we explain the new words with pictures and some short passage to help them understand the meanings of the new words. And we have the students fill in the new words according to the pictures to check their work in the second part.

单词讲解分两部分：

第一部分，新知讲解，本环节选取了绘本中三幅有代表性的图片并配有文字解释说明，来讲授单词，很直观。既可以培养学生观察图片的能力，还有助于学生理解并记忆，为下面的阅读扫清障碍。

第二部分，考察所学单词。我们进行原图再现，让学生用所学单词进行填空，这样可以帮助学生熟练应用所学单词，同时文本信息可以让学生熟悉课文内容，降低下一步学习的难度。

Step four, Reading. We know about the book through three activities. The first one, group work. Divide the students into six groups and ask them to choose their own task card. This part will help them understand the contents of the book. It is the most important part, because it decides whether the students can understand the book.

此环节我们通过三个活动来深入绘本阅读。

活动 1　小组合作。此环节，我采取了小组研讨的方式和分层次完成任务的方式帮学生理解绘本内容。

将学生分为六组，并选出一个小组长，每组在黑板上选出一张任务卡。领取任务后，每组派 5 个人到离自己小组最近的墙上找，有关自己小组任务的信息，并记住，回来后写在任务卡上。

在这个活动中，让一个学生一分钟内记住一段文章很难，但让五个人一起去记，相对就容易了。这样培养了学生团队合作的能力，同时训练了他们的瞬间记忆能力。

其次，让学生在上课期间离开座位去找任务，能提高学生的学习兴趣。

五个学生汇总所记信息，训练了学生的语言组织能力，及捕捉重要信息的能力。

让学生去讲解绘本任务,教师辅助,体现了学生是课堂的主人。

此环节是整节课的重要部分,它涉及绘本的大部分内容,决定着学生是否能够读懂绘本。

活动 2　通过两种阅读技能：选出文中所缺的句子来完成剩下的阅读。

选出文章所缺失的句子,是我们中考新加的阅读题型,我设计此活动意在把课内与课外阅读相结合,让课外阅读成为课内阅读的补充。训练学生归纳和总结的阅读能力同时训练学生细心观察的阅读能力。

Step five, Check the work. We check whether the students have mastered the knowledge through five questions. That's the summary of the first lesson.

由于时间的关系,我重点讲解第一课时的教学过程,下面我简单介绍一下第二课时的内容。

第二课时主要从三方面进行：

第一方面,巩固课文 此环节设有三个活动：

(1)重温绘本,先让学生对绘本内容有个整体感知,并且回顾上节课内容。

(2)利用所学内容,解释教材中几幅图所示的有关牙齿的知识。此活动能够通过图片复习动物牙齿。巩固所学知识,同时训练学生的表达能力和对知识的应用能力。在这之后引出新知识——没有牙齿的动物,尖牙和人类的牙齿。

(3)小组活动,通读绘本,完成表格。由于学生的理解程度是不同的,有一部分学生不能独立完成表格,小组活动能够填补这一不足,让每个人都有所收获。此表格对比性较强,有助于学生对绘本的理解,训练了他们捕捉信息和归纳总结的能力。

第二方面,课外延伸：

让学生与同学讨论两个话题：1 牙齿在动物和人类的中重要性？2 我们该做些什么保护我们的牙齿？此活动为知识拓展部分,让学生发挥想象,把所学知识与生活实际连在一起,从而意识到牙齿的重要性。也为下一步的写作提供素材。

以上就是我教学设计。

(五)教学反思

整个绘本通过两课时完成。

第一课时主要采取不同形式的活动,来了解绘本内容,并培养学生的记忆,归纳总结,猜词,回填句子等阅读能力。

第二课时主要是应用实践和迁移创新类活动,通过听、说、读、写及小测等方式来巩固绘本内容,并且通过绘本解读,启发学生用实际行动来阻止全球变暖。

但通过教学,我发现在第四部分,让学生小组完成任务然后讲绘本这一环节中,一些学生只对自己小组讲的内容熟悉,对其他组的内容印象不深。

我们教师应在学生讲完后,及时给出合理的评价并总结重点内容,帮学生理解并记忆绘本。

以上就是我说课的全部内容。谢谢!

第七节　阳光英语分级阅读初二下 *The Wonderhair Hair Restorer* 说课稿

哈尔滨第三十五中学校　吴　岩

一、文本分析

新课程标准力求由应试教育向提升学生综合素质,着力发展学生核心素养而转变。这为英语课程改革指明了方向,我们在学习和借鉴国内先进的教学理念及教学方法的同时,也在追求拓展学生们英语学习的视野与格局。为此,我们在义务教育阶段为学生们加设绘本阅读课,让他们在品读原汁原味的英文作品过程中分析作者的写作风格和手法,以此养成关注英文素养的意识。

《神奇生发剂》是“阳光英语分级阅读”初二下的一本故事类读物,讲述了女儿“我”制作“生发水”“帮助”父亲治疗秃顶的故事。这是一个很有想象力、幽默又温情的家庭故事。作者是 Tandi Jackson 新西兰作家。故事由两条主线:明线展示了女儿利用“神奇生发剂”为父亲治疗秃头却帮了倒忙,最终成功研制解药,跟父亲得以和解;暗线则展示了父亲对于“秃头”态度的转变。以下是我针对本节绘本阅读课的说明。

二、学情分析

初二年级的学生的特点是参与课堂的积极性减弱,阅读水平有待提高;语言运用能力不强。上课回答问题不积极,参与教学活动的积极性不高。学生个体差异较大,两极分化现象较严重,知识、能力分布不均衡。从学生的能力来看,多数学生仍没有形成良好的学习习惯。课前能主动预习的学生较少,课后复习不及时,不到位,有的同学课后基本不复习;上课不够专心,不能很好地随着老师的思路转,基础知识掌握不牢。从学习主动性来看,大部分学生的学习主动性不够,不能自觉的完成老师布置的任务,课后练习不能自己独立完成,有的同学虽然能完成所布置的任务,但缺乏学习的计划性,不知道自己该做哪些,怎么做。

三、教学目标

在本课学习结束时,学生能够:

- 复述故事;

- 理解“帮倒忙”在亲子关系中的效应；
- 分析文章的篇章结构，说出运用对比结构的用途；
- 找出并欣赏故事中可以助推故事发展的动词和形容词，并在课后迁移运用。

四、教学重点、难点

教学重点：分析文章的篇章结构，体会对比结构对于故事叙述的影响。
教学难点：生词较多，鉴赏绘本过程中会因此有所牵绊。

五、教学资源

绘本、多媒体教学设备、黑板。

六、教学过程

1. 导入部分

我向同学们展示几张表情的图片，并提出问题：How does this person feel？他们可能会用 angry，nervous，excited 等词汇来描述。同时追问：Can you use this word to make a sentence？学生可以根据图片上的情境来造句，也可以联系实际造句。我这样的设计意图旨在激活学生运用已有的描述情绪的词汇来进行表达。

教学亮点！阳光英语初二下的绘本内容多为故事，因此我在常规阅读教学中都给孩子们设置了如下的思维导图。这一导图贯穿至绘本阅读始终，从泛读到精读，步步添加，最终形成故事梗概。完成导图的过程中，既训练了学生的阅读技巧，又发展了他们的概括总结能力。

2. 梳理故事结构

让学生快速浏览全书，说说故事可分为哪几个部分，以及各个部分的页码范围，并简要叙述每部分的内容，同时完成思维导图中的第一步。我这样做力求帮助学生理清故事结构，为后面的精读做准备。

3. 鉴赏故事的开端

让学生根据学案，回答问题 How did Dad feel when he found he was going bald？同时积累描写情绪的形容词 upset. 接下来追问并引发推测。How did he feel when Mum bought him a very expensive bottle of hair restorer？How do you know？根据故事开端，学生不难回答出诸如 happy，excited 等表示开心的形容词。主要根据来源于文中出现的这些动词和动词短语：rush off，rub，peer closely at；还有重复性结构的呈现 every morning and night。阅读中让学生猜测“rip-off”的语义。给出答案的同时引导他们总结猜词的阅读技巧——联系上下文语境。然后将学生分成四人小组，分角色和旁白来演绎故事的开端。这一活动设计既达到了分层教学的效果又活跃了课堂气氛。

4. 解读故事的发展

通读第七页，猜测“drastic”一词的含义。有了上一环节的猜词经验，这一步骤的进行会相对顺利一些。两人一组，将描述女孩儿对爸爸生发水动手脚的动词划出来，然后一名同学根据这些动词复述过程，另一名同学进行表演。这一活动旨在培养学生搜集信息，整理语言并重组加工甚至再创造的能力。活动之后，追问学生这些动词在故事发展过程中的作用，从而引导学生关注作者的写作手法，培养他们的文本鉴赏能力。

顺接第七页的动词，在第八页提出问题 How did Dad react when he found that someone had been tampering with his hair restorer? 学生不难从父亲的动作 rush out, clutch, yelled, glare straight at and shout 中提炼答案。追问 How did the girl feel when she was confronted by her dad? Have you had any similar experience before? 本页中有关情绪的词汇只有 innocently，也是这个词汇可以引发许多学生，在过往与家长相处过程中，因为“帮倒忙”而蒙受误会时深感无辜的回忆。

5. 欣赏故事的高潮

提出问题 What happened to Dad's “hair”? 学生会很容易在原文第 11 页中找到答案。追问 How did Dad's colleagues, the passers - by and Mum react to Dad's “hair”? 这两个问题也可以在故事的高潮部分找到大段的描述。这时升华问题，引发深思。How did Dad feel and why? 这一部分并未有直接大段的文字来描写爸爸的情绪，但因为有了前两个问题的解读，学生们在第三方的眼中窥视到了父亲的所思所想。于是 15 页中精炼的动作描写 stag, trip, yell 显得尤为生动，升级到 19 页的 shout 和 20 页的 warn 就更能体现出父亲出离愤怒又无可奈何的情感。

接下来将学生分成四人组，从以下三个场景中选择一个进行再现。Dad is in the office. Dad is on his way home. Dad has got back home. 我这一活动的设计力求让学生沁入到故事中，角色里去更深层次体会人物内心活动，感受作者笔触的精到。

6. 品味故事的结尾

细读故事结尾，回答问题 Why did Dad accept his daughter's antidote at last? 从 feel responsible for 和 grow again 两处关键词可知，父亲出于对现状的无奈和意识到女儿想要为错误负责人的决心时接受了解药。文中结尾父亲的话不禁令人深思。Why did Dad say “Isn't it wonderful! I'm bald again!”? 这既表明了父亲对待“秃头”这件事态度的转变，也体现了父亲对于我“帮倒忙”的宽容。同时追加问题 Did the girl succeed in helping her dad or not? Why? 答案不言自明。父亲态度的转变意味着女儿“帮倒忙”的“成功”。

7. 阅读后深思

Suppose there is nothing magical about the story and Dad's scalp only turned red after he used the hair restorer mixed up by his daughter. Do you like this version of story? Why? 没有

了神奇的生发剂也就没有了整个故事的高潮部分,那因生发剂引发的温情故事就只剩下故事。因为“神奇”,父亲和女儿才拥有了接地气的言语行为,因为“神奇”我们的感官才会接收到更丰同频的刺激。因此,没有了“神奇”的生发剂故事也就很难深入人心了。

七、家庭作业

Rewrite the story

八、教学效果预测

课外材料新颖时尚,学生对这一题材兴趣浓厚,但缺乏阅读方面的训练,因此需扩展相应知识,教授阅读方面技巧,从而提高阅读能力。在实践应用过程中,生词是一大难关,我发动学生合作学习,共同探究,使不同层次学生的能力都有所提升。

感谢各位评委的倾听,敬请各位评委提出宝贵意见,谢谢!

九、教学课件

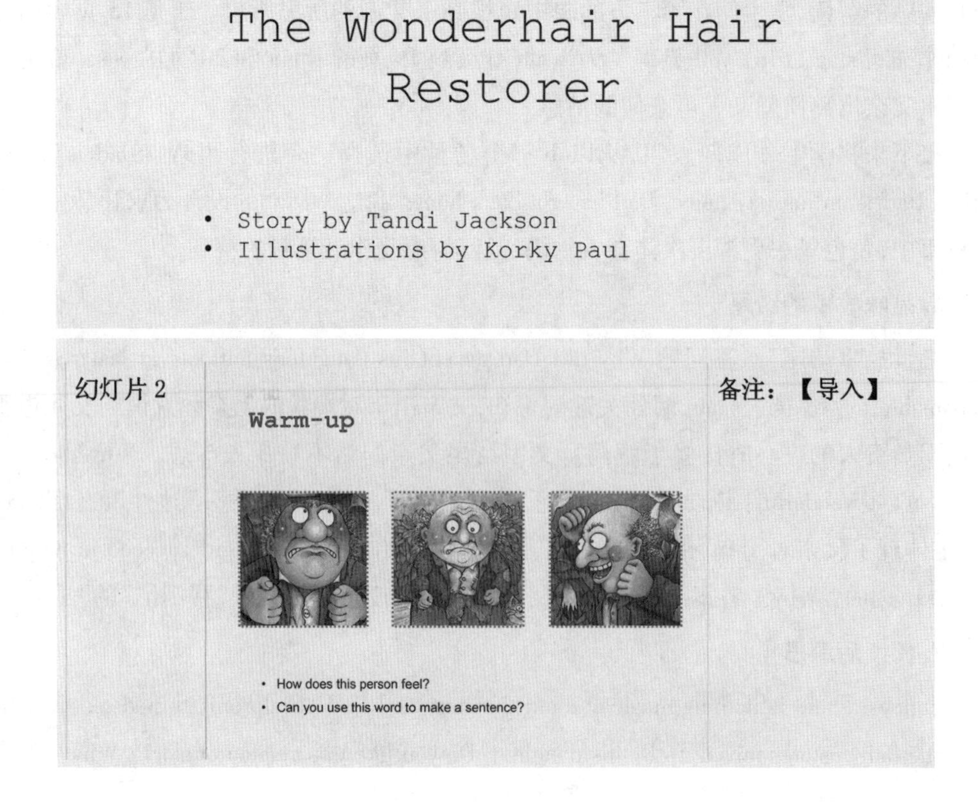

幻灯片 3	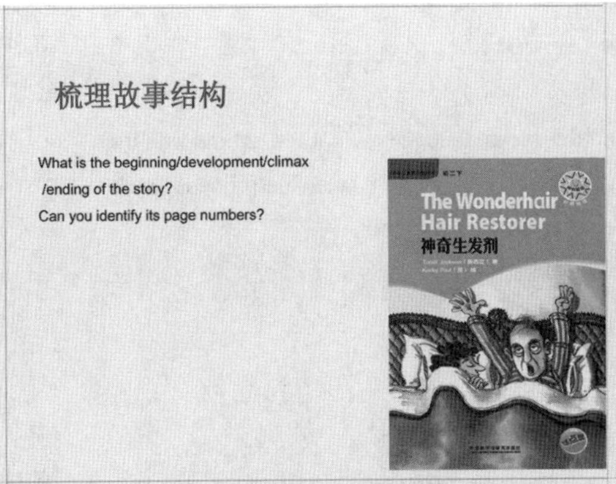 梳理故事结构 What is the beginning/development/climax /ending of the story? Can you identify its page numbers? The Wonderhair Hair Restorer 神奇生发剂	备注：【导入】
幻灯片 4	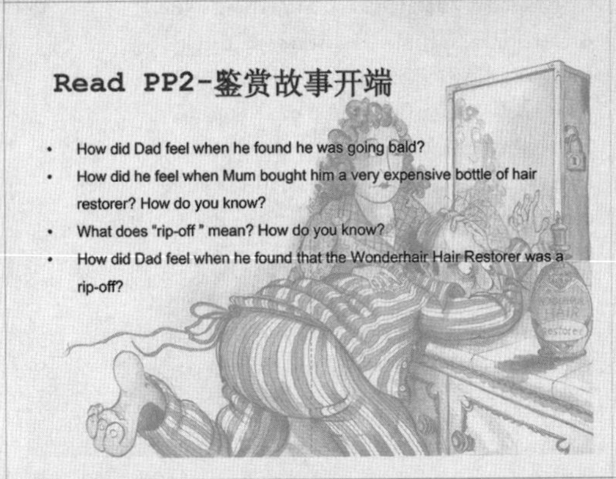 Read PP2-鉴赏故事开端 • How did Dad feel when he found he was going bald? • How did he feel when Mum bought him a very expensive bottle of hair restorer? How do you know? • What does "rip-off" mean? How do you know? • How did Dad feel when he found that the Wonderhair Hair Restorer was a rip-off?	备注：【精读】
幻灯片 5	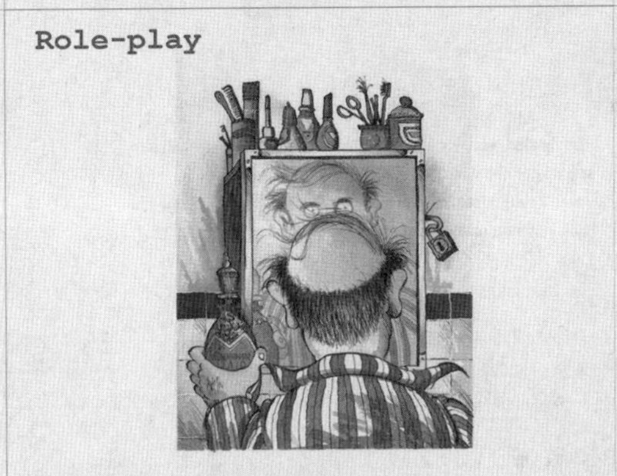 Role-play	备注：【精读】
幻灯片 6	 Read PP6-9解读故事发展 Why did the girl decide to do something rather drastic? What does "drastic" mean?	备注：【精读】

幻灯片 7	**Pair work** Find the verbs describing what the girl did with the hair restorer. One student retell the process, while the other student act it out.	备注：【精读】
幻灯片 8	I decided it was time to do something rather drastic. Sneaking into the bathroom, I stole the bottle of Wonderhair from the shelf and went out to the garden shed. I mixed up an interesting brew of fertiliser, crushed grass and a little lime and oil. Then I added a dash of perfume to the brew to camouflage its foul smell. I had to empty Dad's Wonderhair down the drain so I could fill up the bottle with my wonderful brew. Pleased with my efforts, I returned the bottle to the bathroom.	备注：【精读】
幻灯片 9	• How did Dad react when he found that someone had been tampering with his hair restorer? • How did the girl feel when she was confronted by her dad? Have you had any similar experience before?	备注：【精读】
幻灯片 10	**Read PP10-21** What happened to Dad's "hair"?	备注：【精读】

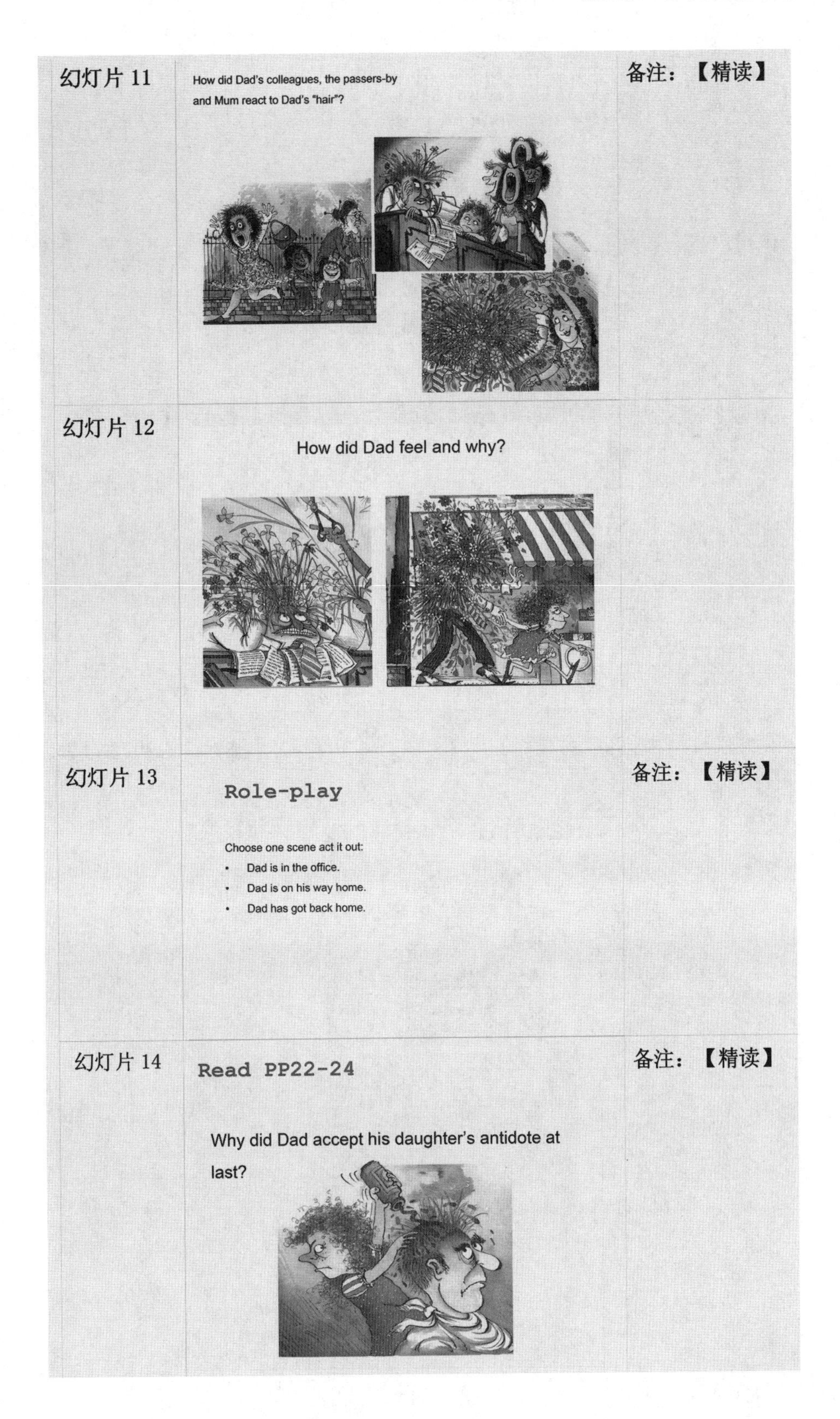

幻灯片 11	How did Dad's colleagues, the passers-by and Mum react to Dad's "hair"?	备注：【精读】
幻灯片 12	How did Dad feel and why?	
幻灯片 13	Role-play Choose one scene act it out: • Dad is in the office. • Dad is on his way home. • Dad has got back home.	备注：【精读】
幻灯片 14	Read PP22-24 Why did Dad accept his daughter's antidote at last?	备注：【精读】

幻灯片 15	• Why did Dad say "Isn't it wonderful! I'm bald again!"? • Did the girl succeed in helping her dad or not? Why? 	
幻灯片 16	 Suppose there is nothing magical about the story and Dad's scalp only turned red after he used the hair restorer mixed up by his daughter. Do you like this version of story? Why?	备注：【思考评价】
幻灯片 17	Homework Rewrite the story 	备注：【读后拓展】

Thanks for listening!

第八节 阳光英语分级阅读初二下 *Cobwebs, Elephants and Stars* 教学案例

哈尔滨市第三十五中学校 付丽双

一、教学设计

文本分析
《仙女也烦恼》是"阳光英语分级阅读"初二下的一本故事类读物,讲述了坏仙女卡利班太太和小女孩芭芭拉帮助彼此解决困难的故事。根据情节发展,该故事可分为开端(芭芭拉被妈妈委托给卡利班太太照顾,但芭芭拉认为卡利班太太是个坏仙女)、发展(芭芭拉和卡利班太太"互诉烦恼":芭芭拉需要画一张很大的星图,卡利班太太则不知道把金币储存在哪里,并抱怨天花板下雨)、高潮(芭芭拉和卡利班太太将金币贴到天花板上,解决了彼此的问题)、结局(芭芭拉和卡利班太太计划举办聚会,芭芭拉改变对卡利班太太的印象)。故事由两条主线:明线展示了芭芭拉如何用自己丰富的想象力帮助卡利班太太解决困难,并一举两得完成了自己的作业;暗线则展示了芭芭拉对卡利班太太态度的转变。作者通过这个故事告诉我们朋友之间要互相帮助,敞开心扉,用心交流才能成为亲密无间的好朋友。作者对人物的语言,动作等描写的非常生动形象,也一定程度上映射了人物的心理、情感和态度。
学情分析
授课对象是初二下学期的学生,他们具备一定的故事类阅读的方法和策略。在阅读过程中能够借助封面,插图,词汇表等信息读懂故事,能够通过阅读理清故事情节发展的脉络,初步感知人物情感的变化。分享与表达的欲望不是特别强烈,愿意参加小组合作,更喜欢独立思考。但是用英语分析问题和解决问题的能力及组织语言的能力还需要训练和提升。在学生自主和合作阅读理解故事发展及建构了结构化知识的基础上,我通过设计深入主题探究和思维品质培养的层次性和开放性的问题链,帮助学生在阅读及续写之间建立故事情节、人物性格、互动情感及语言表达方面的协同链接。
教学目标
1. 获取故事大意并能够梳理故事情节。 2. 学生可以根据人物特点分析人物性格。 3. 合理想象故事后续情节发展,续写聚会情景。

教学重点、难点		
教学重点：分析、评价两位主人公的性格特点。 教学难点：综合把握故事情节、人物特点、语言表达的基础上，合理推断故事后续发展的可能情节及具体的情节、语言等，生动描写故事的后续情节和结果。		
教学资源		
爱奇艺视频《巴啦啦小魔仙》片段		
教学过程		
教学步骤与 时间安排	教学活动	设计意图
Step 1 Greeting & Lead-in (2 mins)	1. Watch a video. 观看视频。 2. Talk about Mrs Caliban. 谈论仙女。	激发兴趣，引入新课。
Step 2 Pre-reading (4 mins)	1. Talk about the cover of the book predict what the story is possibly about. 谈论封面，预测故事。 2. Picture walking. 通过图片环游验证预测，了解故事大意。	观看封面，预测故事，通过图片环游，根据图片人物细节对故事内容进行推测，实现对故事结构化的理解。
Step 3 While-reading (28 mins) (Part 1 P2 ~ 5)	Read the beginning of the story and answer the questions. 读故事回答问题了解故事的起因。	通过阅读故事，观察图片及问题引导获取信息，引导学生关注自主阅读过程中对文体特征和文本信息的关注和利用，培养自主的阅读策略和习惯。
(Part 2 P6 ~ 7)	Work in pairs to find out Barbara's problem by answering the questions. 细读第二部分了解故事的发展情况——芭芭拉的烦恼是什么。	通过合作学习提高学生的团结合作意识，推断和评价人物性格特点，进一步深化对主题意义的理解，同时提升学生的分析问题、逻辑思维和批判性思维能力。
(Part 2 P8 ~ 15)	Work in groups to find out Mrs Caliban's problems and Barbara's suggestions by finishing the table. 小组合作以完成表格的形式来理解故事的高潮——仙女的烦恼及芭芭拉的建议，分析人物性格及作者观点。	通过讨论问题是如何解决的进一步挖掘文本，发展学生的语言表达能力。

教学步骤与时间安排	教学活动	设计意图
(Part 3 P16 ~ 21) (Part 4 P22 ~ 24)	Discuss in group of four and try to find out how they solve the problems by looking at the picture and answering the questions. 观看图片,仔细阅读,分组讨论他们是如何解决问题的。 Read the last part and understand the ending of the story. 理解故事的结局。	理解故事结局,进一步分析人物关系的发展。
Step 4 Post-reading (10 mins)	1. Role play and talk about Mrs Caliban's Character and what we've learnt from the story 角色表演,分析卡利班太太的人物性格并谈谈从故事中学到了哪些? 2. What would happen next ? 想象故事后续发展,第二天聚会的情景。	通过问题激活学生的发散性思维,想象故事的后续发展,提升学生的创造性思维能力和语言运用能力。
Step 5 homework (1 min)	1. Revise your writing. 2. Design the last page of the book for your ending.	巩固所学,提升自我反思,自我评价和自我修正的能力。

二、教学课件

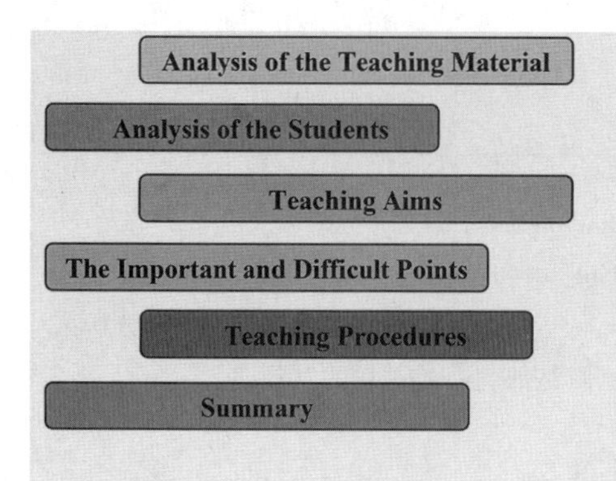

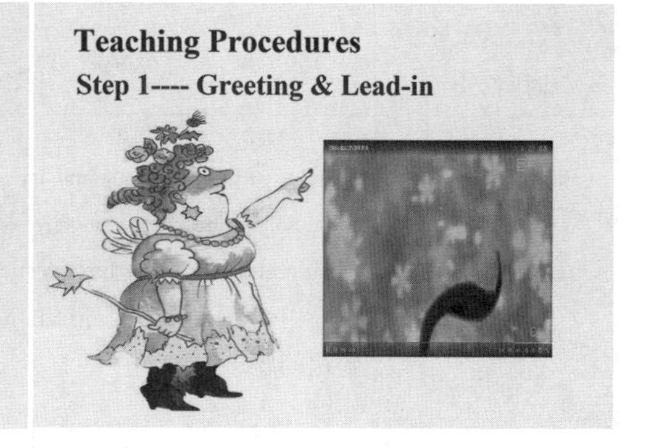

Teaching Procedures

Step 2----Pre-reading

Cobwebs, Elephants and Stars

- How many people are there in the story?
- Are they happy?
- Why?

Teaching Procedures

Step 2----Pre-reading

- How many parts are there in the book?
- What are their page numbers?
- What's the main idea of each part?

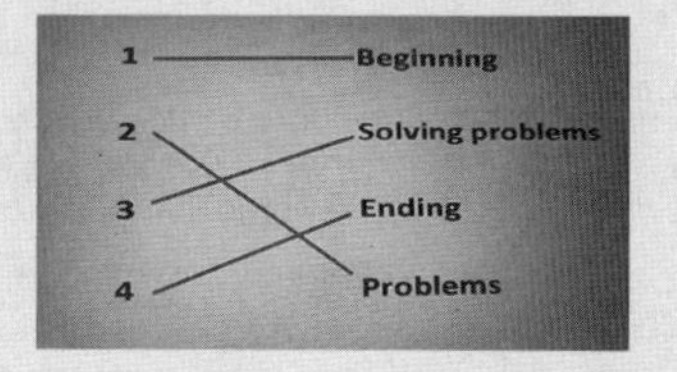

Teaching Procedures

Step 3----While-reading (Part 1 P2-5)

- What do you know about Mrs Caliban?
- Who told us the things about her?
- Do you like the beginning of the story? Why?

Teaching Procedures

Step 3----While-reading (Part 2 P6-7)

- What does Mrs Caliban look like?
- What do you think of Mrs Caliban?
- Do you think she is a wicked fairy or not? Why?
- What was Barbara's problem?

Teaching Procedures

Step 3----While-reading (Part 2 P8-15)

- What were Mrs Caliban's problems?
- What ideas did Barbara come up with to help Mrs Caliban solve her problems?
- Why didn't Mrs Caliban accept Barbara's suggestions?

Mrs Caliban's problems	Barbara's suggestions	Why they wouldn't work
She didn't know where to keep her gold coins.	Put them in the pouch of a kangaroo.	A kangaroo would be too restless.
The stormy ceiling rained when she did her exercises.	Paint it by magic.	Mrs Caliban couldn't do this with her magic wand.

- If you were Barbara, what would you think of Mrs Caliban the fairy?
- Is Mrs Caliban different from your idea of what a fairy should be like?
- If so, how?

- What do you think of Mrs Caliban's problems?
- Is it possible for us to have such problems in our daily life?

Teaching Procedures

Step 3----While-reading (Part 3 P16-21)

- How did they solve their problems?
- Do you think it's a good idea or not? Why?

Teaching Procedures

Step 3----While-reading (Part 4 P22-24)

- How did Barbara feel about Mrs Caliban in the end?
- How was it different from her attitude towards Mrs Caliban in the beginning?
- Do you like the way the author ends the story? Why?

Teaching Procedures

Step 4----Post-reading

Group discussion

What do you think of Mrs Caliban? Why?

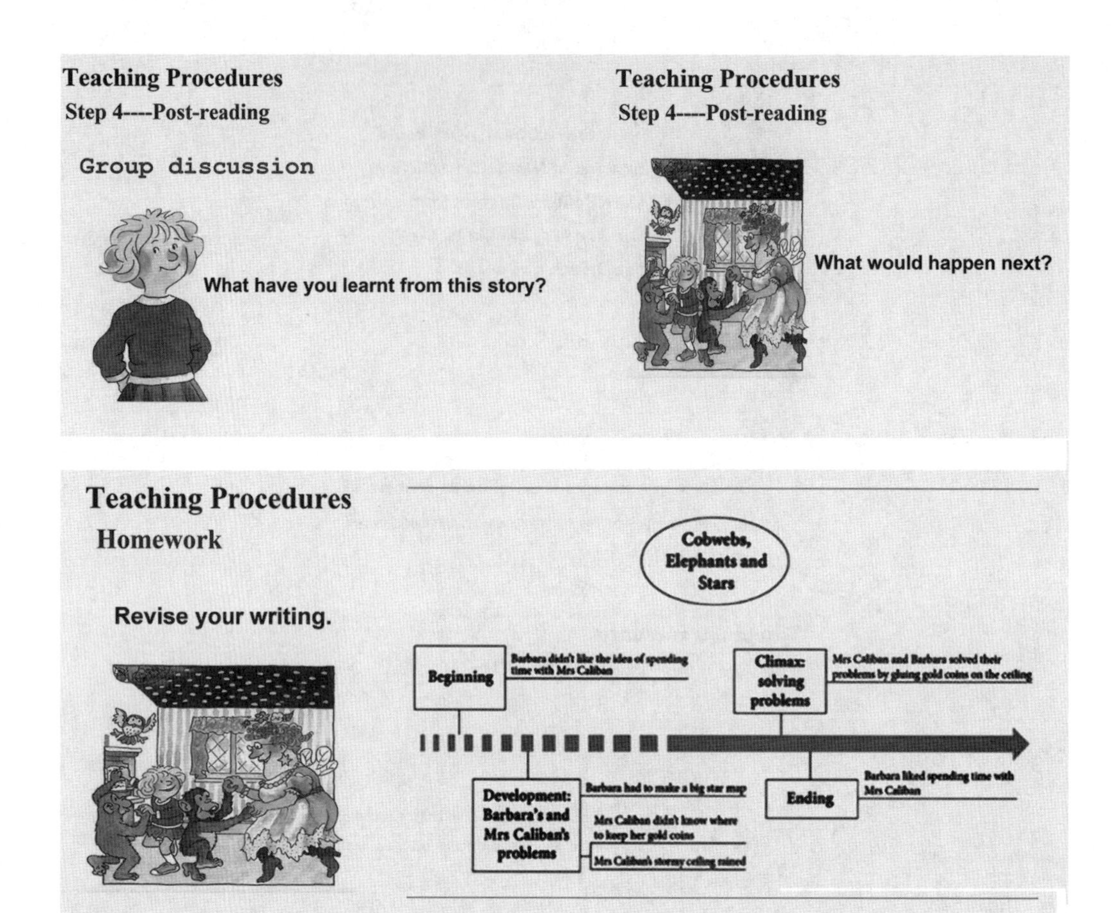
Teaching Procedures
Step 4----Post-reading
Group discussion
What have you learnt from this story?
Teaching Procedures
Step 4----Post-reading
What would happen next?
Teaching Procedures
Homework
Revise your writing.
Cobwebs, Elephants and Stars
Beginning
Barbara didn't like the idea of spending time with Mrs Caliban
Development: Barbara's and Mrs Caliban's problems
Barbara had to make a big star map
Mrs Caliban didn't know where to keep her gold coins
Mrs Caliban's stormy ceiling rained
Climax: solving problems
Mrs Caliban and Barbara solved their problems by gluing gold coins on the ceiling
Ending
Barbara liked spending time with Mrs Caliban

Thanks for listening!

三、说课稿

大家好，今天我说课的内容是阳光英语分级阅读初二下 *Cobwebs, Elephants and Stars*。我将从以下六个方面进行说课。

（一）文本分析

《仙女也烦恼》是"阳光英语分级阅读"初二下的一本故事类读物，讲述了坏仙女卡利班太太和小女孩芭芭拉帮助彼此解决困难的故事。根据情节发展，该故事可分为开端（芭芭拉被妈妈委托给卡利班太太照顾，但芭芭拉认为卡利班太太是个坏仙女）、发展（芭芭拉和卡利班太太"互诉烦恼"：芭芭拉需要画一张很大的星图，卡利班太太则不知道把金币储存在哪里，并抱怨天花板下雨）、高潮（芭芭拉和卡利班太太将金币贴到天花板上，解决了彼此的问题）、结局（芭芭拉和卡利班太太计划举办聚会，芭芭拉改变对卡利班太太的印象）。故事由两条主线：明线展示了芭芭拉如何用自己丰富的想象力帮助卡利班太太解决困难，并一举两得完成了自己的作业；暗线则展示了芭芭拉对卡利班太太态度的转变。作者通过这个故事告诉我们朋友之间要互相帮助，敞开心扉，用心交流才能成为亲密无间的好朋友。作者对人物的语言，动作等描写的非常生动形象，也一定程度上映射了人物的心理、情感和态度。

（二）学情分析

授课对象是初二下学期的学生，他们具备一定的故事类阅读的方法和策略。在阅读过程中能够借助封面，插图，词汇表等信息读懂故事，能够通过阅读理清故事情节发展的脉络，初步感知人物情感的变化。分享与表达的欲望不是特别强烈，愿意参加小组合作，更喜欢独立思考。但是用英语分析问题和解决问题的能力及组织语言的能力还需要训练和提升。在学生自主和合作阅读理解故事发展及建构了结构化知识的基础上，我通过设计深入主题探究和思维品质培养的层次性和开放性的问题链，帮助学生在阅读及续写之间建立故事情节、人物性格、互动情感及语言表达方面的协同链接。

（三）教学目标

（1）获取故事大意并能够梳理故事情节。
（2）学生可以根据人物特点分析人物性格。
（3）合理想象故事后续情节发展，续写聚会情景。

（四）教学重难点

教学重点：分析、评价两位主人公的性格特点。

教学难点：综合把握故事情节、人物特点、语言表达的基础上，合理推断故事后续发展的可能情节及具体的情节、语言等，生动描写故事的后续情节和结果。

(五)教学过程

Step 1 Greeting & Lead-in

首先观看视频巴啦啦小魔仙,谈论今天也有一位仙女,激发学生的学习兴趣同时引入阅读状态。

Step 2 Pre-reading

请同学们观看绘本封面,预测故事内容,

然后通过图片环游,根据图片人物细节对故事内容进行推测,请同学们把每一部分的大意进行连线,以此来实现对故事结构化的理解。

Step 3 While-reading (Part 1 P2 ~ 5)

请同学们自读故事回答问题,What do you know about Mrs Caliban?

Who told us the things about her? Do you like the beginning of the story? Why?

了解故事的起因。

(Part 2 P6 ~ 7)同桌合作读第二部分了解故事的发展情况——找出芭芭拉的烦恼是什么。

同学们通过阅读故事,观察图片及问题引导获取信息,引导学生关注自主阅读过程中对文体特征和文本信息的关注和利用,培养自主的阅读策略和习惯。

(Part 2 P8 ~ 15)

小组合作以完成表格的形式来理解故事的高潮——仙女的烦恼及芭芭拉的建议,分析人物性格及作者观点。通过合作学习提高学生的团结合作意识,推断和评价人物性格特点,进一步深化对主题意义的理解,同时提升学生的分析问题、逻辑思维和批判性思维能力。

(Part 3 P16 ~ 21)

观看图片,仔细阅读,四人一组分组讨论他们是如何解决问题的。通过讨论问题是如何解决的进一步挖掘文本,发展学生的语言表达能力。

(Part 4 P22 ~ 24)

自读理解故事的结局,进一步分析人物关系的发展。

Step 4 Post-reading

根据老师的板书的思维导图进行角色表演,并讨论分析卡利班太太的人物性格以及从故事中学到了哪些?想象故事后续发展,第二天聚会的情景。通过问题激活学生的发散性思维,想象故事的后续发展,提升学生的创造性思维能力和语言运用能力。

这是作业设计,通过完成作业同学们巩固所学,提升自我反思,自我评价和自我修正的能力。

1. Revise your writing.
2. Design the last page of the book for your ending.

（六）教学反思

本节课我遵循教学评一体化的理论和实践操作流程，根据语篇内容，体裁特点和学情，制定了合理、清晰、具体的教学目标，设计了学习理解，应用实践和迁移创新等循序渐进的语言、思维、文化相融合的活动，同时讲课堂评价贯穿教学全程，且评价方式多元。使得学生的语言能力和思维能力都有很大的提高。

第九节　阳光英语分级阅读初三上 *What Happens to Rock*？教学案例

哈尔滨市第三十五中学校　冯　妍

一、教材内容

教学主题/读物名称：阳光英语分级阅读初三上 *What Happens to Rock*?
文本分析
阅读文本不仅是教授语言知识的材料，更是培养学生人文修养的重要内容，本书是一本科普读物，本书用通俗易懂的语言讲解了从风化和侵蚀对岩石的改变，到自然灾害以及人类对岩石的改变，用清晰地语言和脉络描述了从岩石到沙砾的变化过程，用了较少的专业词汇帮助学生掌握了有关岩石的一些科学知识。
学情分析
初三的孩子已经掌握了一定的词汇，但是科普读物从语言上对于他们来说还是有一定的挑战，但是孩子们对于科普知识是渴求的，虽然前面横亘着语言的大山；到了初三，班级里英语能力两极分化的现象更加明显，对于阅读教学的顺利开展来说影响很大，所以在教学中教学方法的选择更倾向于合作学习，这样能够带动一部分英语薄弱的同学，让他们在英语学习中能够找到抓手和信心。
教学目标
1. 能够识别、区分多种文体，并了解其基本特征。 2. 能够整理、概括读物中的重要信息用于对比、讨论和写作。 3. 能够通过阅读科普读物，增强科学探究的精神，形成尊重科学的态度。

<table>
<tr><th colspan="3">教学重点、难点</th></tr>
<tr><td colspan="3">教学重点：了解风、水、温度和化学物质引起风化的过程，还有侵蚀对岩石产生的影响。
教学难点：复述不同风化类型对岩石的影响以及描述岩石的移动，体会山川与河流、人与自然的关系。</td></tr>
<tr><th colspan="3">教学资源</th></tr>
<tr><td colspan="3">《阳光英语分级阅读》
《阅读指导手册》</td></tr>
<tr><th colspan="3">教学过程</th></tr>
<tr><th>教学步骤与时间安排</th><th>教学活动</th><th>设计意图</th></tr>
<tr><td>（一）热身和导入</td><td>激发学生的学习兴趣。</td><td>导入话题 Rock，并且为下面的阅读进行热身，通过图片了解到岩石可以以不同的形状、颜色存在于不同的地方，引起学生的好奇心。</td></tr>
<tr><td>（二）Before-reading</td><td>让学生了解不同的文体。</td><td>让学生去猜体裁。</td></tr>
<tr><td>（三）While-reading
1. Read for style 读文体</td><td>用不同的方法引领学生进行阅读活动。</td><td>能够识别、区分多种文体。</td></tr>
<tr><td>2. Read for the main idea 读大意</td><td>让学生读目录的阅读并且快速浏览全书。</td><td>学生读 content，掌握本书的主旨大意这是学生第二次看目录，已经对本书的结构有一个了解。</td></tr>
<tr><td>3. Read for details 读细节
（1）Jigsaw reading</td><td>拼图式阅读。</td><td>通过设计各种阅读任务，帮助学生了解风化这种自然现象，能够概括读物中的重要信息用并且进行对比。</td></tr>
<tr><td>（2）Individual reading</td><td>引导学生独立阅读。</td><td>帮助学生更好地了解侵蚀对岩石的影响。</td></tr>
<tr><td>（3）Pair work</td><td>同桌共读，寻找写作脉络。</td><td>帮助学生理清这部分的框架结构 - 岩石的移动，为后面的练笔做铺垫。</td></tr>
<tr><td>（4）Group work</td><td>指导学生小组讨论，思考人类对岩石的影响。</td><td>能够通过阅读科普读物，整理、概括读物中的重要信息用于讨论，增强科学探究的精神，形成尊重科学的态度。</td></tr>
</table>

(四) After-reading Write a story	语言输出。	能够整理、概括读物中的重要信息并应用于写作。

板书设计

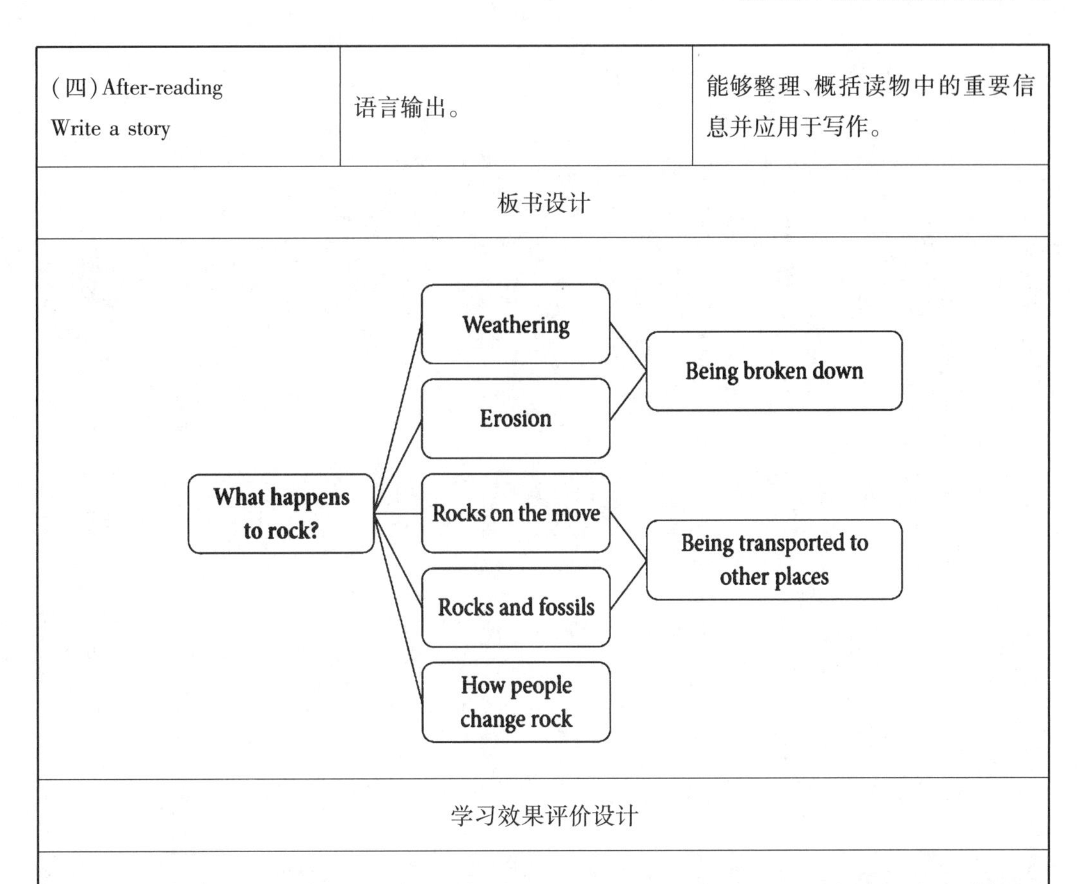

学习效果评价设计

本课中有两个点学生们非常感兴趣，一个是介绍风化的种类和过程，这部分孩子们都能够得到，他们介绍起来就像个小小科学家；另外一个是小组一起绘制岩石移动的思维导图，有的孩子直接画画了，也完成得很好，真的感觉他们认真阅读了，并且有自己的理解。写作这部分略微难于些，但是我相信每一名孩子在本课中都有自己的收获。

二、教学课件

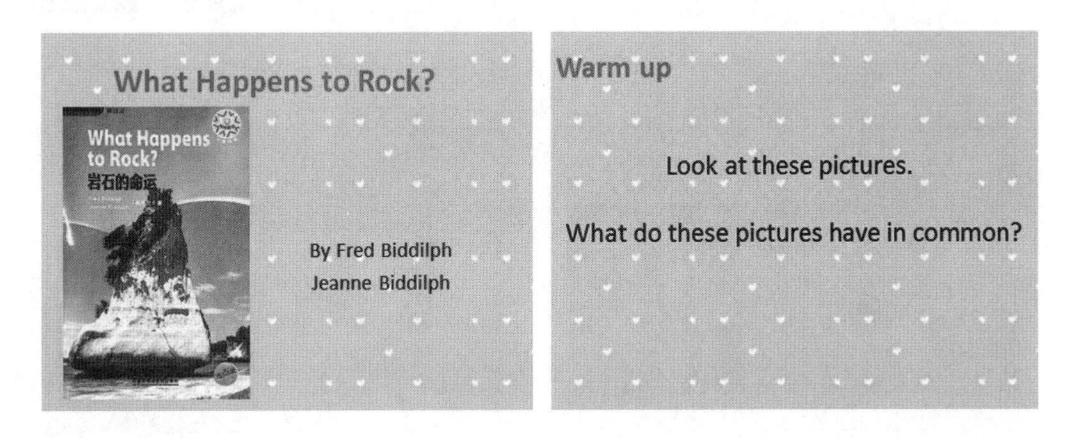

Warm up

- What do these pictures have in common?
- Rock.
- Why does the rock in each picture look so different?

Before-reading

Can you find out the style of the book according to its name and the content?

- A. Narration
- B. Argumentation
- C. Exposition

While-reading

- 1. Read for style
- Skim this book and find out the writing style

While-reading

- 2. Read for the main idea
- What is the book mainly about according to the content?
- A. How water affects rocks.
- B. How the weather affect rocks
- C. How rocks are changed by nature and the people?

While-reading

3. Read for details : Jigsaw reading

Work in three groups. Each group reads one part of the book and finishes a reading card:

- Part 1: P2-3
- Part 2: P4-7
- Part 3: P8-9

阅读任务卡1：Weathering by wind
Task One: Answer the following question (individual work)

(1) Where can we find rock?

(2) What is weathering?

(3) How does wind change rock?

阅读任务卡2：Weathering by water
Task Two: Answer the following questions .(Group work)

(1) Guess the meaning of the word "weather" on P4

(2) What can weathering by water create?

(3) How can ocean waves wear rock away?

(4)How can water change rock in Limestone caves?

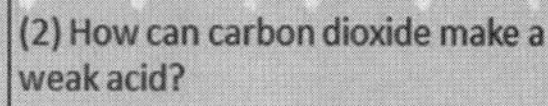

阅读任务卡3：
Weathering by temperature and chemicals
Task Two: Answer the following questions

(1) What helps to crack the rock?

(2) How can carbon dioxide make a weak acid?

(3) What kind of weathering is caused by weak acid getting into cracks in rock?

A. Weathering by temperature

B. Weathering by chemicals

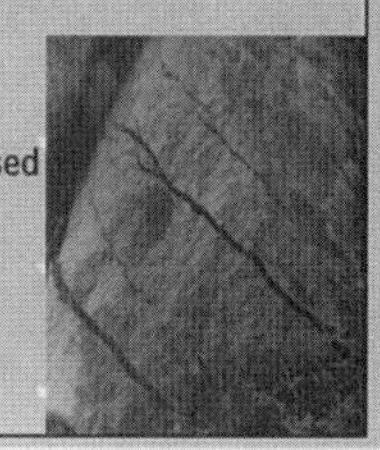

Each group introduces one of the four kinds of weathering to the class.

While-reading

- 2.Read for details
- Read P20-P23 (group work)
- Talk about how people change rocks.(4 students in a group)

After-reading

Creative writing

- Imagine you were one part of a cliff and now you are a tiny grain of sand. Write a story about how you got there with the help of your mind map about rocks' travel ?

Summary

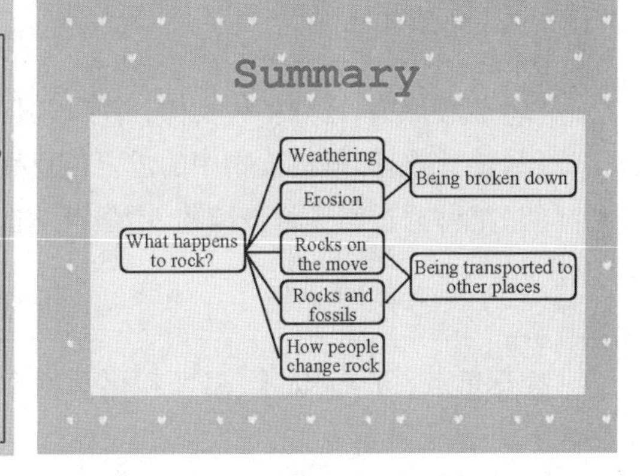

While-reading

- 2.Read for writing outline
- Read P14-P19 (pair-work)
- (1)Where can rocks start and where can they end up?
- (2) Draw a mind map with your partner about rocks' travel
- (3) Why can we find sea animals fossils in mountain rock?
- A. Those sea animals used to live on land
  B. The rocks were once under the sea
  C. Thousands of years ago, people took sea food to mountains to eat.

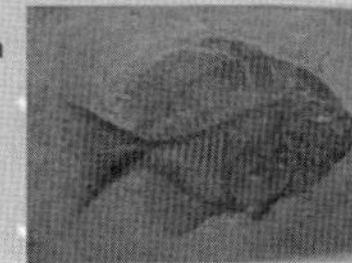

Homework

- Finish your writing and share it with your classmates.
- Find more about rock on the Internet and share with each other

三、说课稿

(一)文本分析

阅读文本不仅是教授语言知识的材料,更是培养学生人文修养的重要内容,本书是一本科普读物,本书用通俗易懂的语言讲解了从风化和侵蚀对岩石的改变,到自然灾害以及人类对岩石的改变,用清晰地语言和脉络描述了从岩石到沙砾的变化过程,用了较少的专业词汇帮助学生掌握了有关岩石的一些科学知识。书中的插图非常生动，能够帮助学生更好地理解文本。

（二）学情分析

初三的孩子已经掌握了一定的词汇，但是科普读物从语言内容上对于他们来说还是有一定的挑战，然而孩子们对于科普知识是渴求的，虽然前面横亘着语言的大山；到了初三，班级里英语能力两极分化的现象更加明显，对于阅读教学的顺利开展来说影响很大，所以在教学中教学方法的选择更倾向于合作学习，这样能够带动一部分英语薄弱的同学，让他们在英语学习中能够找到抓手和信心。

（三）教学目标

（1）能够识别、区分多种文体，并了解其基本特征。
（2）能够整理、概括读物中的重要信息用于对比、讨论和写作。
（3）能够通过阅读科普读物，增强科学探究的精神，形成尊重科学的态度。

（四）教学重点、难点

教学重点：了解风、水、温度和化学物质引起风化的过程，还有侵蚀对岩石产生的影响。

教学难点：复述不同风化类型对岩石的影响以及描述岩石的移动，体会山川与河流、人与自然的关系。

（五）教学方法

根据学生的英语阅读能力，在本课中我将采取以下方法：任务型教学法，合作学习法，尤其值得一提的拼图阅读法，jigsaw reading，在拼图阅读中更能体现分层次教学法。

（六）教学过程

1. 热身和导入

首先，我给学生们展示一组图片，这些图片来源于本书，让学生们看，然后回答这个问题：What do these pictures have in common?（Rock.）

接着我追问：Why does the rock in each picture look so different?

设计意图：导入话题Rock，并且为下面的阅读进行热身，通过图片了解到岩石可以以不同的形状、颜色存在于不同的地方，引起学生的好奇心。

2. Before-reading

我通过一个问题Can you find out the style of the book according to its name and the content?

A. Narration B. Argumentation C. Exposition

让学生去猜体裁。

3. While-reading

(1) Read for style 读文体

让学生快速浏览本书,确定书里内容的体裁是 Exposition

设计意图:能够识别、区分多种文体

(2) Read for the main idea 读大意。

What is the book mainly about?

A. How water affects rocks.

B. How the weather affect rocks

C. How rocks are changed by nature and the people?

设计意图:学生读 content,掌握本书的主旨大意

这是学生第二次看目录,已经对本书的结构有一个了解了

(3) Read for details 读细节。

①Jigsaw reading。

风化这部分是从第二页到第九页,为了让学生们能够起步简单点,这部分我选择了 Jigsaw reading。把风化的四种情况按着难易和阅读量分成三部分,把学生分成三组,每组学生完成一张阅读任务卡,然后向其他两组介绍这种风化现象,根据情况可以一人代表,也可以几个人一起,一人一句。

设计意图:通过设计各种阅读任务,帮助学生了解风化这种自然现象,能够概括读物中的重要信息用并且进行对比

②Individual reading 独立阅读。

学生独立阅读 P10 ~ 13,回答问题并且自制一个简单思维导图关于引起侵蚀的原因。

设计意图:帮助学生更好地了解侵蚀对岩石的影响。

③Pair work 同桌共读,寻找写作脉络

Read P14 ~ 19 (Pair-work)

同桌两人共同阅读,回答问题并共同完成关于岩石的移动的思维导图

设计意图:帮助学生理清这部分的框架结构 - 岩石的移动,为后面的练笔做铺垫

④Group work 小组讨论

阅读 P20 ~ 23

然后四人一组讨论人类对岩石的改变和使用。

设计意图:能够通过阅读科普读物,整理、概括读物中的重要信息用于讨论,增强科

学探究的精神,形成尊重科学的态度。

4. After-reading

让学生把自己想象成一粒细小的沙子,之前它是悬崖上的一部分,写一个小故事说说自己的是怎么来的,参照之前同桌共读时完成的思维导图。

设计意图:能够整理、概括读物中的重要信息并应用于写作。

(七)板书和教学反思

最后通过板书能容来进行本堂课的总结. 我将目录的内容进行了微整,将四种weathering合成一个,与Erosion在一起成为本书的第一部分,岩石被改变的原因。第二部分岩石的移动包含Rocks on the move 和Rocks and fossils. 第三部分是How people change rock,通过这样设计板书,学生对本书的结构有一个更加清晰的掌握,对本节课所学内容也更加明确了。

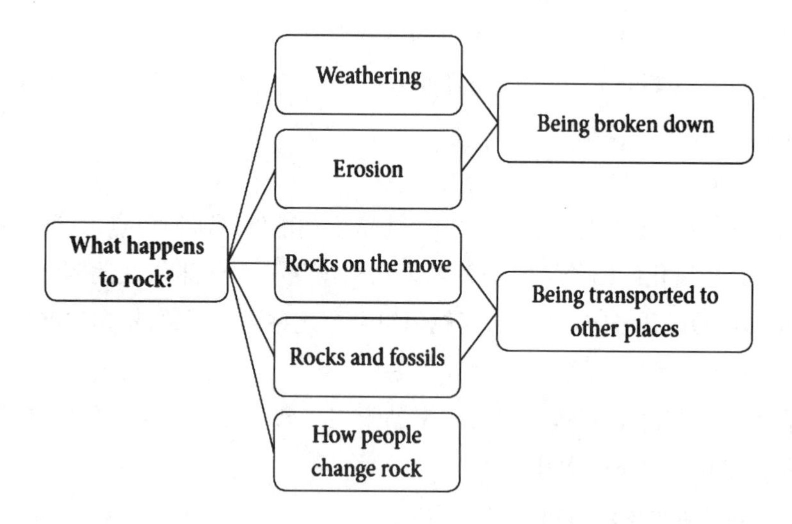

(八)教学反思

本课中有两个点学生们非常感兴趣,一个是介绍风化的种类和过程,这部分孩子们都能够得到,他们介绍起来就像个小小科学家;另外一个是小组一起绘制岩石移动的思维导图,有的孩子直接画画了,也完成得很好,真的感觉他们认真阅读了,并且有自己的理解。写作这部分略微难于些,但是我相信每一名孩子在本课中都有自己的收获。

第十节　阳光英语分级阅读初三上 *Wonderful Eyes* 教学案例

哈尔滨市第四十六中学校　尚逸舒

一、教学设计

文本分析

本阅读材料是"阳光英语分级阅读"初三上的绘本阅读,由 Brian 和 Jillian Cutting 主编,外语教学与研究出版社发行,共计 1 235 个单词,关键词为:眼睛、身体部位、动物、身体特征、相似于差别。阅读材料生动形象、科学严谨地介绍了"眼睛的功能""人类的眼睛""眼睑和睫毛""弱视""聪明的眼睛"几个板块,让学生学习了不同种类的动物的眼睛的构造,以及深入地了解人类的眼睛和眼部周围的结构和作用。通过阅读本读物,让学生养成一种探究科学的精神和态度。

学情分析

对于初三上的学生来说,大部分学生已经有了一定的英语学习基础,掌握了一定的阅读能力;"眼睛"也是学生耳熟能详,与生活息息相关的话题,学生会比较有兴趣。但科普类阅读材料相比于故事类、议论类,始终是学生不擅长的,在能力方面和策略应用相对薄弱的范畴,因此需要教师指导和辅助。

教学目标

1. 能够理解读物中所介绍的不同动物"眼睛"的用途与作用,眼睛的结构。
2. 能够理解段落之间的逻辑关系;整理、概括读物中的重要信息用于对比、讨论和写作。
3. 能够通过阅读科普读物,增强科学探究精神,形成尊重科学的态度。

教学重点、难点

教学重点:

通过一定的阅读策略,让学生了解不同动物"眼睛"的用途与作用以及其眼睛的结构。

教学难点:

小组合作、自主探究整理、概括读物中的重要信息用于对比、讨论和写作。

教学资源

阳光英语分级阅读初三上 *Wonderful Eyes*(《谁的眼睛?》)

电子白板、PPT、投影仪。

教学过程		
教学步骤与时间安排	教学活动	设计意图
1. 导入：看图猜眼睛 时间：5 mins	依次展示以下眼睛的局部放大照片：教师自己、老虎和兔子、蜻蜓，请学生猜一猜都是谁的眼睛。 提问： 1. Whose eyes are these? 2. Where are my eyes? On the front or on the sides of my head?	通过一组图片引入本节课的学习 – 眼睛，设置问题，引发学生思考，进入到本节课的阅读中简要的问题使学生对文章内容有大概的了解，为下一步的careful? reading? 奠定基础
2. 读前引导： 全班讨论 carnivore、herbivore 和 omnivore 这三个概念。 5 mins	同时展示上一个环节所用的三张照片，并在黑板上展示这三个关键词。 提问： • Do you know what carnivore/herbivore/omnivore means? • I am a human being. Human beings are… / Tigers are… / Cows are… • How do you know? Which pages talk about carnivores/herbivores? • Look closely at the three words. What do they have in common?	向学生介绍构词法，帮助学生分析，提升猜词能力，同时帮助学生学习和记忆词汇
3. 导读与领读 12 mins	先提问，之后教师请负责课前导读的学生现场朗读或者播放自己提前录制好的视频。	学生带着问题走进阅读，提升阅读的效；将学生的预习成果展现出来，增强学生预习的意愿和质量；课上，从看、听、读多角度刺激学生的感官和大脑皮层，调动学生学习的积极性。
4. 深入阅读： “专家组”完成阅读任务。 10 mins	负责课前阅读学案中的同一动物种类的学生组成一组，形成“专家组”。“专家组”需要完成两项任务。第一项任务是，讨论并共同完成将动物名称和特征匹配起来。第二项任务是，“专家组”组内交流自己负责动物类别的眼睛特征，以及自己找到的新信息。然后，针对这些信息编写一套题卡，包含五道题（判断对错题或问答），完成讨论后，“专家组”选派一名代表，为全班同学解释自己所负责的动物种类及其特征。	本环节提升了学生的小组协作能力和自主探究能力，发挥学生的小组凝聚力、创造力、表现力。 在课前做好充分的准备，课上认真研读，小组深入讨论，深入学习，提升阅读能力和阅读策略的运用。

教学步骤与时间安排	教学活动	设计意图
5. 深入阅读： 第二次分组讨论。 6 mins	学生重新分成八人小组，确保小组有每个动物类别的“专家”。“专家”负责向其他成员介绍自己负责部分的内容，讲解应该清楚、有条理。小组合作将各自掌握的信息汇总成一张思维导图。讨论完后，每个小组成员各自独立完成一张题卡（非自己“专家组”出的题卡），并交于相应的“专家”进行打分。然后，小组一起评选出他们心目中最神奇的眼睛（the most wonderful eyes），给出评选理由。	重新分组，让学生在同一时间，深入阅读，了解读物的主要内容和细节内容，达成每个学生都是“眼睛专家”的目的，为课后作业的任务做铺垫。
6. 读后思考： 全班展示和评选。 5 mins	（1）教师引领小组展示各自的思维导图。采取挑选一两个小组展示思维导图，其他小组点评的形式。 （2）各小组选出代表说一说自己小组选出的最神奇的眼睛，给出评选理由。 （3）全班评选出若干位最佳讲解“专家”。小组成员答对该“专家”设计的所有题目。准备一些小礼品赠予获奖“专家”。	通过提问引导学生关注眼睛、眼睑、眼睫毛和眉毛的功能，通过绘画和展示解说自己的思维导图，引发学生积极思考，让每一个学生深入了解读物的主要内容和细节内容，为课后作业的任务做铺垫。 专家评选是对于学生的肯定和鼓励；同学代表发言，提升学生的语言表达能力，为写作任务做铺垫。
7. 总结与布置作业 家庭作业：概要写作 2 mins	第一部分，概括《谁的眼睛？》一文的主旨和关键信息，字数不超过100字，尽量使用自己的语言；第二部分，介绍小组评选出的“最神奇的眼睛”，概括当选理由，字数不超过100字。	这个环节可以从另一个侧面检验学生对读物的掌握。既是对内容的延伸，又是对读物的综合概括，并可以借此提高学生的词汇运用能力，达到以读促写的目的。
板书设计		
Wonderful Eyes（《谁的眼睛？》） carnivore　herbivore　omnivore 学生思维导图作品 得票计分		

学习效果评价设计
本节课课堂环节，由浅入深，由易到难，由表及里的阅读理解练习能给不同程度的同学提供体验成功乐趣的机会，调动全体学生参与的积极性，使学生在轻松愉悦的课堂气氛中进行英语学习，激发学生的求知欲。在培养学生综合语言运用能力的基础上，提高学生的人文素养和科学素养，挖掘读物的内涵和主旨，使各种有用信息渗透到英语教学之中；整个过程始终贯穿着培养学生的各方面能力，以读促写，全方位开发学生的潜能。

二、教学课件

阳光英语 初三上 13
Wonderful Eyes
Text by Brian and Jillian Cutting
Illustrations by Steve Turpin
说课内容：
（一）文本分析
（二）学情分析
（三）教学目标
（四）教学重难点
（五）教学资源
（六）教学过程
文本分析
Wonderful Eyes
谁的眼睛?
阅读材料Brian and Jillian Cutting主编
外语教学与研究出版社发行
共计1235个单词
关键词为：眼睛、身体部位、动物、身体
特征、相似于差别

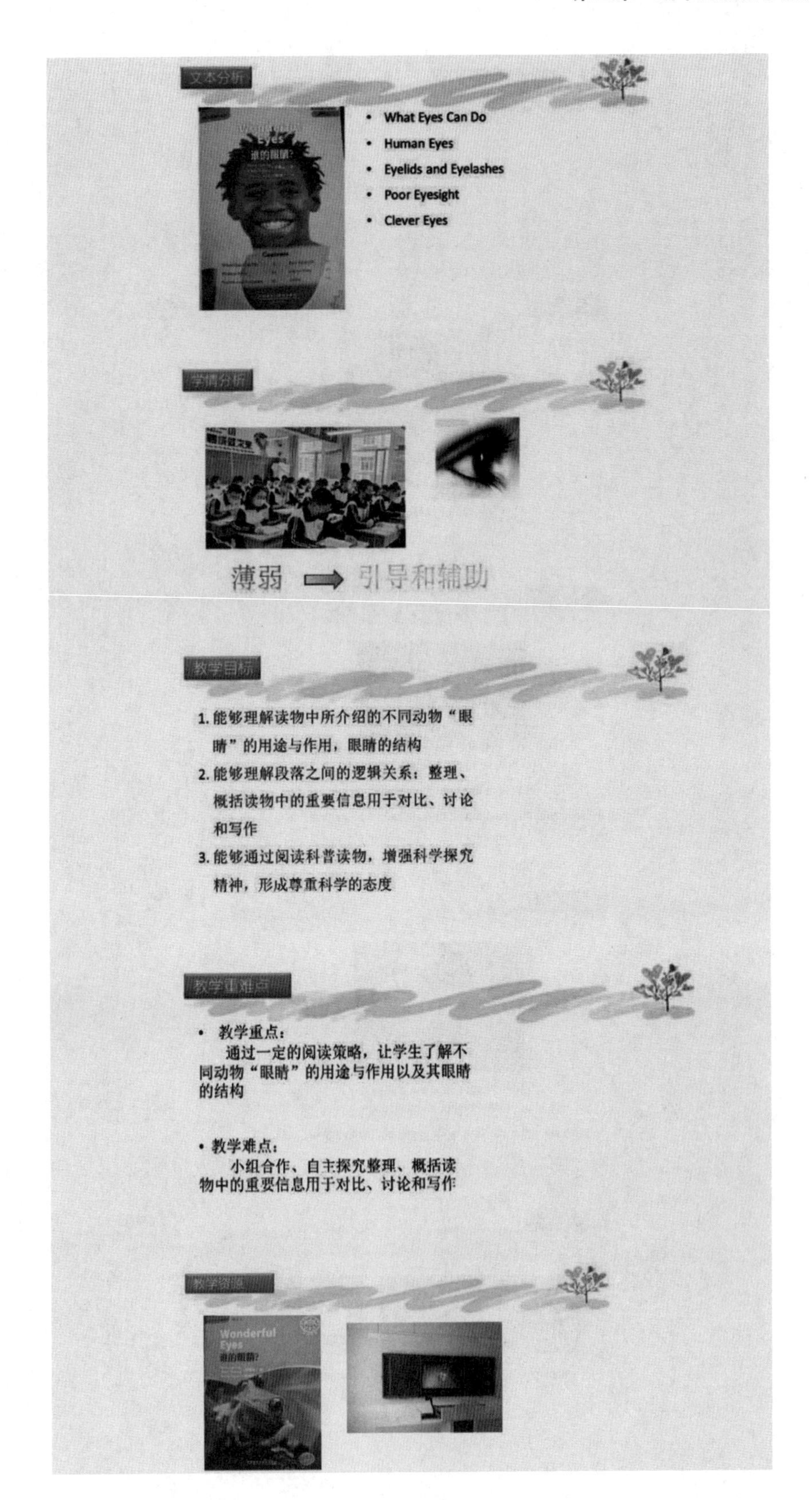
文本分析
What Eyes Can Do
Human Eyes
Eyelids and Eyelashes
Poor Eyesight
Clever Eyes
学情分析
薄弱
引导和辅助
教学目标
1. 能够理解读物中所介绍的不同动物“眼睛”的用途与作用，眼睛的结构
2. 能够理解段落之间的逻辑关系：整理、概括读物中的重要信息用于对比、讨论和写作
3. 能够通过阅读科普读物，增强科学探究精神，形成尊重科学的态度
教学重难点
教学重点：
通过一定的阅读策略，让学生了解不同动物“眼睛”的用途与作用以及其眼睛的结构
教学难点：
小组合作、自主探究整理、概括读物中的重要信息用于对比、讨论和写作
教学资源
Wonderful Eyes
谁的眼睛？

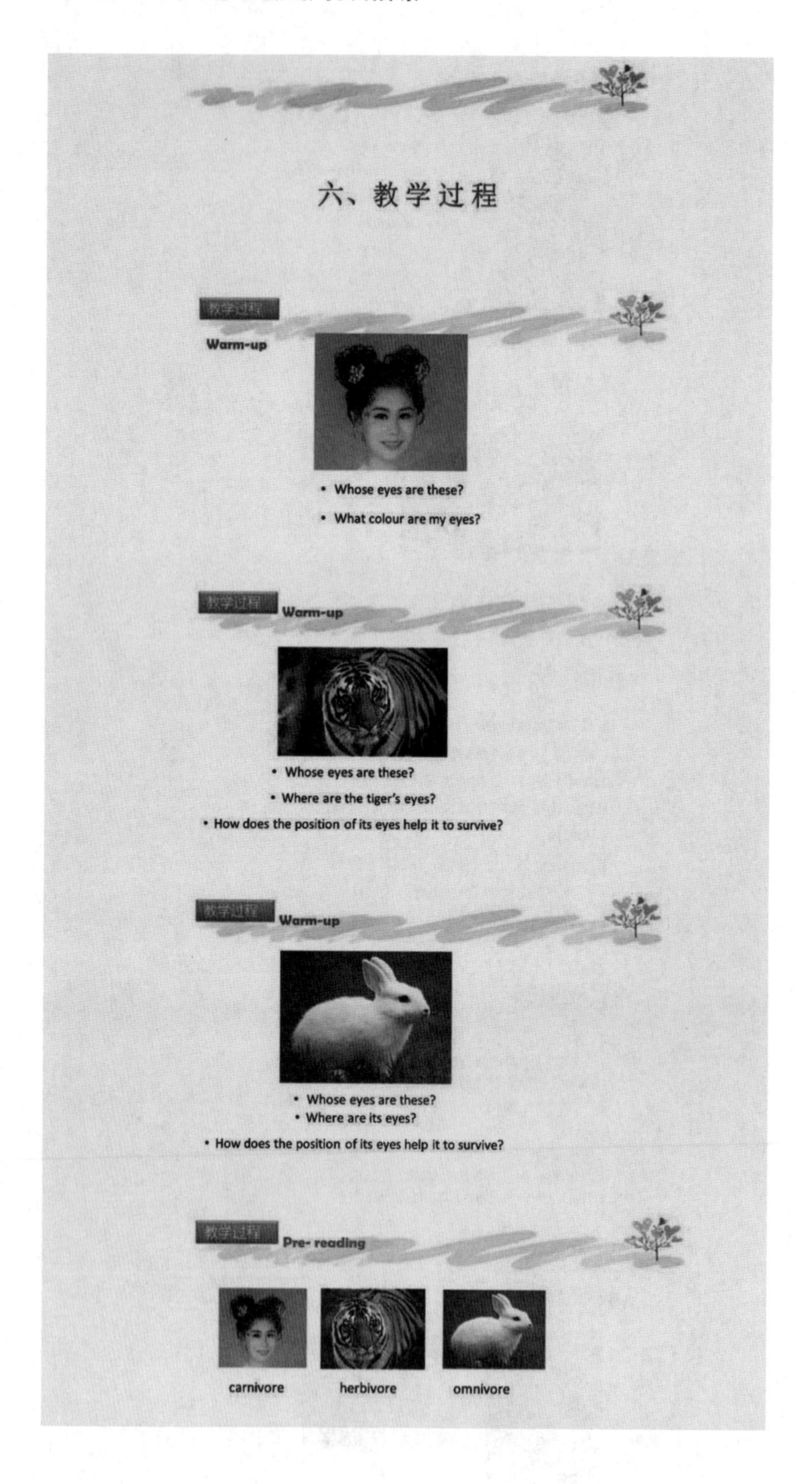
六、教学过程
教学过程
Warm-up
• Whose eyes are these?
• What colour are my eyes?
教学过程
Warm-up
• Whose eyes are these?
• Where are the tiger's eyes?
• How does the position of its eyes help it to survive?
教学过程
Warm-up
• Whose eyes are these?
• Where are its eyes?
• How does the position of its eyes help it to survive?
教学过程
Pre- reading
carnivore
herbivore
omnivore

Questions:

1.Why do most hunting animals have their eyes on the front of their heads?

2.Why do rabbits have their eyes on the sides of their heads?

3.Why are some animals blind or have poor eyesight?

Be the expert!

Students with the same animal worksheet form an "expert group".

- Task 1: Discuss and share your information with other group members.
- Task 2: Design a "question card" with 5 true or false question (or ask and answer). Choose a representative to explain the animal type and features.

教学过程 Jigsaw reading

Find a new group!

Form a new group including experts of each type of animal.

- Share your information to your group members. Collect all the information and make a **Mind Map**.
- Each student design a "question card" about one kind of animal (except your own animal). Hand in the "question card" to the relevant animal expert to get a score from him/her.
- Choose "the most wonderful eyes" in your groups and give reasons.

教学过程 After-reading: Group presentation

Each group choose a representative to share "the most wonderful eyes" in your group and give reasons.

Who is The Best Expert?

Requirement:

- Group members all correctly answer the expert's "question card".
- Express the information clearly and orderly in group and in class.

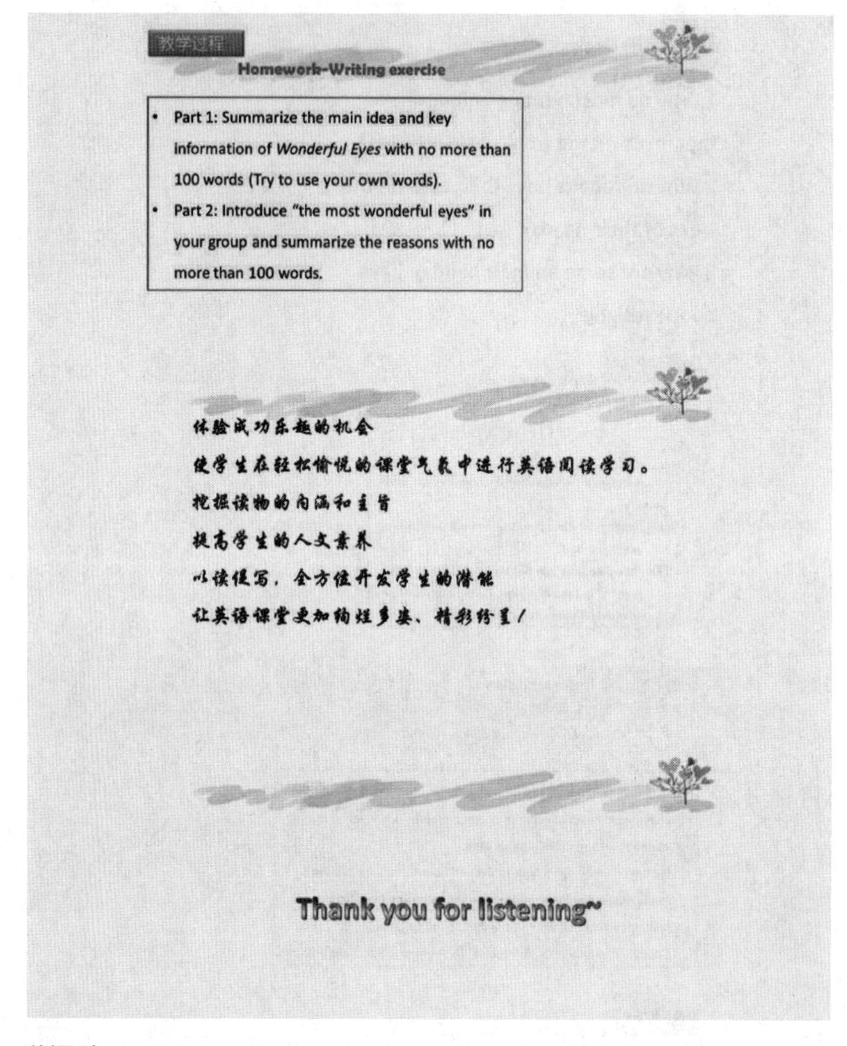

三、说课稿

尊敬的各位领导、各位老师同行们：大家好！

今天我所讲的内容是由分级阅读的 *Wonderful Eyes*（《谁的眼睛》？），我将从如下几个部分进行。

（一）文本分析

阅读材料是“阳光英语分级阅读”初三上的绘本阅读，由 Brian and Jillian Cutting 主编，外语教学与研究出版社发行，共计 1235 个单词，关键词为：眼睛、身体部位、动物等。阅读材料生动形象、科学严谨地介绍了“眼睛的功能”“人类的眼睛”“眼睑和睫毛”“弱视”“聪明的眼睛”几个板块，让学生学习了不同种类的动物的眼睛的构造，以及深入地了解人类的眼睛和眼部周围的结构和作用。通过阅读本读物，让学生养成一种探究科学的精神和态度。

(二)学情分析

对于初三上的学生来说,大部分学生已经有了一定的英语学习基础,掌握了一定的阅读能力;"眼睛"也是学生耳熟能详,与生活息息相关的话题,学生会比较有兴趣。但科普类阅读材料相比于故事类、议论类,始终是学生能力和策略应用起来相对薄弱的范畴,因此需要教师指导和辅助。

(三)教学目标

(1)能够理解读物中所介绍的不同动物"眼睛"的用途与作用,眼睛的结构。

(2)能够理解段落之间的逻辑关系;整理、概括读物中的重要信息用于对比、讨论和写作。

(3)能够通过阅读科普读物,增强科学探究精神,形成尊重科学的态度。

(四)教学重点、难点

教学重点:

通过一定的阅读策略,让学生了解不同动物"眼睛"的用途与作用,眼睛的结构。

教学难点:

小组合作、自主探究整理、概括读物中的重要信息用于对比、讨论和写作。

(五)教学资源

阳光英语分级阅读读物 初三上 *Wonderful Eyes*(《谁的眼睛?》)。

电子白板、PPT、投影仪。

(六)教学过程

1. 导入(预计时间:5分钟)

依次展示以下眼睛的局部放大照片:教师自己、老虎和兔子,请学生猜一猜都是谁的眼睛。

提问:

- Whose eyes are these?
- Where are my eyes? On the front or on the sides of my head?

通过一组图片引入本节课的学习 - 眼睛,设置问题,引发学生思考,进入到本节课的阅读中。

简要的问题使学生对文章内容有大概的了解,为下一步的 careful? reading? 奠定基础。

2. 读前引导:全班讨论 carnivore、herbivore 和 omnivore 这三个概念

我将展示上一个环节所用的三张照片,并在黑板上展示这三个关键词。

提问:

- 仔细观察,他们有什么共同点?

向学生介绍构词法,帮助学生分析,提升猜词能力,同时帮助学生学习和记忆词汇。

3. 导读与领读(时间: 12 分钟)

先提问,之后请负责课前导读的学生现场朗读或者播放自己提前录制好的视频。

学生带着问题走进阅读,提升阅读的效;将学生的预习成果展现出来,增强学生预习的意愿和质量;课上,从看、听、读多角度刺激学生的感官和大脑皮层,调动学生学习的积极性。

4. 深入阅读:"专家组"完成阅读任务(时间:10 分钟)

负责课前阅读学案中的同一动物种类的学生组成一组,形成"专家组"。"专家组"需要完成两项任务。第一项任务是,讨论并共同完成将动物名称和特征匹配起来。第二项任务是,"专家组"组内交流自己负责动物类别的眼睛特征,以及自己找到的新信息。然后,针对这些信息编写一套题卡,包含五道题(判断对错题或问答),完成讨论后,"专家组"选派一名代表,为全班同学解释自己所负责的动物种类及其特征(眼睛特征和题目留到稍后第二次分组时再使用)。

本环节提升了学生的小组协作能力和自主探究能力,发挥学生的小组凝聚力、创造力、表现力。在课前做好充分的准备,课上认真研读,小组深入讨论,深入学习,提升阅读能力和阅读策略的运用。

5. 读后思考:全班展示和评选(时间:5 分钟)

(1)我将引领小组展示各自的思维导图。采取挑选一两个小组展示思维导图,其他小组点评的形式,通过提问引导学生关注眼睛、眼睑、眼睫毛和眉毛的功能。

本环节通过绘画和展示解说自己的思维导图,发学生积极思考,让每一个学生深入了解读物的主要内容和细节内容,为课后作业的任务做铺垫。

(2)各小组选出代表说一说自己小组选出的最神奇的眼睛,给出评选理由。

(3)全班评选出若干位最佳讲解"专家"。小组成员答对该"专家"设计的所有题目。准备一些小礼品赠予获奖"专家"。

小组评选"最神奇的眼睛"是对上一课堂环节的反馈,对于学生的作品的肯定和鼓励;同学代表发言,提升学生的语言表达能力,引发学生思考,为作业写作环节做铺垫。

6. 总结与布置作业

家庭作业: 概要写作(时间:2 分钟)

第一部分,概括《谁的眼睛?》一文的主旨和关键信息,字数不超过 100 字,尽量使用自己的语言。

第二部分,介绍小组评选出的“最神奇的眼睛”,概括当选理由,字数不超过100字。

这个环节可以从另一个侧面检验学生对读物的掌握。既是对内容的延伸,又是对读物的综合概括,并可以借此提高学生的词汇运用能力,达到以读促写的目的。

本节课课堂环节,由浅入深,由易到难,由表及里的阅读理解练习能给不同程度的同学提供体验成功乐趣的机会,调动全体学生参与的积极性,使学生在轻松愉悦的课堂气氛中进行英语学习。在培养学生综合语言运用能力的基础上,挖掘读物的内涵和主旨,提高学生的人文素养;整个过程始终贯穿着培养学生的各方面能力,以读促写,全方位开发学生的潜能,让英语课堂更加绚烂多姿、精彩纷呈!

感谢各位评委的倾听,欢迎宝贵的意见,谢谢!

第十一节 阳光英语分级阅读初三下 *What I want to be* 教学案例

哈尔滨市第三十中学校 魏博文

一、教学设计

文本分析
《安杰拉的梦想》是“阳光英语分级阅读”初三下的一本故事类读物,讲述了主人公安杰拉梦想当一名演员,最初她担心大家的嘲笑而把梦想深藏在心底。在爷爷的鼓励和帮助下,她参加简的话剧课,认真学习戏剧表演,不断突破自己,克服害羞,最后勇敢地参加学校的试演,拿下了主角的角色,向梦想迈出了一大步。在阅读中,学生能够看到安杰拉勇敢追求自己的梦想而不懈奋斗的精神。教师可以让学生反观自身,树立坚韧、勇敢、积极向上的精神品质。 本书的话题贴近学生的学校生活,内容通俗易懂,有助于学生独立完成预习泛读任务。本书有两条主线,一条围绕“梦想”为主线贯穿始终,故事发展的脉络信息清晰,(故事的开端、发展、高潮、结局)等,需引导学生进行关注。另一条主线应引导学生关注安杰拉的心理变化,为成功刻画安杰拉对梦想的执着追求起到至关重要的铺垫作用。本节课是阅读课型。
学情分析
本课的授课对象是初三年级学生,大多数学生有一定的英语基础,从内容而言,学生能够借助书后单词表理解故事类读物,这个年龄的学生具有丰富的想象力和创造力,他们对与生活联系紧密的话题较为感兴趣,但思维还较为局限,呈现被动式学习状态。教师引入阅读圈的小组合作能减少学生的阅读焦虑,提高学生主观能动性,发挥合作能力。而本课主题围绕“梦想”展开,容易产生共鸣,引导学生为实现梦想而努力拼搏奋斗,对职业规划会有一定的帮助和启示作用。

<table>
<tr><th colspan="3">教学目标</th></tr>
<tr><td colspan="3">在本课学习结束时,学生能够:
1. 在教师的引导下梳理本文关于安杰拉的梦想故事发展的脉络信息。
2. 总结归纳安杰拉的心理变化,同时分析论这些变化的内外因。
3. 深层次思考安杰拉实现梦想所具备的特质。
4. 根据文章内容,联系自己的梦想经历进行写作。
5. 鼓励学生勇敢追求自己的梦想,理解并尊重每个人的梦想。
6. 通过阅读圈活动增强学生自主探究与合作能力。</td></tr>
<tr><th colspan="3">教学重点、难点</th></tr>
<tr><td colspan="3">重点:梳理本文关于 Angela 梦想的故事发展的脉络信息。
难点:总结归纳故事中 Angela 的情绪变化,同时分析论这些变化的内外因。</td></tr>
<tr><th colspan="3">教学过程</th></tr>
<tr><th>教学步骤与时间安排</th><th>教学活动</th><th>设计意图</th></tr>
<tr><td>Step 1 Lead in</td><td>1. Play the video of a song called What do you want to be?
Then, the teacher asks:
" What do you want to be when you grow up?"
2. Ask Ss to look at the cover and answer the following questions:
①What's the girl's name in the picture ?
② What's her dream?
③ What is the book about?
3. Read the brief introduction on the back cover together.</td><td>1. Stimulate students' passion for learning.
2. Arouse students' old knowledge.
3. Guide students to pay attention to information about pictures, words, etc. text on the cover of the story.</td></tr>
<tr><td>Step 2 Before-reading</td><td>Finish the pre-learning plan with the Ss and let them find out the beginning, development, climax and ending of the story and the corresponding chapters.</td><td>1. Test the effect of students' independent reading before class.
2. Cultivate students' awareness and ability to actively acquire the main plot of the story.</td></tr>
</table>

教学步骤与时间安排	教学活动	设计意图
Step 3 While-reading	Students are required to summarize the main content of each part of the story according to their own understanding. Beginning: Chapter 1 (Angela is afraid to tell others her dream.) Development: Chapter 2 (Her family knew and they have different views on her dream) Chapter 3 (Angela had his first acting lesson) Chapter 4 (His classmate and teacher knew Angela's dream) Climax & Ending: Chapter 5 (Angela acted wonderfully in the audition and achieved success at last.)	Sort out the context of the text, grasp the full text, and develop students' ability of summarizing.
Step 4 Reading Circle	The Ss are divided into eight groups and each group has five people. Two groups discuss about the beginning part. Another three groups discuss about the development part. The rest of the groups discuss about the climax & ending part. The role tasks are as follows: Word Master: 1. Choose at least three words that are new or difficult, or that are important in the passage; 2. Give the Chinese meaning, the part of speech (词性), the phonetic symbol (音标) and related transformation of the part of speech (相关词性转换的词) Summarizer: Retell the story in a short summary in his/her own words. Connector: He/ She is responsible for exploring information related to real life or personal experience from reading materials.	The four parts of the article carry out reading circle activities and students are divided into groups to conduct the exploration independently and cooperatively in order to report before the class.

教学步骤与时间安排	教学活动	设计意图
Step 4 Reading Circle	Passage person: Analyze the discourse type, stylistic features and passage structure. Discussion leader: 1. Start and organize the discussion and help other student; 2. Call on each members to present their prepared role information; 3. Ask at least three questions with "what, why, how, who, where" based on the material. Invite one or two groups to give the report.	
Step 5 Post-reading	Choose one of the task below: Task 1: Please comment on one of the following characters: Angela, Pop or Ms Clark. Task 2: Would you like to tell others your dreams? Why? Task 3: Interview your parents on their dreams in childhood. Find out whether they have achieved their dreams and the reasons. See what you can learn form their experiences.	Students think deeply, analyze and summarize. Through discussion, students actively participate in expression, and teachers observe students' value orientation and make positive interventions. The teachers should tell the Ss Whatever dreams they have, they should make great efforts to achieve the dreams.

板书设计

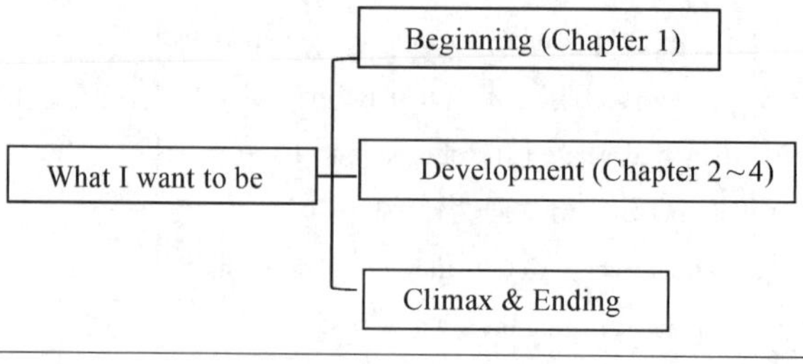

What I want to be
- Beginning (Chapter 1)
- Development (Chapter 2～4)
- Climax & Ending

学习效果评价设计

通过UMU软件,从个人自评、小组自评、组员互评和小组互评等形式,从发言次数、展示问题深度,讲解清晰度、阅读练习反馈等维度打分,并进行详细记录,分析差距及原因,教师给予综合反馈。

二、教学课件

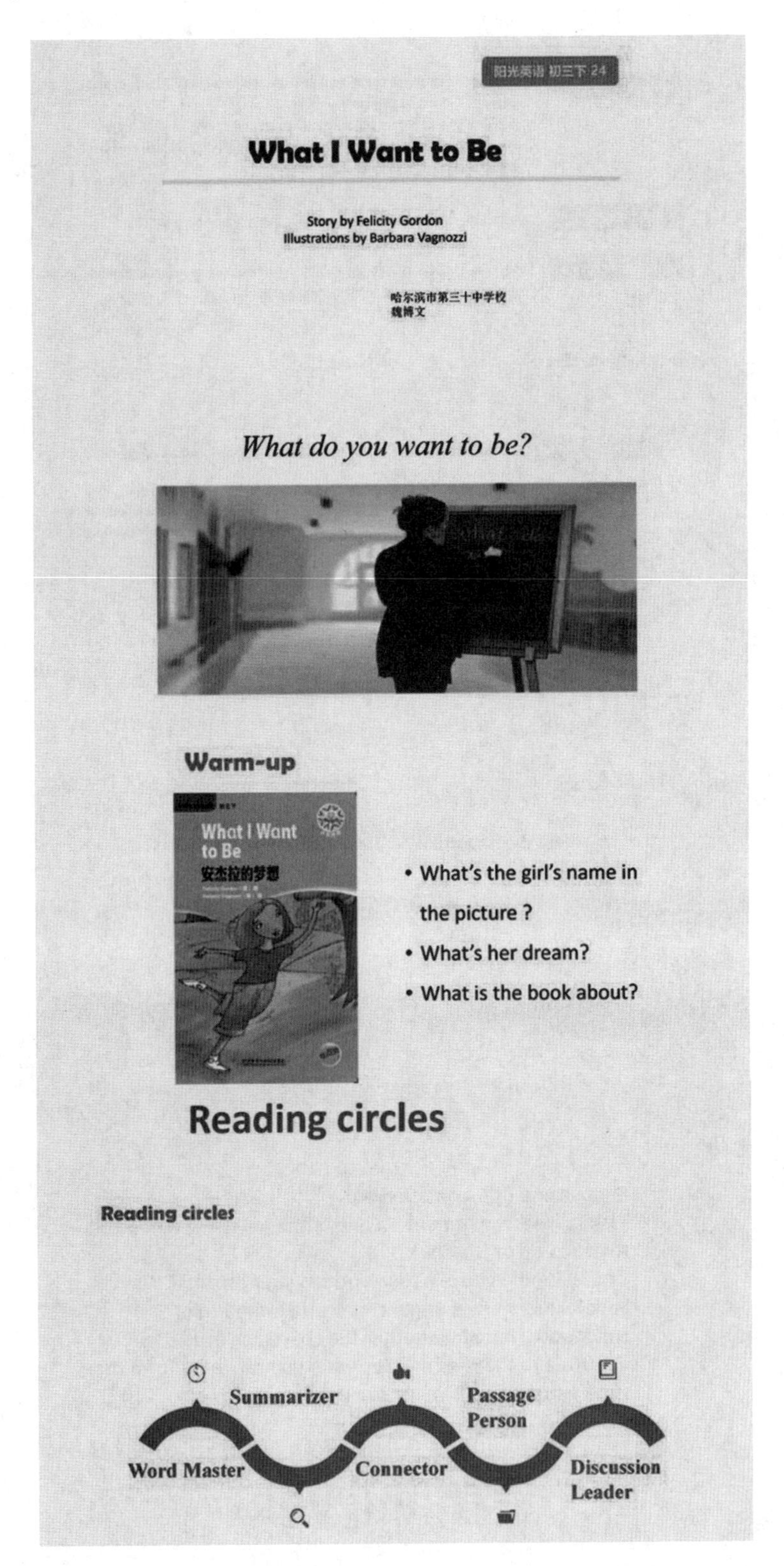
阳光英语 初三下 24
What I Want to Be
Story by Felicity Gordon
Illustrations by Barbara Vagnozzi
哈尔滨市第三十中学校
魏博文
What do you want to be?
Warm-up
What I Want to Be
安杰拉的梦想
• What's the girl's name in the picture ?
• What's her dream?
• What is the book about?
Reading circles
Reading circles
Summarizer
Passage Person
Word Master
Connector
Discussion Leader

Reading circles

Word Master	1. Choose at least three words that are new or difficult, or that are important in the passage; 2. Give the Chinese meaning, the part of speech (词性), the phonetic symbol (音标) and related transformation of the part of speech (相关词性转换的词)
Summarizer	Retell the story in a short summary in his/her own words.
Connector	He/ She is responsible for exploring information related to real life or personal experience from reading materials.

Reading circles

Passage person	Analyze the discourse type, stylistic features and passage structure.
Discussion leader	1.Start and organize the discussion and help other student; 2.Call on each members to present their prepared role information; 3.Ask at least three questions with"what, why, how, who, where" based on the material.

Presentation

Free talk

- What are the important reasons for Angela's success?
- What makes a dream come true?

Time to share!

Choose one of the task below:
Task 1. Please comment on one of the following characters: Angela, Pop or Ms Clark.
Task 2. Would you like to tell others your dreams? Why?
Task 3. Interview your parents on their dreams in childhood. Find out whether they have achieved their dreams and the reasons. See what you can learn form their experiences.

Thank you!

第十二节 阳光英语分级阅读初三下 *Endangered Animals* 教学案例

哈尔滨市荣智学校 魏晓琳

一、材料内容

文本分析
这个话题主要是关于濒危野生动物的恶劣状况和呼吁人们保护它们。通过这节课,学生们可以意识到,保护动物就是保护我们人类自己。并且提高学生们的阅读能力。
学情分析
九年级学生具有一定的阅读能力。他们渴望学到更多,但他们仍然需要提高他们的阅读技能。
教学目标
知识目标: 1. 学生可以阅读和使用“危害,灭绝,生存等。 2. 让学生理解文章,掌握略读和扫读的阅读策略。 能力目标: 3. 在老师的指导下,学生在有限的时间内表达自己对野生动物保护的看法,并运用不同的阅读策略获取具体信息。 4. 培养学生的听、说、读、合作能力。 情感态度价值观: 提高学生的野生动物保护意识,培养学生的社会责任感。
教学重点、难点
重点:“危害”“生存”等词语的含义和用法以及一些应对策略。 难点:如何唤起学生的野生动物保护意识,如何使学生熟练运用不同的策略。
教学资源
视频、图片、表格和多媒体

教学过程		
教学步骤与时间安排	教学活动	设计意图
Step 1: Warming up and leading in. 5 mins	Watch a movie.	Let Ss be interested in the lesson.
Step 2: Pre-reading 6 mins	1. Guess the word according to the picture. panda, lion, giraffe, snake, whale, bear, tiger, elephant, camel, dolphin. 2. Play a game. (Translate)	1. By playing a game, the students will join in the class actively. 2. By learning new words, the students won't have difficulties in reading the article.
Step 3: While-reading 20 mins	1. What can you see again in the video ? 2. Ask some questions about the text.	1. This design can draw Ss' attention and lead in the topic naturally. 2. Students have a good understanding of the text. 3. Students use reading strategies such as skimming and scanning to get information.
Step 4: Post-reading 12 mins	Form a group of 4. Discuss the question below and be prepared to present in class.	Based on different levels of the Ss, the teacher will try to provide a chance for Ss to recognize and use information and language from the text.
Homework: 2 mins	Homework 1. Write an article according to the spidergram about your favourite endangered animal. 2. To learn more about protecting wild animals. http://www.cwca.org.cn/	To learn more about wild animals and protect them.

板书设计

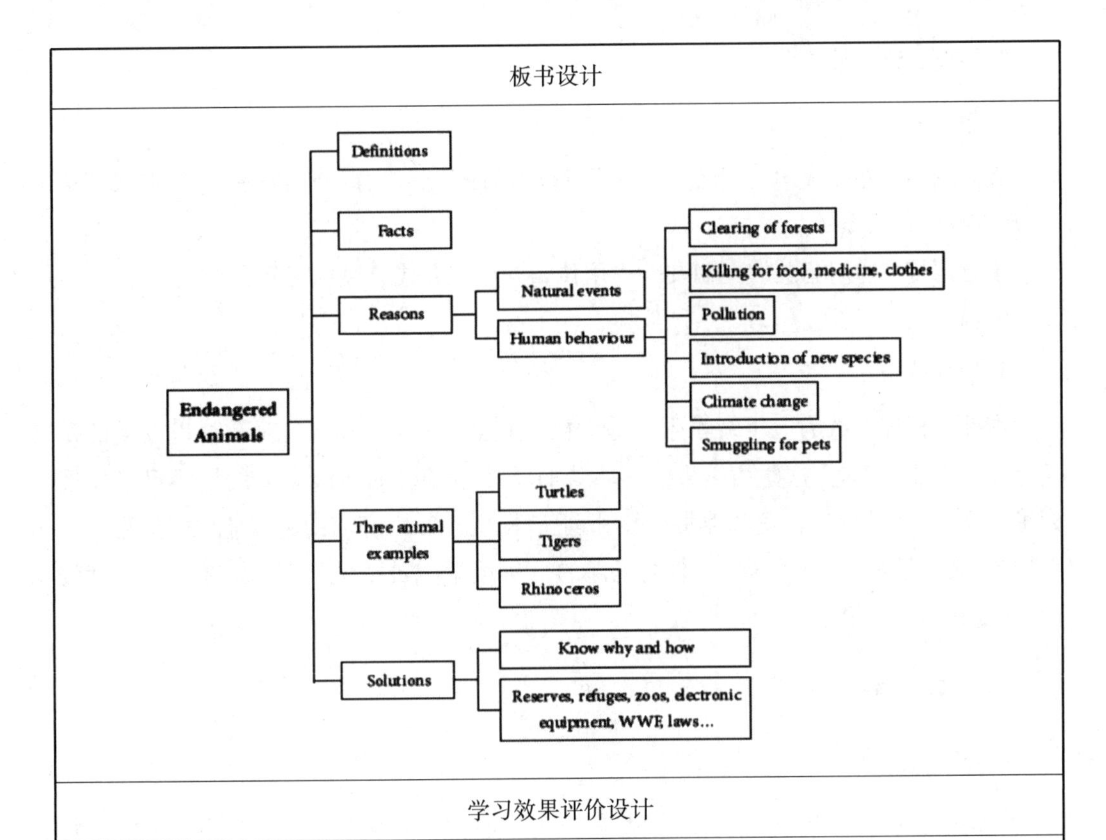

学习效果评价设计

这节课是以读前、读中、读后设计的课程。特别喜欢绘本阅读，可以给孩子们一个不一样的阅读世界。本册书是讲关于濒危动物的，与 go for it 九年级 Unit13 单元 Section A 阅读话题相近，把两节课的内容进行了一段部分的整合，做到了课外阅读与课内阅读的融合，互相促进。学生们整节课，都在自学中度过，锻炼孩子们对于阅读能力的提升。在今后的教学中，会继续把绘本阅读与课文的阅读相结合教学。

第十三节　多维阅读 *Nick Nelly and Jake* 教学案例

哈尔滨市第二十六中学校　闫石瀛

一、教学设计

（一）教学背景

1. 教学年级：七年级

2. 课型：绘本故事课

3. 教材分析

教学内容：外语教学与研究出版社引进的新西兰英语分级读物——《多维阅读第13级》*Nick Nelly and Jake*。

主题语境：如何智慧的交朋友——用什么态度和方式解决社交问题

语篇类型：记叙文

4. 学情分析

本课的授课对象为七年级学生。他们已经积累了一定词汇量，对教材里发生的每一个片段都非常熟悉，这些为学生学习本课打下了基础。七年级学生的思维已经发展到了一定程度，并且具有发散性总结性和创新性，图片和声音辅助阅读能更好地帮助学生理解，激发学生表达的冲动。本次授课的七年级学生英语能力较强，课堂参与度较高，喜爱阅读英语绘本。

(二)教学目标

1. 知识目标

学生能够认读并在注解的帮助下理解以下单词：freckles、furious、hit、launching pad、mean、P. S. 、scared. 并准确的朗读整本书。

2. 学习目标

学生能够借助图片运用简单句型向大家表达自己的想法。

3. 情感目标

学生能够将教材里讲到的故事和实际学习生活中的类似情况相比较和迁移，培养学生的观察能力和发散性思维。

4. 学习策略目标

(1)培养学生的自主阅读的能力。

(2)培养学生根据范例自读文章找出关键信息、归纳知识线索的能力。

(3)培养学生的合作学习的能力。

(三)教学重、难点

1. 重点

(1)freckles、furious、hit、launching pad、mean、P. S. 、scared 这些单词的认读和理解。

(2)学生能在图片的帮助下理解故事大意。

(3)通过绘本培训学生的语言能力和阅读能力。

(4)在阅读中发展学生观察、逻辑推理、想象、对比、评判等思维能力。

2. 难点

学生能够比较准确的理清文章脉络,分析人物性格特点,体悟学习如何智慧的处理人际关系的美好品德。

三、教学过程

教学过程		
教学步骤	教学活动	设计意图
Pre-reading	Free talk: 1. Greeting. T: Hello, boys and girls, I'm so honour to be here to enjoy the class with you, I feel very happy. Are you happy ? S: Yes! 2. Lead the students to read the cover together. T: Ok, let's read the cover together. When we read the cover, we should pay attention to the Title, the Authors and the Publisher. 3. Warming-up. Let the students predict these two boys will be friends finally .	师生问候,话题交流创建轻松、愉快的课堂氛围,拉近彼此距离。 通过读绘本故事封面,培养学生正确获取封面信息的能力,提高文本意识,渗透阅读策略。 使学生对本文产生兴趣。
While-reading	1. Let the students read the story from Page 1 ~ 9 and find out the answers to the following questions. What is Nick Nelly like? What does Jake look like? 2. Let the students read the story from Page 1 ~ 9 in details and find out the answers about the detailed questions. And then check up the answers and explain the new words. 3. Summary the story from Page 1 ~ 9. First, make the students imagine if you were Jake, what you would do for Nick Nelly? Second, ask the students to fill in the blanks about Nick went to red twice.	通过阅读一到九页使学生感受和猜测两个男儿的性格特点。 通过细读找出文章细节和关键词,并通过对问题的回答和生词的讲解感受语境。 让学生自己总结出不同的解决问题的方式会产生的不同结果,使学生对本段有更深层次的理解。 让学生整体感知本段落,理清本段落所讲片段的发展顺序。

教学步骤	教学活动	设计意图
While-reading	4. Let the students read the story from Page 10 ~ 15, and put the four sentences into right order.	学生通过细读本环节,更深层次的了解人物性格特点和变化过程。
	5. Let the students read the story from Page 10 ~ 15 in details and find out the answers about the detailed questions. And make the students imagine if you were Nick Nelly, what do you do want to say to Jake who will move to other city with family soon?	让学生们检查核对一下自己的预测和文章结局是否一致。
	6. Ask the students to read the story at Page 16. Predict the result and make the students read the letter which was written by Nick Nelly and get to know that they become good friends.	以听读的形式让学生再次整体感受文中主人公性格情绪的变化。
	7. Listen and follow the whole story and then finish the choose and draw part.	
Post-reading	All the students are led by the teacher to make the passage clue much clearer and think deeply that what the true strong is.	学生通过对 Jake 从一而终的笑容总结出他处理问题的方式并能够进一步思考出什么才是真正的强大,如何让自己变得更强大。学生各抒己见分享观点对文本内容简单评论,也是对阅读文本、情节、思想内化的过程,培养批判性思维能力。
Homework	1. Read the story three times. ☆ 2. Try to share the story with your family. ☆☆	布置分层作业,关注各个层次的学生学习情况,尊重学生个体差异。

二、教学课件

Nick Nelly and Jake
尼克和杰克
多维阅读第13级
Nick Nelly and Jake
哈尔滨市第26中学

Nick Nelly and Jake
尼克和杰克
Title（标题）
Authors（作者）
Publisher（出版社）

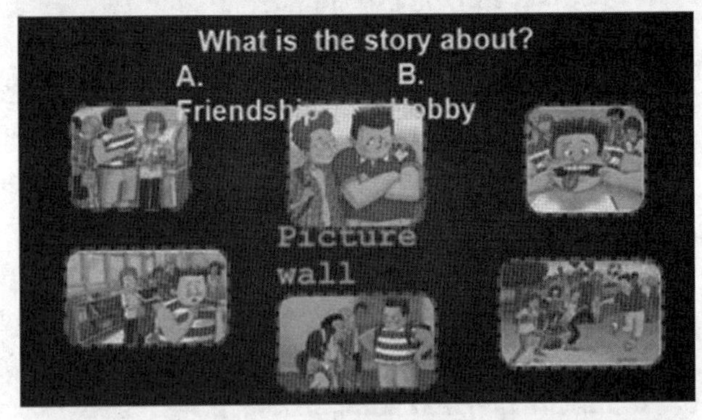
What is the story about?
A. Friendship
B. Hobby
Picture wall

Warming-up:
friends?

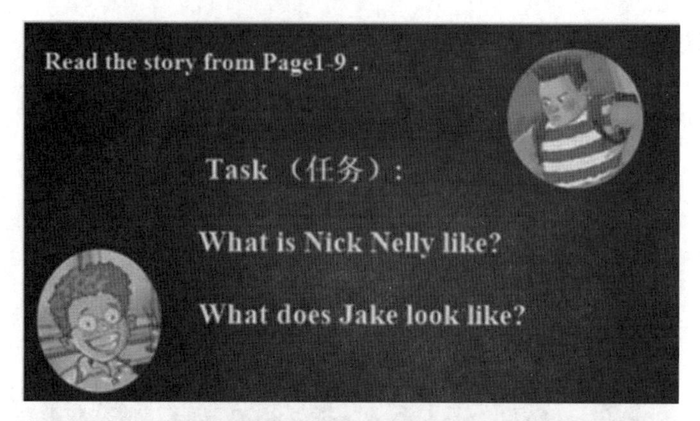

Read the story from Page1-9 .
Task（任务）:
What is Nick Nelly like?
What does Jake look like?

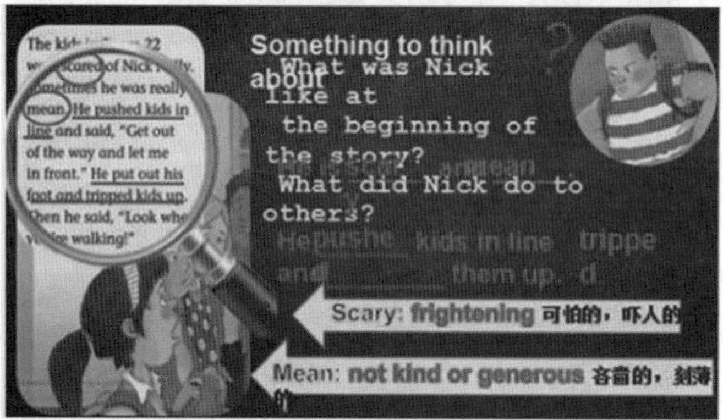

Sometimes he was really mean. He pushed kids in line and said, "Get out of the way and let me in front." He put out his foot and tripped kids up.
Something to think about
What was Nick like at the beginning of the story?
What did Nick do to others?
Scary: frightening 可怕的，吓人的
Mean: not kind or generous 吝啬的，刻薄

One day, a new kid called Jake came to Room 22. He was short and skinny. He had red hair and freckles. When the teacher wasn't looking, Nick made a face at Jake. Some kids laughed. Nick liked it when they laughed. He made more faces.
Something to think
Skinny: thin 极瘦
What did Jake look like?
What did Nick do to Jake?
Was Jake angry with Nick

Jake was in front of Nick in the line.
"Hey, new kid!" Nick said. "Let me in front."
But Jake just smiled at Nick. "No!" he said. "I won't."
Nick went red. He was furious. Kids never said no to him. The teacher was looking. He couldn't do anything. Not yet!
Something to think about
What was Nick's feeling when Jake said "No" to him?
Was Jake angry with Nick this time?
Furious: very angry 狂怒的，暴

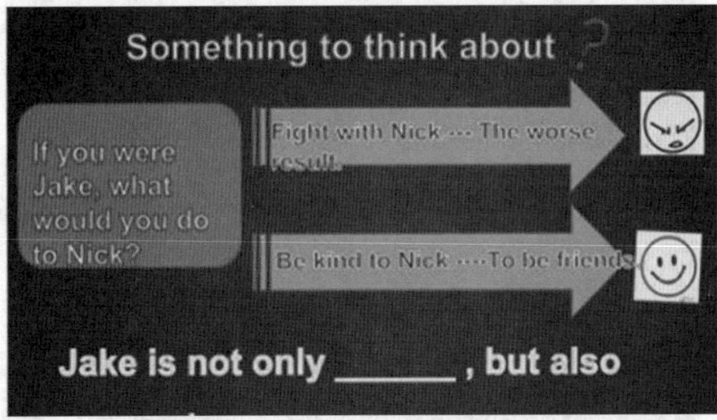

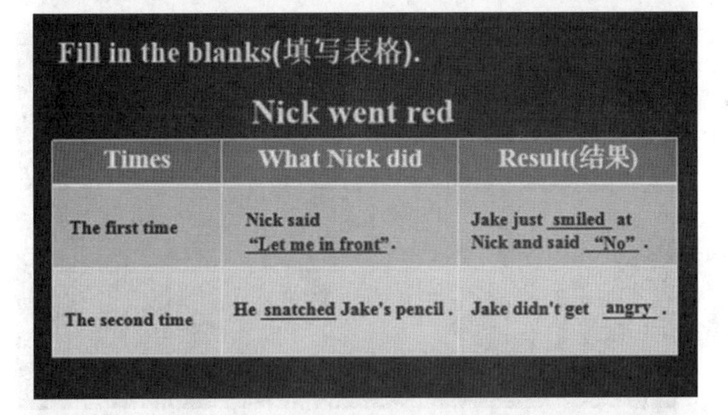
Fill in the blanks(填写表格).

Nick went red

Times	What Nick did	Result(结果)
The first time	Nick said "Let me in front".	Jake just smiled at Nick and said "No".
The second time	He snatched Jake's pencil .	Jake didn't get angry .

Read the story from Page10-15 .

Put the four sentences into right order.

A. Nick couldn't play soccer well.

B.Jake could play soccer really well.

C.Nick didn't let Jake play soccer.

D. Jake showed Nike how to play soccer.

____ — ____ — ____ — ____

Read the story from Page10-15 .

Put the four sentences into right order.

A. Nick couldn't play soccer well.

B.Jake could play soccer really well.

C.Nick didn't let Jake play soccer.

D. Jake showed Nike how to play soccer.

C — B — A — D

At lunchtime, Jake went to play soccer.

"Hey, new kid!" shouted Nick. "You're too skinny to play soccer. We don't need you."

Jake just smiled. "You will," he said.

Jake kicked the ball hard. It went past Nick like a rocket from a launching pad.

Something to think about

How did Nick laugh at Jake when playing soccer?

He said Jake was too skinny to play soccer and they didn't need him.

Was Jake good at soccer?

Yes.

Was Jake angry with Nick this time ?

Jake's family had to move again.On his last day at school,Nick gave him a note.If you were Nick now,what you would like to write to Jake?

Dear Jake,

____

____

____

____

____

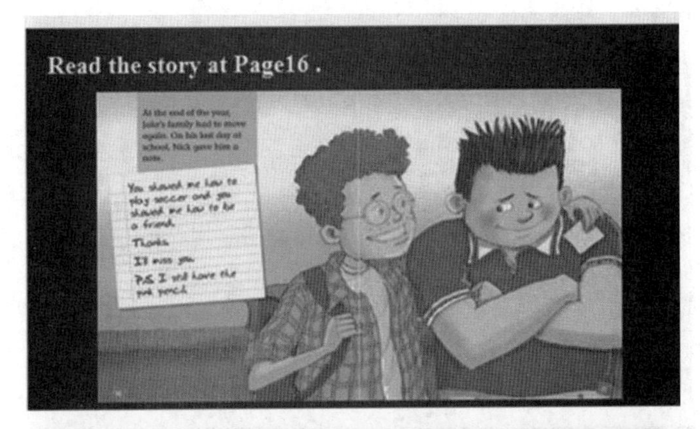
Read the story at Page16 .

So what happened to them finally ?
They were friends at last.

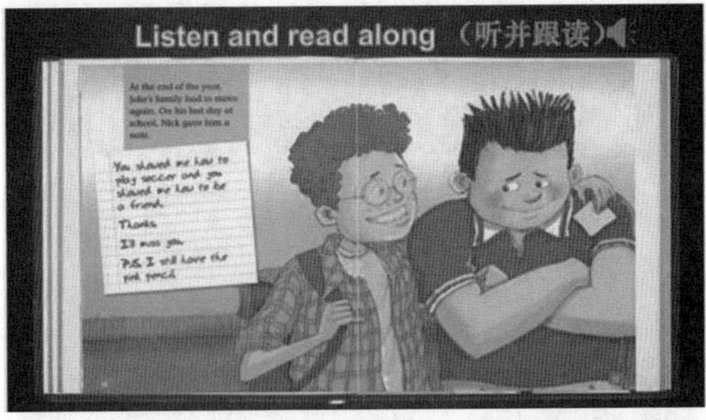
Listen and read along （听并跟读）

Choose and draw
Something to Think About
mean,scary,
At the beginning of the story Nick was . . .
kind, mean, scary, happy, sad, friendly
At the end of the story Nick was . . .
kind,happy, friendly, helpful
At the beginning of the story Nick's face looked like this . . .
At the end of the story Nick's face looked like this . . .

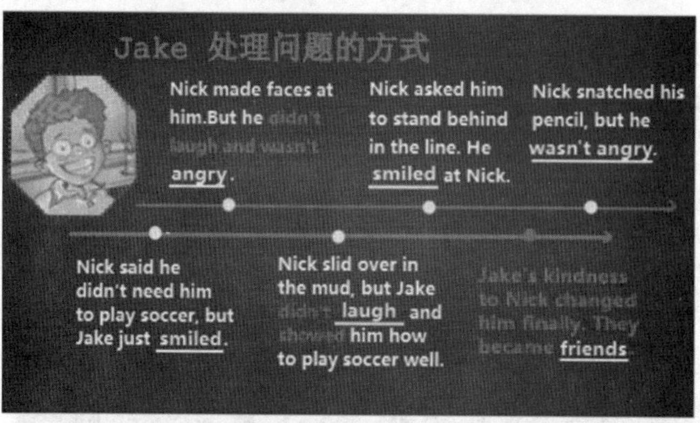

Homework

1. Read the story for 3 times.
2. Try to share the story with yourfriends.

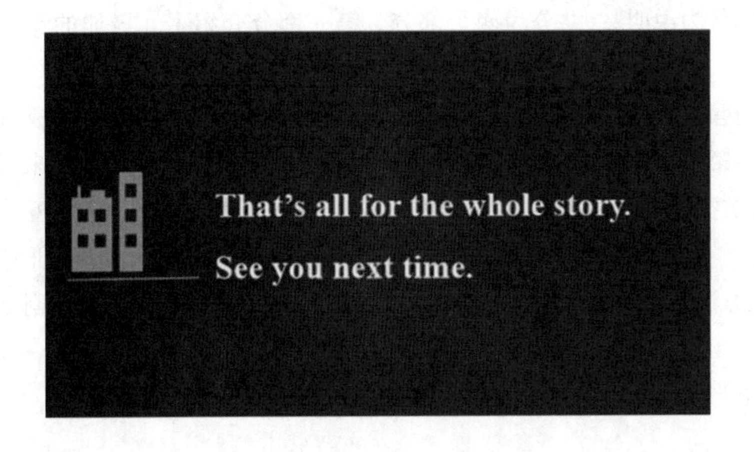

第十四节　多维阅读 *Melting Ice* 教学案例

哈尔滨市第三十五中学校　苏欣

一、教学设计

（一）教学背景

1. 课型：绘本教学

2. 文本分析

【语篇研读】

[what]（语篇的主题意义和主要内容）

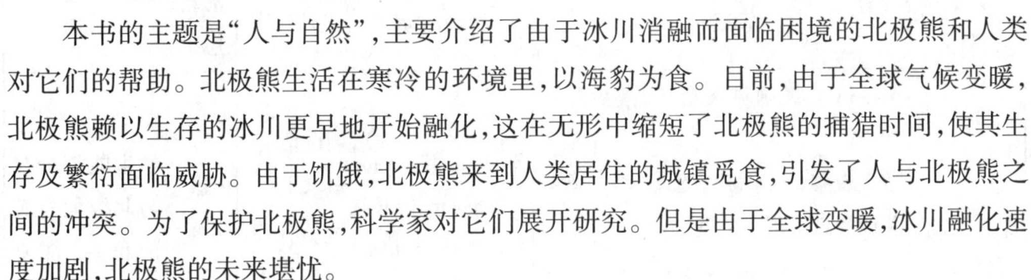

本书的主题是“人与自然”，主要介绍了由于冰川消融而面临困境的北极熊和人类对它们的帮助。北极熊生活在寒冷的环境里，以海豹为食。目前，由于全球气候变暖，北极熊赖以生存的冰川更早地开始融化，这在无形中缩短了北极熊的捕猎时间，使其生存及繁衍面临威胁。由于饥饿，北极熊来到人类居住的城镇觅食，引发了人与北极熊之间的冲突。为了保护北极熊，科学家对它们展开研究。但是由于全球变暖，冰川融化速度加剧，北极熊的未来堪忧。

[why]（作者的写作意图）

作者通过介绍冰川消融给北极熊带来的生存威胁以及人类为保护北极熊做出的努力，引发读者思考人类与环境、人类与动物之间的关系及其影响。

[how]（从文本的结构文体结构和语言修辞）

本书体裁为说明文，共分为四个部分。第一部分介绍了北极熊的觅食条件及其饥饿的现状。

冰川消融、冰面存在时间变短，导致北极熊没有充足的时间捕食，威胁到它们的生存和繁衍。第二部分介绍了北极熊和人类之间的冲突。饥饿的北极熊来到人类居住的城镇觅食，被抓捕、照顾后放生。这里突出了人类活动和动物之间的相互影响。第三部分介绍了科学家为保护北极熊所做的研究，具体描述了科学家接近、研究北极熊的目的、内容及方法。第四部分简单预测了北极熊的未来，冰川融化速度加剧令北极熊的未来堪忧。

本绘本与课内教学的融合点

（二）教学目标

1. 知识与技能目标

（1）获取并梳理有关北极熊现状及人类为保护北极熊做出的努力的信息；

（2）分析北极熊生存状况与人类活动之间的因果关系。

2. 情感态度目标

（1）从不同角度口头描述北极熊的生存现状、人类的活动及二者之间的相互影响，并表达自己对于北极熊生存现状的感受；

（2）分析作者的写作目的，阐述人类与环境、人类与动物之间的相互影响，以及保护环境、保护动物的重要性。

3. 学习策略目标

建构与北极熊生存危机相关的各个事件的逻辑关系图。

（三）教学过程

教学目标	活动设计	学生活动	设计意图	活动层次	评价内容
展现北极熊现状并引发思考	Activity 1 教师创设情境，激活背景知识 学生观察封面图片，阅读书名，思考并回答教师提出的问题。 1. Do you want to know why is it hard for polar bears to live now? 2. Why does the sea ice melt? 3. What might happen to polar bears when ice melts?	Students listen to the polar bear's speech and look at the pictures, then answer the question.	创设情境，引入主题；激活学生关于北极熊的背景知识；铺垫语言。	感知与注意	学生能够分享与北极熊有关的信息；能够借助图片和书名对文本内容做出预测。

获取并梳理有关北极熊现状及人类为保护北极熊做出的努力的信息。	Activity 2 阅读文本，获取并梳理信息 学生阅读文本，梳理信息，回答教师提出的问题，并与同伴分享答案。 提问建议 On the Hunt & Hungry Bears 1. What do polar bears hunt for food? 2. Why does melting ice influence polar bears so much? 3. Why is the sea ice melting earlier than before? 4. How does the fat in a polar bear's body help it? 5. Why are polar bears starving? 6. What might happen to the cubs of a hungry mother bear? Polar Bear Jail 1. What do polar bears do in towns? How does it affect humans' life? 2. How do they affect humans' life? 3. Do you think a jail for polar bears is a good idea? Why or why not?				
获取并梳理有关北极熊现状及人类为保护北极熊做出的努力的信息。	Learning about Polar Bears & Testing Polar Bears 1. Why do scientists do these tests? 2. How do scientists get close to polar bears and do tests on them? 3. What tests do scientists do on polar bears? The Future 1 . What might happen if the ice keeps melting? 2. Why do polar bears have an important place in the world?	Read the book and answer the questions as well as learn about the new knowledge.	1. 引导学生获取并梳理文本信息； 2. 引导学生关注目标语言。	获取与梳理	学生能够回答与北极熊现状及人类为保护北极熊所做的努力相关的问题，并梳理信息

教学目标	活动设计	学生活动	设计意图	活动层次	评价内容
分析北极熊生存状况与人类活动之间的因果关系，建构与北极熊生存危机相关的各个事件的逻辑关系图。	Activity 3 阅读文本，区分原因与结果 教师需要引导学生解释分类理由。阅读全书，梳理逻辑关系。 Activity 4 分析讨论，建构逻辑关系图 学生根据事件间的因果关系，重组文本信息，建构主要事件的逻辑关系图，并与同伴交流建构理由，完善逻辑关系图。	学生再次阅读文本，按原因与结果区分学案所给的事件，并说出理由。	1. 引导学生区分原因与结果； 2. 引导学生建构事件的逻辑关系图。	概括与整合分析与判断	学生能够区分原因与结果，分析北极熊及人类活动的因果关系；能够建构在冰川消融背景下，与北极熊生存危机相关的各个事件的逻辑关系图。
从不同角度口头描述北极熊的生存现状、人类的活动及二者之间的相互影响，并表达自己对于北极熊生存现状的感受。	Activity 4 分享介绍，发表个人观点 学生小组活动，依据所梳理的信息和建构的逻辑关系图，运用所学词汇和表达方式，从不同角度进行介绍。	小组中一人从科学家的角度讲述，一人从 Churchill 小镇居民的角度讲述，一人用拟人的手法从北极熊的角度讲述。	1. 促进学生内化并运用所学； 2. 鼓励学生表达个人感受。	描述与阐释内化与运用	学生能够口头介绍北极熊的生存现状与人类的活动，并展示二者之间的逻辑关系；能够表达自己对于北极熊生存现状的感受。
分析作者的写作目的，阐述人类与环境、人类与动物之间的相互影响，以及保护环境、保护动物的重要性。	Activity 5 讨论学习，深入探究 教师提出问题，引发学生讨论。 1. What do you want to say about polar bears' present situation? 2. Who has the same problem with polar bears? 3. What's the relationship between environment, humans and animals?	学生小组活动，回顾文本内容，并在全班分享答案。	1. 引导学生分析作者的写作目的； 2. 引导学生进行深度学习，形成正确的价值观，促进能力向素养的转化。	推理与论证批判与评价	学生能够分析作者的写作目的，阐述人类与环境、人类与动物之间的相互影响，以及保护环境、保护动物的重要性。

教学目标	活动设计	学生活动	设计意图	活动层次	评价内容
引导学生升华对主题意义的认识。	教师的引导学生总结北极熊的生存现状，分析人类与环境、人类与动物之间相互依存、相互影响的关系，阐述保护环境、保护动物的重要性。	学生在教师的引导下进行总结	引导学生学会归纳总结提炼	总结与提升	学生能够对本书的主题意义拥有深刻的认识。
号召学生保护环境、保护动物	作业二选一： 1. 学生小组活动，制作一张海报，介绍一种由于人类活动对环境的破坏而导致濒危的动物。海报内容包括该动物的简介、其数量减少的原因以及应该如何保护该动物。小组在全班展示海报。 2. 学生小组活动，利用网络或者图书馆查询导致冰川融化速度加剧的原因，提出解决办法，并在全班汇报调查结果以及解决问题的建议。	课后选择一项进行作业	引导学生进行自主拓展	想象与创造	学生能够运用本节课所学将知识运用到课后活动中

二、教学课件

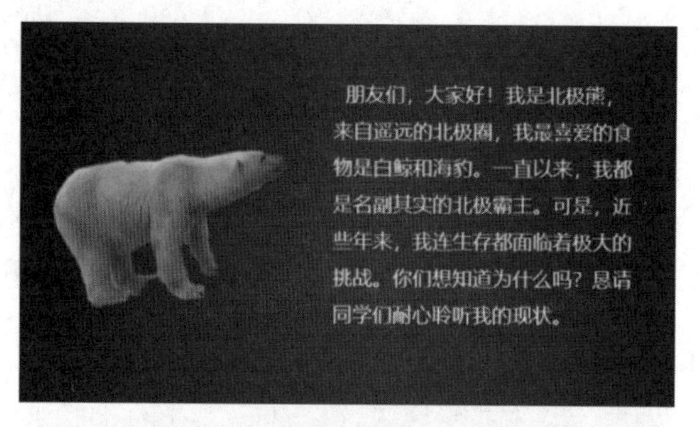
朋友们，大家好！我是北极熊，
来自遥远的北极圈，我最喜爱的食
物是白鲸和海豹。一直以来，我都
是名副其实的北极霸主。可是，近
些年来，我连生存都面临着极大的
挑战。你们想知道为什么吗？恳请
同学们耐心聆听我的现状。

Melting Ice
消融的冰川
Warming-up:
Why does the sea ice melt?
What might happen to polar bears when ice melts?

Melting Ice
消融的冰川
Contents 目录
On the Hunt 捕猎 2
Hungry Bears 4
Polar Bear Jail 北极熊收容所 6
Learning About Polar Bears 8
Testing Polar Bears 检测北极熊 10
The Future 未来 12
Something to Think About 14
Do You Need to Get an Answer? 16
Do You Want to Find Out More? 17
Word Help 词汇帮助 18
Location Help 地理位置帮助 21
Index 索引 22

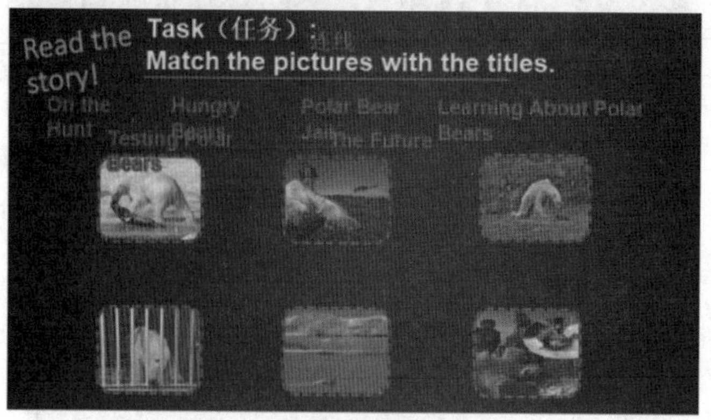
Read the story!
Task（任务）：
Match the pictures with the titles.

Let' enjoy the story!
The Future

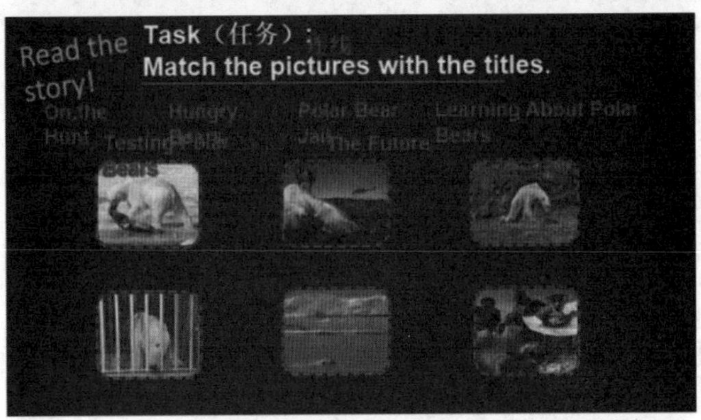
Read the story!
Task（任务）:
Match the pictures with the titles.

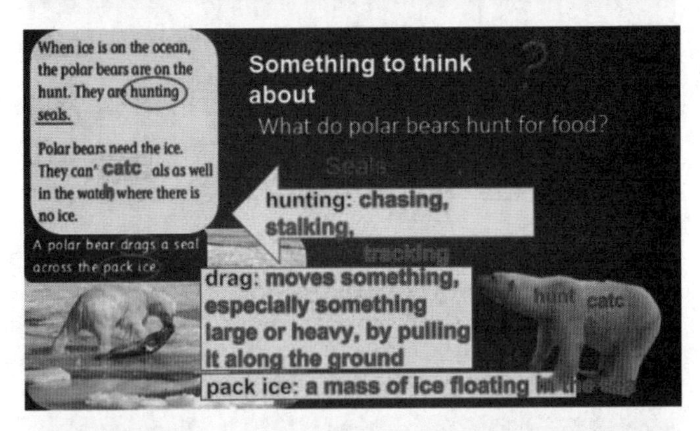
When ice is on the ocean, the polar bears are on the hunt. They are hunting seals.
Polar bears need the ice. They can' catc als as well in the water where there is no ice.
A polar bear drags a seal across the pack ice.
Something to think about
What do polar bears hunt for food?
Seals
hunting: chasing, stalking,
tracking
drag: moves something, especially something large or heavy, by pulling it along the ground
pack ice: a mass of ice floating
hunt
catc

Something to think about
Why does melting ice influence(影响) polar bears so much?

Something to think about
Why does melting ice influence(影响) polar bears so much?

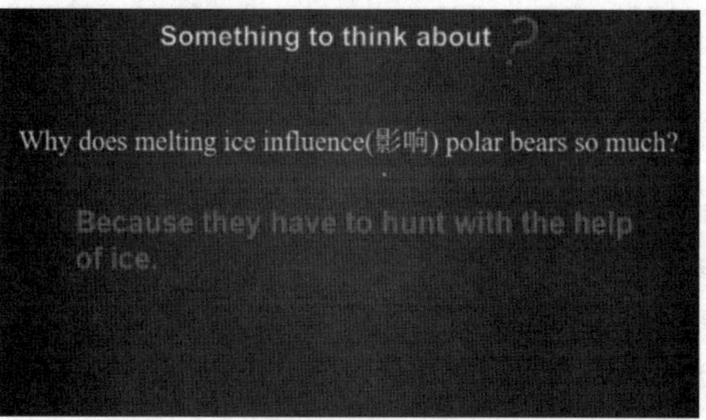
Something to think about
Why does melting ice influence(影响) polar bears so much?
Because they have to hunt with the help of ice.

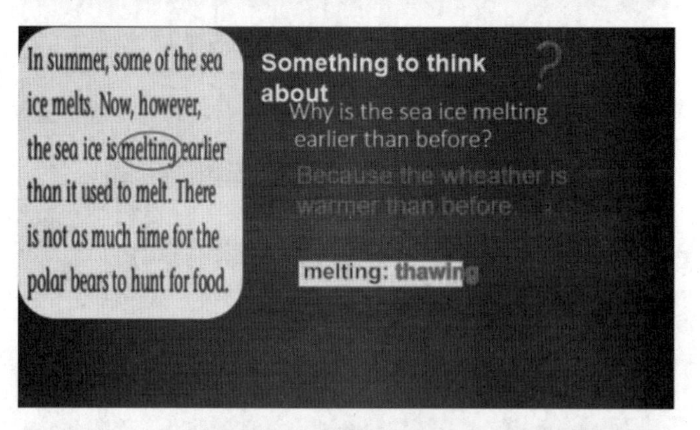
In summer, some of the sea ice melts. Now, however, the sea ice is melting earlier than it used to melt. There is not as much time for the polar bears to hunt for food.
Something to think about
Why is the sea ice melting earlier than before?
Because the wheather is warmer than before.
melting: thawing

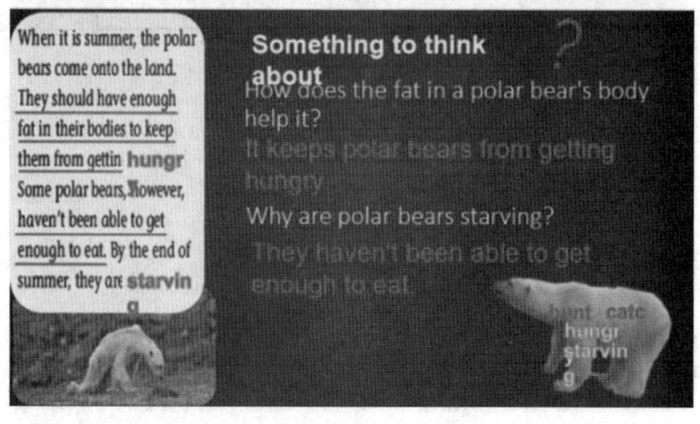
When it is summer, the polar bears come onto the land. They should have enough fat in their bodies to keep them from gettin hungr Some polar bears, however, haven't been able to get enough to eat. By the end of summer, they are starvin g
Something to think about
How does the fat in a polar bear's body help it?
It keeps polar bears from getting hungry.
Why are polar bears starving?
They haven't been able to get enough to eat.

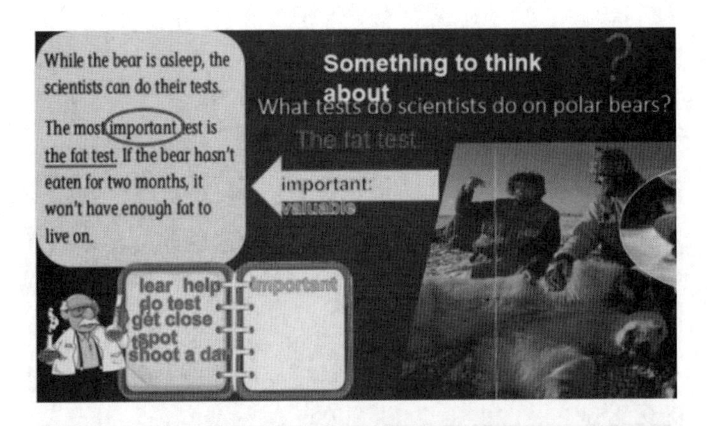
While the bear is asleep, the scientists can do their tests.
The most important test is the fat test. If the bear hasn't eaten for two months, it won't have enough fat to live on.
Something to think about
What tests do scientists do on polar bears?
The fat test
important:
valuable
lear help
do test
get close
spot
important

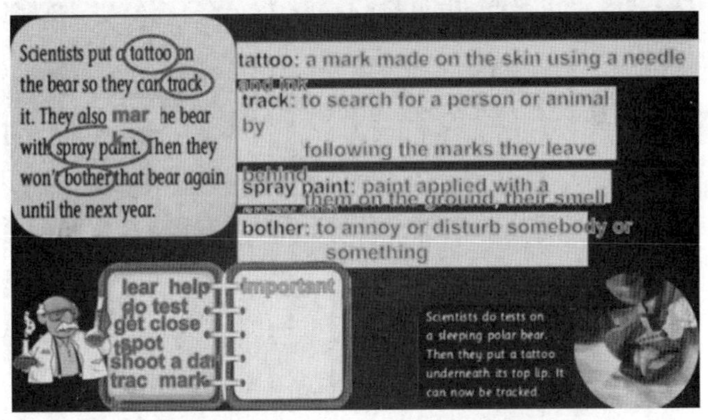
Scientists put a tattoo on the bear so they can track it. They also mar he bear with spray paint. Then they won't bother that bear again until the next year.
tattoo: a mark made on the skin using a needle and ink
track: to search for a person or animal by following the marks they leave behind them on the ground, their smell
spray paint: paint applied with a
bother: to annoy or disturb somebody or something
lear help
do test
get close
spot
important
Scientists do tests on a sleeping polar bear. Then they put a tattoo underneath its top lip. It can now be tracked.

Melting Ice
消融的冰川
Contents 目录
On the Hunt
Hungry Bears
The problem polar bears meet
Work out the problem
The Future 12
Something to Think About 14
Do You Need to Get an Answer? 16
Do You Want to Find Out More? 17
Word Help 词汇帮助 18
Location Help 地理位置帮助 21
Index 索引 22

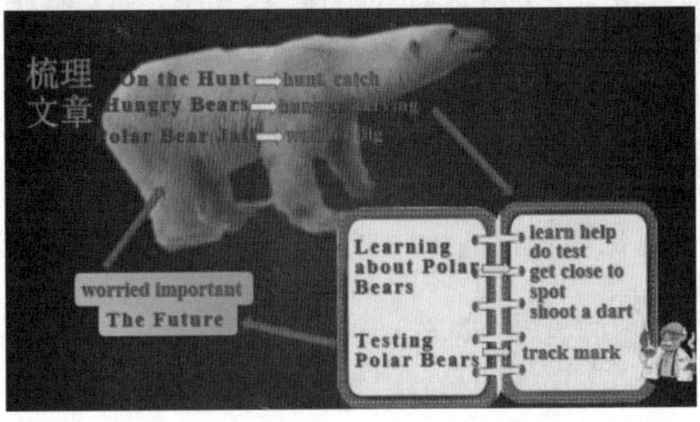
梳理文章
On the Hunt → hunt, catch
Hungry Bears →
worried important
The Future
Learning about Polar Bears
learn help
do test
get close to
spot
shoot a dart
Testing Polar Bears
track mark

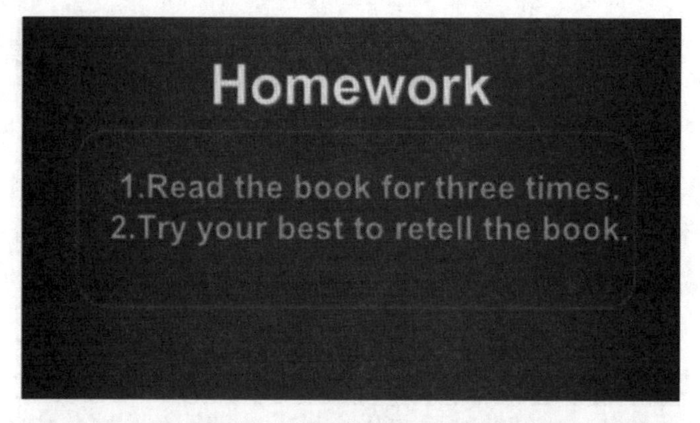
Homework
1.Read the book for three times.
2.Try your best to retell the book.

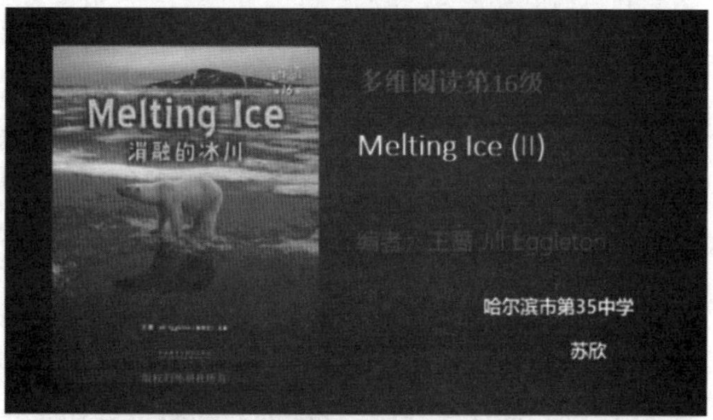
Melting Ice
消融的冰川
多维阅读第16级
Melting Ice (II)
哈尔滨市第35中学
苏欣

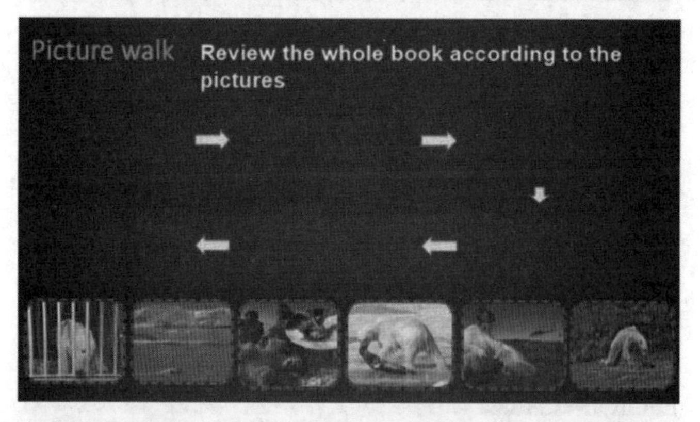
Picture walk
Review the whole book according to the pictures

Something to think about
Why do polar bears have an important place in the world ?
Polar bears live at the North Pole.
The environment in North Pole can tell the change of the world in time.
Because Polar bears can tell us whether the environment of the world is good or not.
North Pole

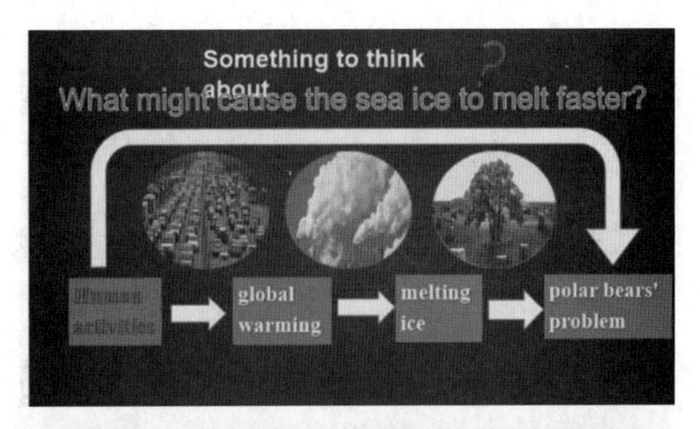

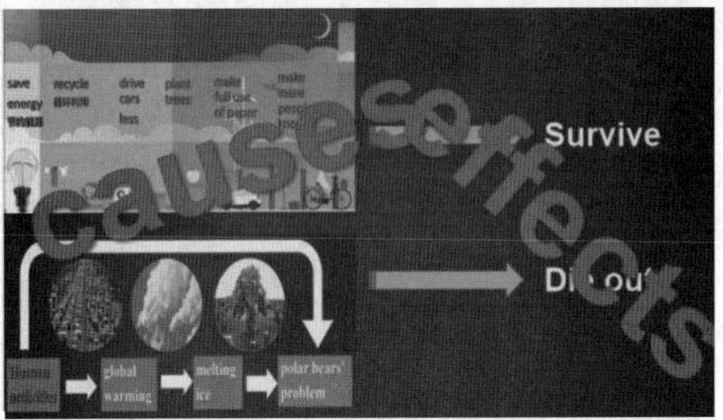

Decide which points in the box are causes of events and which ones are effects, and share the reasons for your

polar bear jail, marking the polar bear by tattoo or spray paint, polar bears in town, hungry polar bears, lack of fat in the body, sea ice melting, making polar bears sleep by a dart, shorter hunting time, scientists' wishes to learn and help polar bears, tracking the polar bear, destruction of environment

Causes:

Effects:

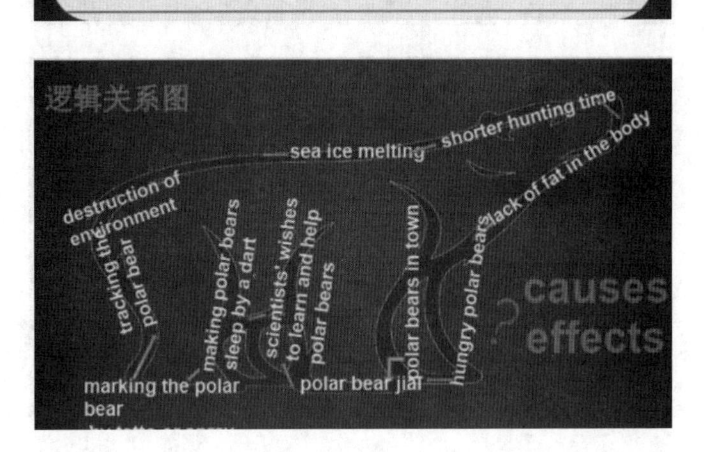

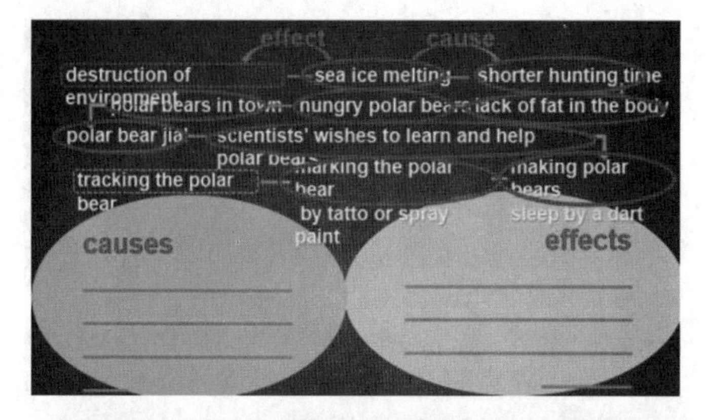
effect
cause
destruction of environment
sea ice melting
shorter hunting time
polar bears in town
hungry polar bears
lack of fat in the body
polar bear jia'
scientists' wishes to learn and help polar bears
tracking the polar bear
marking the polar bear by tatto or spray paint
making polar bears sleep by a dart
causes
effects

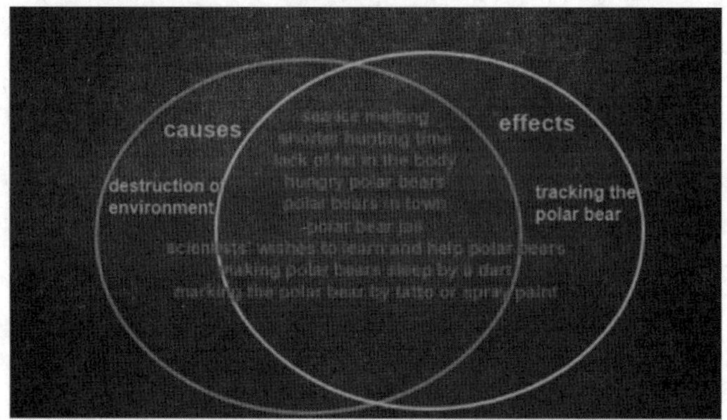
causes
effects
destruction of environment
tracking the polar bear
sea ice melting
shorter hunting time
lack of fat in the body
hungry polar bears
polar bears in town
polar bear jail
scientists' wishes to learn and help polar bears
making polar bears sleep by a dart
marking the polar bear by tatto or spray paint

完善逻辑关系图
Human activities (driving cars, cutting down trees)
global warming
melting ice
melting ice
Polar Bears' Problem
shorter hunting time
lack of fat in the body
hungry
wander in town
polar bear jail
Scientists' Solutions
learning and helping polar bears
making polar bears sleep by a dart
marking the polar bear by tatto or spray paint

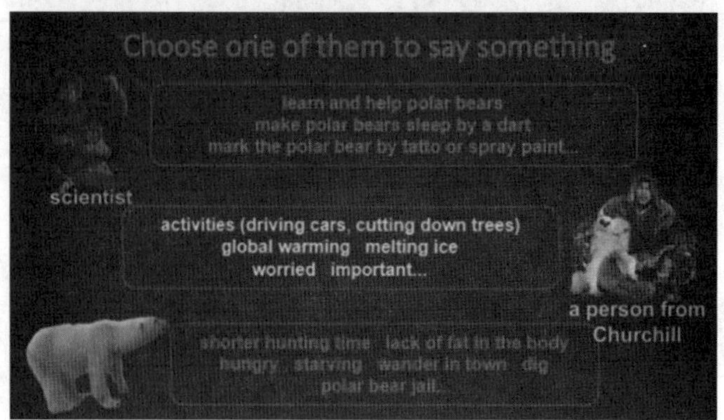
Choose one of them to say something
learn and help polar bears
make polar bears sleep by a dart
mark the polar bear by tatto or spray paint...
scientist
activities (driving cars, cutting down trees)
global warming melting ice
worried important...
a person from Churchill
shorter hunting time lack of fat in the body
hungry starving wander in town dig
polar bear jail...

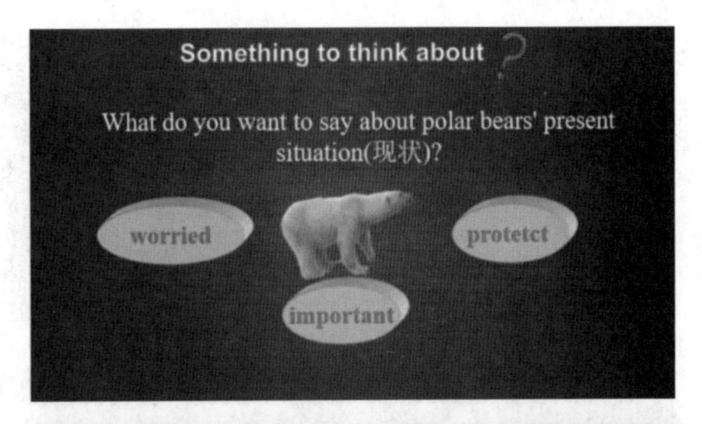
Something to think about
What do you want to say about polar bears' present situation(现状)?
worried
protetct
important

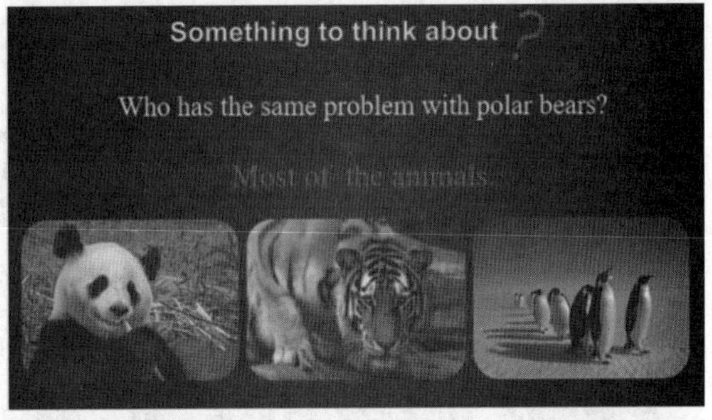
Something to think about
Who has the same problem with polar bears?
Most of the animals.

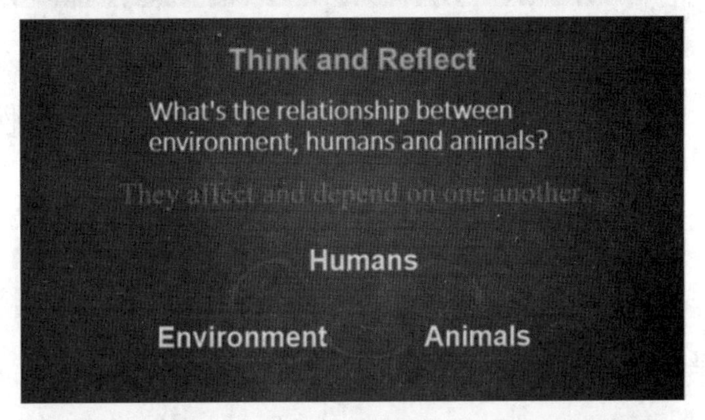
Think and Reflect
What's the relationship between environment, humans and animals?
They affect and depend on one another.
Humans
Environment
Animals

Listen and read along（听并跟读）
The Future

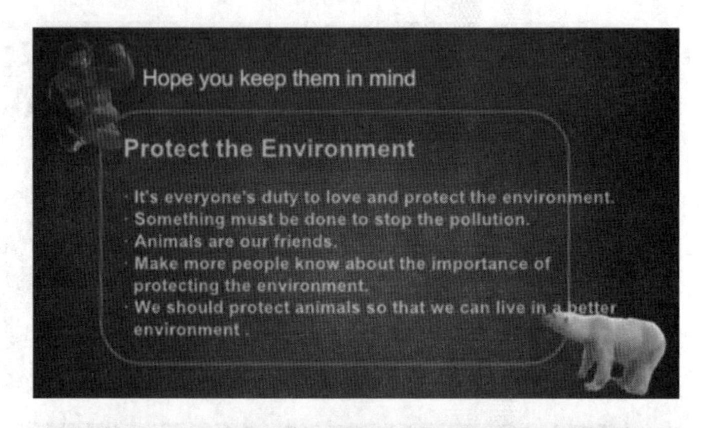

第十五节　多维阅读 *Monkey City* 教学案例

哈尔滨市第四十六中学校　尚逸舒

一、教学设计

(一)背景介绍

1. 课程介绍

本课为一节课外阅读教学课,采用微课的形式,领学生在绘本阅读中体验阅读的快乐,并收获知识,提升学生的阅读素养。课程一共包含两小节,第一节视频20分钟,第二节视频28分钟。从视觉、听觉多角度多源文本融合式式阅读提升学生阅读素养。

2. 教学年级：七年级

3. 学情分析

七年级的学生已经具备一定的而英语基础，通过之前小学的学习，已经具备一定的阅读能力。然而在阅读策略和阅读能力上，需要教师的帮助和引导。该阅读材料的主角是机灵可爱的猴子们，根据真实事件改编，相信学生们一定非常感兴趣。阅读词汇相对容易，非常利于教学活动的展开。

4. 课型：绘本教学

5. 文本分析

[what]

本书通过对华富里数量繁多的猴子的介绍，传达出“爱护动物，与动物和谐共处”的主题 意义。主要内容如下：本书首先介绍了泰国中部地区的华富里猴子遍布全城的历史缘由，然后 介绍了人们与猴子共同生活的现状、城市为猴子提供的帮助以及猴子为城市带来的旅游收益等情况。

[why]

作者通过介绍华富里人猴和谐共处的情况，激发读者思考：人类应该如何爱护动物、如何与动物和谐相处，从而互帮互助、共同生存发展。语言特点：本文讲述泰国华富里猴子之城的故事，涉及很多与猴子动作有关的名词，如 rule、go away、fight、swing、bite 等；还有一些活动故事类的名词，如 feast。有了这些词汇，故事就像一部小电影一样一帧一帧展现在读者面前。

[how]

本书体裁为说明文，可分为两大部分，生动展现了猴子与华富里市民和谐共处、互帮互助的 画面。第一部分概括了华富里的独特之处，介绍了“猴子之城”的来历，呈现了城市中猴子数量繁多的场景，以此来激发读者的阅读兴趣。同时，还细致描述了在该市生活的猴子所面临的诸多问题，设置悬念。第二部分着重介绍了城市居民和猴子之间的互帮互助，包括人们救助猴子的措施（成立专门的猴子医院）、猴子给城市带来的旅游收益以及人们为犒劳猴子而举办的宴会。作者主要使用一般现在时介绍该市一千多只猴子当前的生活状态，在介绍猴子之城的历史成因时主要使用了一般过去时。作者在介绍猴子之城时使用了与主题意义相关的词汇，比如介绍猴子之城的来历时，使用了动词 rule 说明猴子在该市有着“显著的地位”，使用了动词短语 bring good luck 说明人们对猴子的看法，由此凸显华富里这座城市的特殊性；在介绍城市居民和猴子之间的互帮互助时，使用了动词 protect，bite 描述救治猴子的艰难，同时使用名词 feast 表达人们对猴子的感激之情。

(二)教学目标

1. 知识与技能目标

(1)了解猴子之城,梳理概括人们对猴子的看法经过的变化,梳理并概括该市猴子面临的问题,并了解城市为猴子提供的帮助以及猴子为城市带来的旅游收益等。

(2)思考城市为猴子举办盛宴的利弊,并能发表自己的观点。

(3)积累本课中的重点词汇、语句:rule、make sb./sth. do、go away、swing、feast、thank you for doing,并能举一反三,灵活运用。

2. 情感态度目标

(1)表达自己对于猴子之城的态度,并陈述理由支持自己的观点;

(2)思考自己对于猴子之城的态度,思考人类与动物和谐共处的发展之道。

3. 学习策略目标

(1)学会通过阅读,提升学生捕捉文章有效信息的能力。

(2)学生通过阅读分析文章,提炼文章主旨,并总结成思维导图。

(3)通过思维导图,提升复述故事能力。

(三)教学重难点

教学重点:了解猴子之城的特色,并学会课外阅读的阅读方式和能力,且能够对猴子之城的一些现象进行思考。

教学难点:通过阅读文章掌握分析文章、提炼主旨的能力,提升阅读素养。

(四)教学过程

本节绘本阅读课分为两部分。

教学目标		活动设计	学生活动	设计意图	活动层次	评价内容
第一部分	1. 学生能够开动脑筋,激起学生对猴子之城的好奇,引入课堂	T shows some pictures and let students talk abut the pictures in English and think about monkeys.	Students watch the pictures, think and answer questions	Know of the contents	感知与注意	问答
	2. 了解绘本这类阅读材料,看懂目录	T shows the contents	Students know of the contents	Lead students to think and go into the article	感知与注意	问答 学生能够回答与故事背景相关的问题

教学目标		活动设计	学生活动	设计意图	活动层次	评价内容
第一部分	3. 读前设置问题,让学生有目的地去读	T shows the questions and ask students to read the article	According to the questions, students may make predictions, and think	Have the students know of the passage and find out some information.	感知与注意	问答能够根据所获取 的信息对故事发展进行预测。
	4. 学生通读文章,了解文章大意, 回答问题	Have the students read the article.	Read by themselves.	Help students understand and grasp the key knowledge of this article.	获取与梳理	对话、问答、梳理文本信息
	5. 通过回答问题,再一次领学生进入绘本, 细读文章	T leads the students read each paragraph and analyze the passage, then try to find out some important details	Read, think over and analyze the details of each paragraph.	Improve the students' understanding of this passage and think more about the passage.	整合与梳理	问答、梳理信息,学生能够回答与故事内容有关的问题
	6. 总结每段主题、关键词、引导学生绘画思维导图	Summarize Monkey City's location and problems and talk about them, then help students draw a mind map.	Summarize Monkey City's location and problems and talk about them, then draw a mind map.	Guide Ss to predict the plots of the story.	获取与梳理	梳理信息绘画思维导图
	7. 设置悬念,引起学生对下节课的兴趣	Ask students to think about how will the government help with the monkeys' problems	Think about the questions and want to know the next.	Arouse the students' interest in the next part of the book.	推理与判断	思考与问答学生能够对故事进行复述。
第二部分	1. 回顾上节课知识,引入本节课课堂	Teacher leads the students review the article we learned last lesson with the mind map	Remind the students of what we learned last lesson	Review the mind map and get familiar with the topic.	感知与注意	问答

教学目标		活动设计	学生活动	设计意图	活动层次	评价内容
第二部分	2. 仔细看书面封皮，引导学生思考猴子们的期待	T leads the students to read and think about the cover of the book	Read and think about the cover of the book.	Lead the students read each details to understand the book better.	感知与注意	问答 学生能够借助封面图片和书名对故事内容做出一定的预测。
	3. 预置本节课的课堂问题，让学生带着问题进入到阅读之中	T shows the questions, and ask students to read the article.	Students think about the questions	Help the students focus more importance of the book.	感知与注意	问答学生能够基于
	4. 通读文章，把握阅读内容	Read and think.	Students read by themselves.	Let Ss read the story with the questions.	获取与梳理	故事情节分析具体问题 对话、问答、梳理文本信息
	5. 细读文章，学习重点词汇，重点语句	Have the students read the passage again and teach some key words and expressions	Read and learn.	T shows a video about the feast.	获取与梳理	问答、梳理信息
	6. 观看视频，感受猴子之城的盛宴	T leads the students to think whether to support a feast in the Monkey City or not and why.	Watch the video.	Improve their ability of reading.	获取与梳理	问答、梳理文章细节信息，并能够思考判断

教学目标		活动设计	学生活动	设计意图	活动层次	评价内容
第二部分	7. 思考，并书写是否支持猴子之城举办盛宴的观点及原因，指导学生具有批判性思维	Teacher asks students to think deeply "How to get along well with animals? How do humans live harmoniously with animals?"	Think the questions deeply.	Guide students to go into the feast of this city.	获取与梳理	梳理信息
	8. 思考并回答人类如何与动物友好、和谐相处	Summarize how the government help with the monkeys' problems and help students draw a mind map based on last one.	Think the questions deeply and try to answer.	Help students understand the story better and think more deeply. And improve the students' ability of critical thinking.	推理与判断	绘画思维导图 学生能够回答与故事内容有关的问题；能够有根据地对故事发展做出预测。
	9. 总结每段主题、关键词、引导学生绘画思维导图	Teacher helps students wrap up the whole story.	Think and sum up.	Improve Ss' ability of summarizing.	概括与整合	学生能够总结整本书，并对故事进行复述。

（五）教学反思

本节课采用提前录制，学生选择自己合适的时间进行阅读学习的形式。教师在设计课程的时候，首先要一个读者的身份，对阅读文本进行赏析和学习；同时，也是一个学习者，对文章内容进行剖析挖掘；更是一个引导者，要引导学生深入思考，具有批判性思维，以及锻炼培养学生的写作能力。按这三个身份的顺序，我对本节阅读材料进行了设计，力求在保护学生阅读兴趣的同时，挖掘知识内涵，提高学生的阅读能力，提升学生的阅读素养。

初读材料，我相信所有的小读者们一定和我一样，会被猴子之城可爱的猴子们所吸引，相信学生在理解文章大意上，障碍不多，但毕竟学生是七年级，词汇量有限，所以重点生词的介绍和解读是有必要的。同时，要向孩子们介绍一些常用的猜词方法，帮助孩子们在以后无法查阅词典时，能够快速扫清障碍，理解文意。再梳理信息时，很容易地将整篇材料分为两部分：一部分是猴子之城的历史由来、一部分是猴子之城的困难及如何解决。考虑到学生们的阅读速度、接受程度和一节课的知识容量，我将此次课分为（一）（二）两节课。在第一部分的领读和解读过程中，以泰国华富里当地人民对于猴子的看法所经历的一系列变化为线索，让学生思考阅读，并梳理和提炼信息。帮助学生运用思维导图梳理和归纳阅读材料的主要信息点，尝试复述文段。在第二部分的零度和解读过程中，猴子们遇到了很多的困难，当地居民是如何帮助解决的，这样的做法值不值得学习，人类该如何与动物们和谐共处，等等诸如此类的问题，是第二部分学习的重点。学生在吸取阅读材料的营养的同时，要学会思考，敢于用辩证性、批判性思维来客观地看待问题，这是很重要的。

我的学生学过课程后，给我了很多的反馈和评价，学生们喜欢我优美动听的嗓音，觉得这种阅读形式很新颖。学生们听到我充满快乐的声音，觉得阅读也很快乐。学生们学到了有用且有趣的知识，他们很高兴。也有学生和我反馈，在家里，和父母一起学习的，他也会帮父母讲解他们不明白的地方，自己非常有成就感。还有的学生说，本节课的选材他们很喜欢，是他们喜欢的小动物，也觉得自己能够参与思考“人与自然”这样的问题，觉得自己成熟了，思想有深度了，期待我的下一次绘本导读课。

看到孩子们在学习知识提升能力的同时，能够收获快乐和思索，我感到由衷的高兴。希望我们的英语教学能够更加的多元化，不断地提升教师的素养，引领孩子们在知识的星球里快乐成长！

二、教学课件

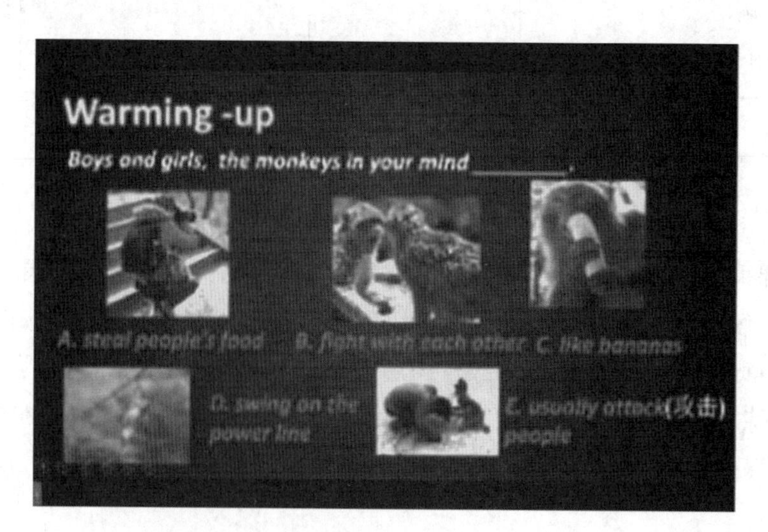

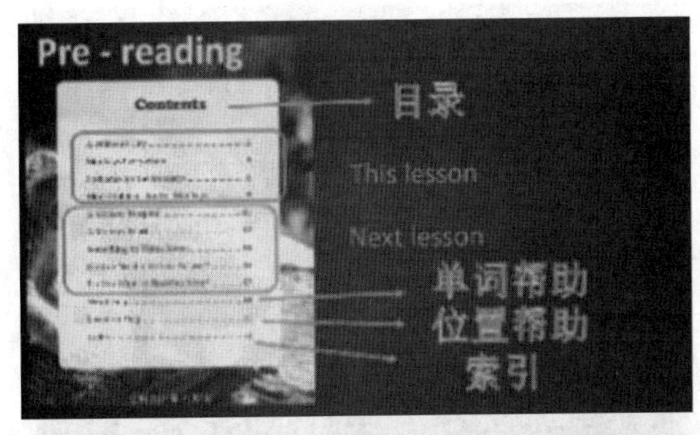
Pre - reading
Contents
目录
This lesson
Next lesson
单词帮助
位置帮助
索引

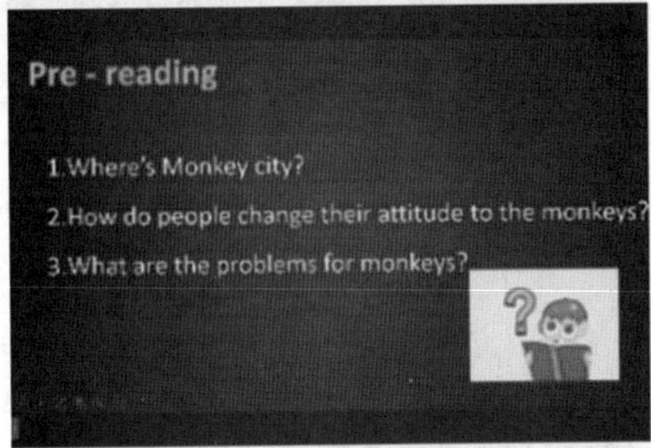
Pre - reading
1.Where's Monkey city?
2.How do people change their attitude to the monkeys?
3.What are the problems for monkeys?

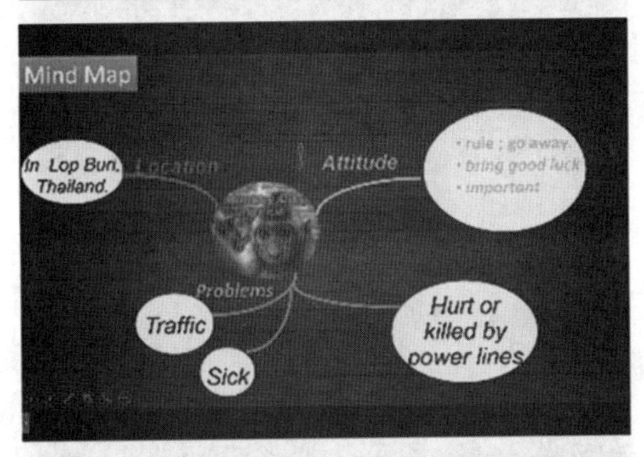
Mind Map
In Lop Bun, Thailand.
Location
Attitude
• rule ; go away.
• bring good luck
• important
Problems
Traffic
Sick
Hurt or killed by power lines

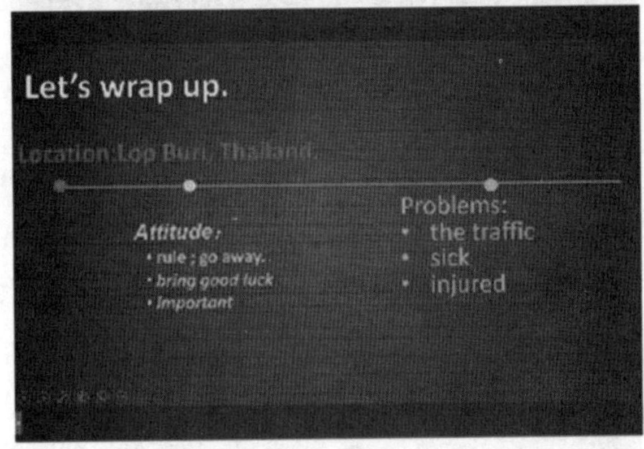
Let's wrap up.
Location:Lop Buri, Thailand.
Attitude:
• rule ; go away.
• bring good luck
• Important
Problems:
• the traffic
• sick
• injured

Warming -up
Look at the cover and think about:
What can you see from the cover?
Title
Love & Hope

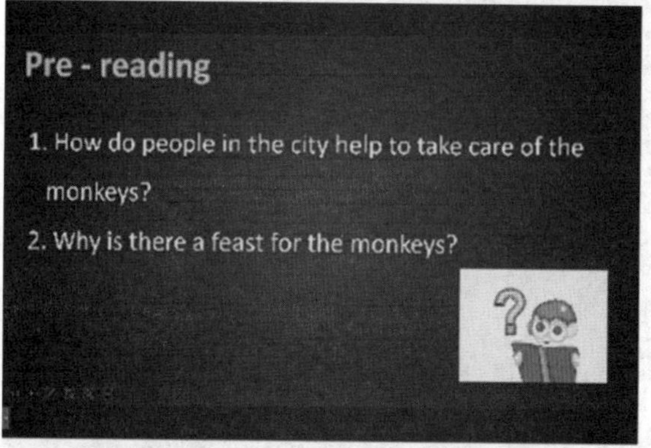
Pre - reading
1. How do people in the city help to take care of the monkeys?
2. Why is there a feast for the monkeys?

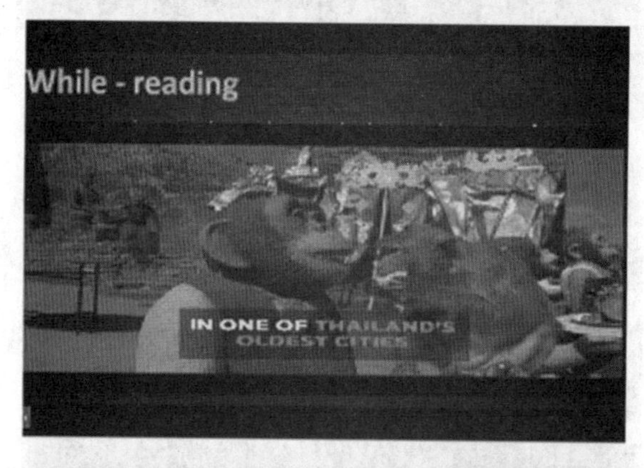
While - reading
IN ONE OF THAILAND'S
OLDEST CITIES

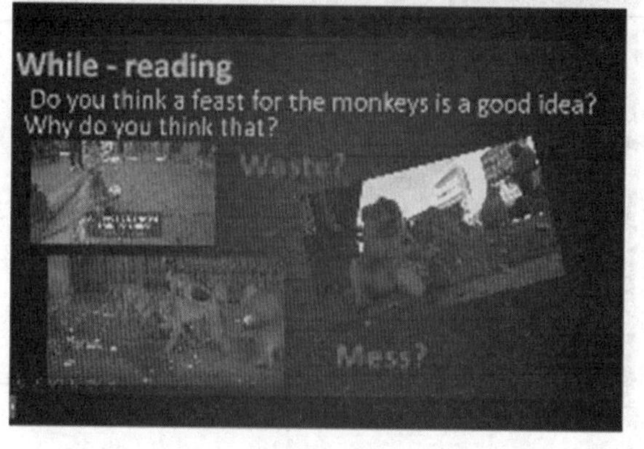
While - reading
Do you think a feast for the monkeys is a good idea?
Why do you think that?
Waste?
Mess?

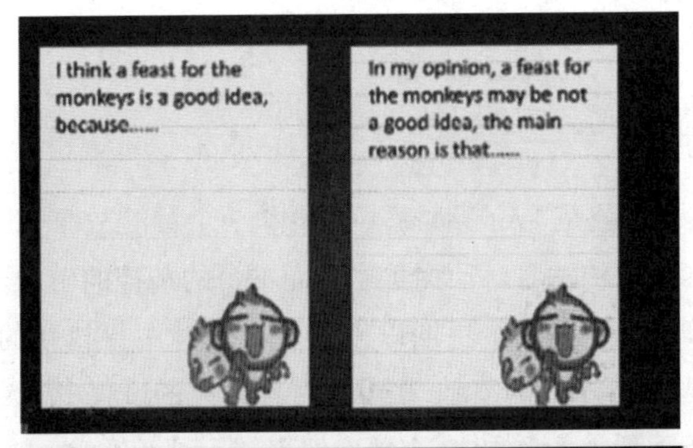

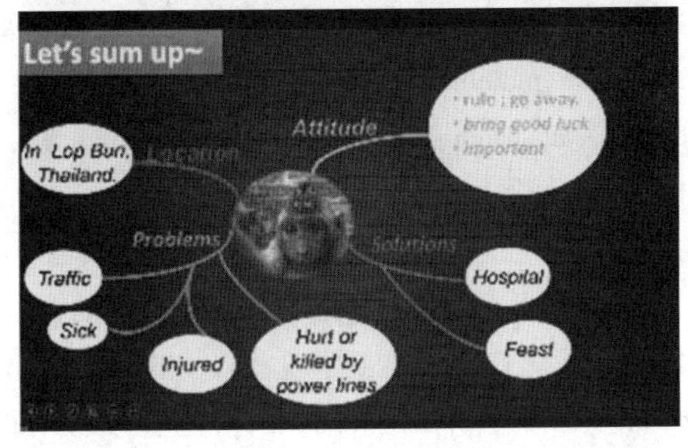

第十六节 多维阅读 *Dr. Flockter* 教学案例

哈尔滨市第三十中学校 魏博文

一、教学设计

(一)教学背景

1. 课型：绘本教学

2. 文本分析

【语篇研读】

[what]

(1)主题:本书的主题是“人与动物”,讲述了一个冒险故事,让读者感受动物学家工作困难重重的同时,也传达着对动物学家锲而不舍的精神的敬意。

(2)内容:Dr. Flockter 很多个星期以来一直在丛林中寻找新的物种,却一无所获。某天,Dr. Flockter 遭遇行军蚁的追赶,在千方百计逃离的过程中遇到了食人鲳。他急中生智,抓住一根藤条荡到小岛上,并在小岛上发现了一种新蟾蜍。

(3)体裁: 记叙文

[why]

(1)作者意图: 作者通过讲述 Dr. Flockter 为了寻找新物种在丛林中遭受行军蚁和食人鲳前后夹击的惊险经历,引发读者思考: 动物学家在工作中可能会遇到哪些困难?应该具备哪些优秀品质?

(2)情感态度: 使读者身临其境,也能更深刻地感受到 Dr. Flockter 作为动物学家的艰难与伟大。

(3)语言特点: 本文讲述丛林中的故事,涉及很多与动植物有关的名词, 如 spider、scorpion、rainforest rat、branch、piranha 等。又因为是一个极富动感的冒险故事,本书使用了很多极具画面感的动词,如 snatch、attack、stumble、grab、swing 等。有了这些词汇,故事就像一部小电影一样一帧一帧展现在读者面前。

[how]

(1)文本特征: 全书共分为三个部分。第一部分是故事的背景,即 Dr. Flockter 已经在丛林中等待了好几个星期了,虽然看到了一些有趣的动物,却没有找到一个新的物种。第二部分是 Dr. Flockter 的丛林历险经历,在丛林中遭受行军蚁和食人鲳前后夹击的惊险经历,他急中生智,抓住那根藤条荡到了小岛上,终于摆脱了行军蚁和食人鲳的威胁。第三部分是故事的结局。Dr. Flockter 在岛上意外发现了一种有着深蓝色加亮紫斑点的蟾蜍,他深感自己刚才所经历的一切都是值得的。

(2)绘本教学融合点: 本书按时间顺序用一般过去时叙述,培养学生讲故事的能力,拓展学生英语阅读思维能力,激发学生想象力和创造力,进而提高学生听说读写译的水平。

(二)教学目标

1. 知识与技能目标

(1)学习并掌握涉及很多与动植物有关的名词, 如 spider、scorpion、rainforest rat、branch、piranha 等以及极具画面感的动词,如 snatch、attack、stumble、grab、swing 等。

(2)转换为第一人称用一般过去式完整复述故事转换一般过去式描述故事。

2. 情感态度目标

(1)让学生身临其境,更深刻地感受到 Dr. Flockter 作为动物学家的艰难与伟大。

(2)鼓励学生思考自己应该如何提升,成为更好的自己。

3. 学习策略目标

(1)运用多媒体创设情境,让学生在视频和图片中感知教材内容,更好地理解、记忆和运用语言知识。

(2)采用情境教学法激发学生学习兴趣,让语言交流贯穿整个课堂活动。

(三)教学过程

教学目标	活动设计	学生活动	设计意图	活动层次	评价内容
通过对故事主人公 Dr. Flockter 的简短介绍及对书本封皮图片的观察,提取故事发生的背景信息(地点、人物、目的、进展)。	1. T introduces the book and reads the title together to ask Ss four questions. ①What can you see in the picture? ②Where is he ? ③What is he doing? ④What might happen to the scorpion and the rat?	Students describe the pictures and answer questions.	Activate student's background knowledge and let Ss get familiar with the topic. Help students get detailed information; Guide students to predict the development of the story.	感知与注意	学生能够借助封面图片和书名对故事内容做出一定的预测。
教授学生英语阅读策略,在问答题中,应快速扫读定位关键词。	2. T asks Ss to go into the book and do the 1st Reading and think about three questions: ① What did Dr. Flockter want to do? ②How many kinds of animals did he see? ③What were they? 3. T plays the video of the rainforest to lead Ss to the real situation.	Ss read by themselves. Ss watch the video.	Let Ss read the story with the questions. Stimulate Ss' interest in reading of the story.	获取与梳理 推理与判断	学生能够回答与故事背景相关的问题;能够根据所获取的信息对故事发展进行预测。

教学目标	活动设计	学生活动	设计意图	活动层次	评价内容
让学生在真实情境和语境中中学习和掌握我相关重要名词和动词，梳理 Dr. Flockter 摆脱行军蚁和食人鲳的过程。	4. T shows the first part of the story: the background of the story. Make Ss circle the names of the animals. 5. T shows the second and third part of the story: The adventure experience of the story and the ending of the story. T directs Ss to fill in the forms. 6. Students read the story page by page, and answer the questions of each page after reading. T explain the related words, such as stir, stumble, sting and so on. through English Interpretation.	Ss find out the five kinds of animals.	Improve Ss' ability of summarizing. Guide Ss to predict the plots of the story.	概括与整合 推理与论证	学生能够回答与故事内容有关的问题；能够有根据地对故事发展做出预测。
分析 Dr. Flockter 成功逃脱并找到新物种的原因，纳概括 Dr. Flockter 作为一个动物学家所拥有的品质，并进行评价。	7. Review the story and let Ss to think about the following questions: ① What difficulties did Dr. Flockter meet? What were his solutions ? ② Why is the book titled Dr. Flockter? ③What good qualities do you think Dr Flockter has as a zoologist? Why?	Ss mainly focus on the related nouns and verbs.	Create the real situation to help Ss understand the story better.	分析与判断	学生能够基于故事情节分析 Dr. Flockter 成功脱险并找到新物种的原因。

教学目标	活动设计	学生活动	设计意图	活动层次	评价内容
	④What do you learn from Dr. Flockter?	Ss think about the questions deeply.	Guide students to think about the reason behind the ending of the story.	推理与论证 批判与评价	学生能够分析作者的写作目的,并基于Dr. Flockter的经历总结动物学家应该具有的品质。
	8. Describe the hardship and importance of the zoologist.		Guide Ss to analyze the author's writing purpose. Lead Ss to think the qualities of the zoologists.		
转换为第一人称完整复述故事。	9. T helps Ss wrap up the whole story.	Ss express their admiration to the zoologists.	Urge Ss to internalize language and narrate.	描述与阐释 内化与运用	学生能够转换人称对故事进行复述。

二、教学课件

Dr Flockter
丛林历险记
图书系列：多维阅读
题目：Dr Flockter
编者：王蔷 Jill Eggleton (新西兰)
出版社：外语教育与研究出版社

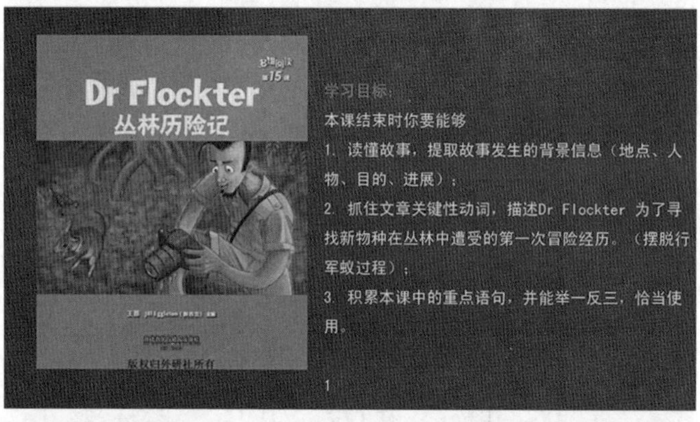
Dr Flockter
丛林历险记
学习目标：
本课结束时你要能够
1. 读懂故事，提取故事发生的背景信息（地点、人物、目的、进展）；
2. 抓住文章关键性动词，描述Dr Flockter 为了寻找新物种在丛林中遭受的第一次冒险经历。（摆脱行军蚁过程）；
3. 积累本课中的重点语句，并能举一反三，恰当使用。
1

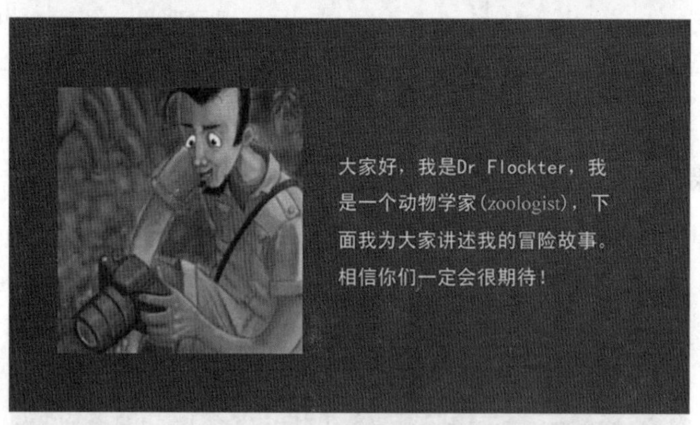
大家好，我是Dr Flockter，我是一个动物学家(zoologist)，下面我为大家讲述我的冒险故事。相信你们一定会很期待！

Warming-up:
Dr Flockter
丛林历险记
1. What can you see in the picture?
A man and two animals.
scorpion
蝎子
rat
老鼠

Dr Flockter
丛林历险记
Warming-up:
2. Where is he ?
He is in the forest .

Dr Flockter
丛林历险记
Warming-up:
3. What is he doing?
Maybe he is taking photos or looking at the pictures.

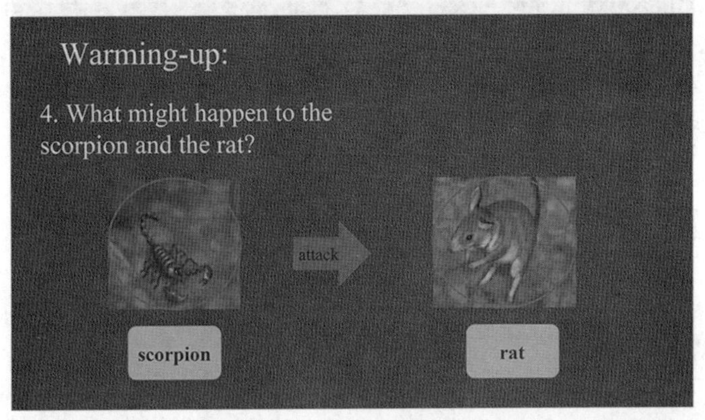
Warming-up:
4. What might happen to the scorpion and the rat?
attack
scorpion
rat

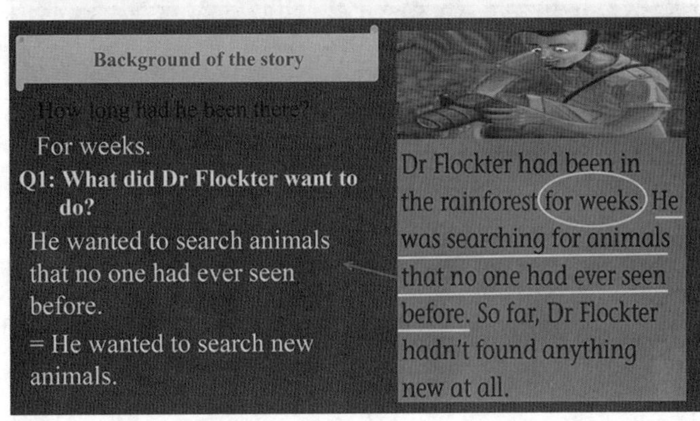
Background of the story
How long had he been there?
For weeks.
Q1: What did Dr Flockter want to do?
He wanted to search animals that no one had ever seen before.
= He wanted to search new animals.
Dr Flockter had been in the rainforest for weeks. He was searching for animals that no one had ever seen before. So far, Dr Flockter hadn't found anything new at all.

Q2: How many kinds of animals did he see? What were they?

Dr Flockter had been in the rainforest for weeks. He was searching for animals that no one had ever seen before. So far, Dr Flockter hadn't found anything new at all.

Dr Flockter had watched a spider snatch a bird from its nest. He had seen a scorpion attack a rainforest rat. But these animals had lived on Earth long before dinosaurs. They weren't new.

Dr Flockter was hot. He sat down on a log and watched the clouds. They seemed to float like ghosts between the trees.

Suddenly, Dr Flockter felt the log moving. He heard a humming noise. The log began to shake back and forth, faster and faster. Something was stirring in the log. Something huge!

Dr Flockter leapt off the log. Then, he saw the ants. They were coming out of the log. There were thousands of them, moving like a huge brown river.

Dr Flockter knew they were army ants. They would eat anything. He could see their giant pincers. They were coming straight for Dr Flockter.

Dr Flockter began to run. It was not easy to run in the rainforest. He stumbled on the tree roots under the leaves. He pushed back the branches.

The ants were coming closer, and Dr Flockter was getting tired. He felt a sting on his leg, like the prick of a hot needle.

What did Dr Flockter watch?

snatch

snatch: to take sth. quickly and often rudely or roughly

Dr Flockter had watched a spider snatch a bird from its nest. He had seen a scorpion attack a rainforest rat. But these animals had lived on Earth long before dinosaurs. They weren't new.

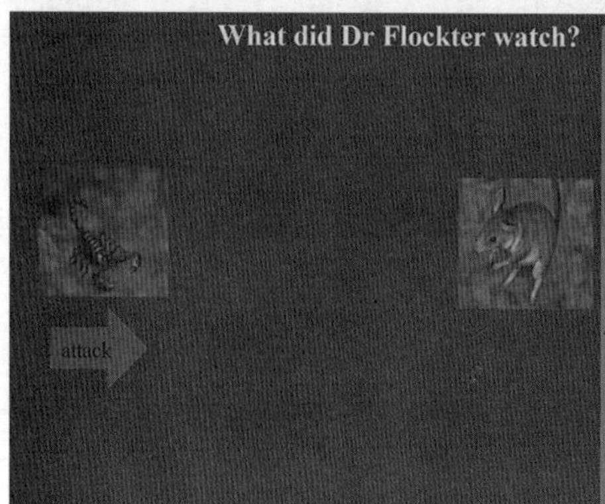

Dr Flockter had watched a spider snatch a bird from its nest. He had seen a scorpion attack a rainforest rat. But these animals had lived on Earth long before dinosaurs. They weren't new.

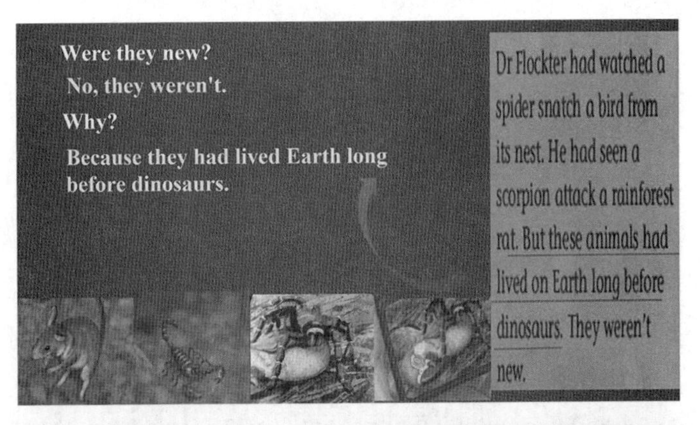
Were they new?
No, they weren't.
Why?
Because they had lived Earth long before dinosaurs.
Dr Flockter had watched a spider snatch a bird from its nest. He had seen a scorpion attack a rainforest rat. But these animals had lived on Earth long before dinosaurs. They weren't new.

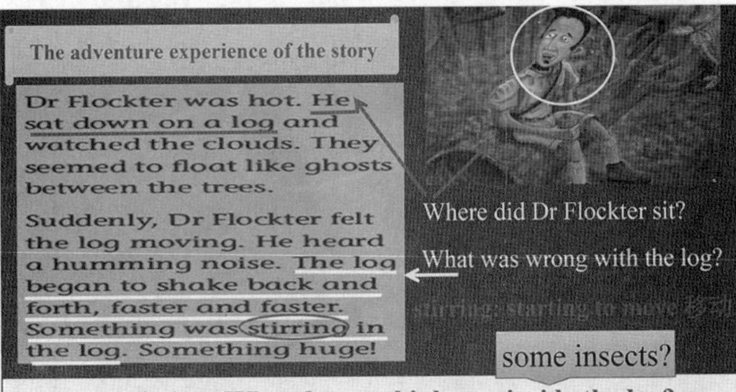
The adventure experience of the story
Dr Flockter was hot. He sat down on a log and watched the clouds. They seemed to float like ghosts between the trees.
Suddenly, Dr Flockter felt the log moving. He heard a humming noise. The log began to shake back and forth, faster and faster. Something was stirring in the log. Something huge!
Where did Dr Flockter sit?
What was wrong with the log?
stirring: starting to move 移动
some insects?
Prediction: What do you think was inside the log?

What did Dr Flockter see?
the army ants 行军蚁

Read and think
What do you know about the army ants?
Appearance
(外表)
1. huge
2. moving like a huge brown river
3. having giant pincers
4. having red hot needles

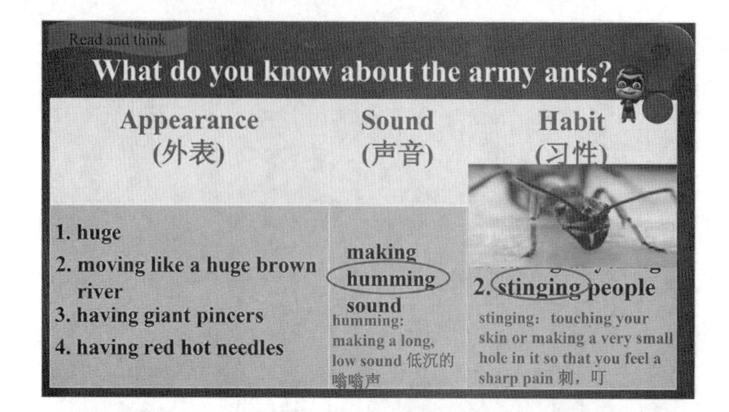

Dr Flockter leapt off the log. Then, he saw the ants. They were coming out of the log. There were thousands of them, moving like a huge brown river.

Dr Flockter knew they were army ants. They would eat anything. He could see their giant pincers. They were coming straight for Dr Flockter.

Dr Flockter began to run. It was not easy to run in the rainforest. He stumbled on the tree roots under the leaves. He pushed back the branches.

The ants were coming closer, and Dr Flockter was getting tired. He felt a sting on his leg, like the prick of a hot needle.

Dr Flockter began to run. It was not easy to run in the rainforest. He stumbled on the tree roots under the leaves. He pushed back the branches.

The ants were coming closer, and Dr Flockter was getting tired. He felt a sting on his leg, like the prick of a hot needle.

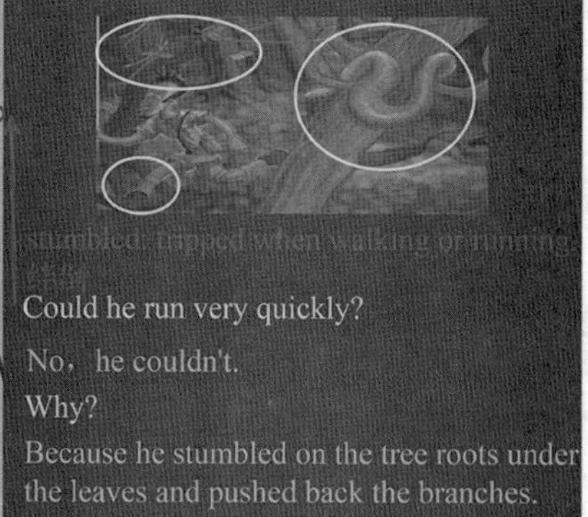

Dr Flockter began to run. It was not easy to run in the rainforest. He stumbled on the tree roots under the leaves. He pushed back the branches.

The ants were coming closer, and Dr Flockter was getting tired. He felt a sting on his leg, like the prick of a hot needle.

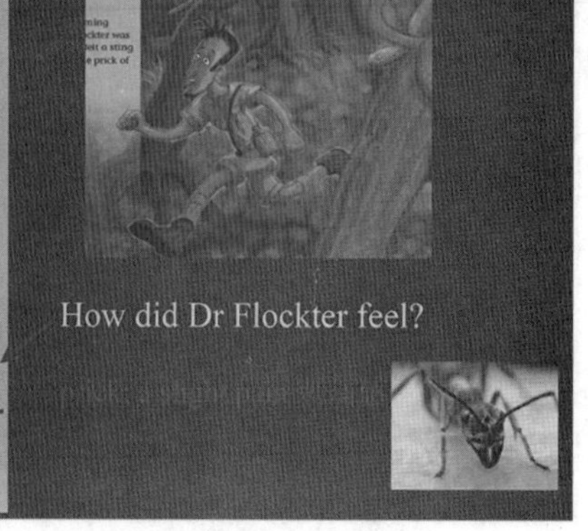

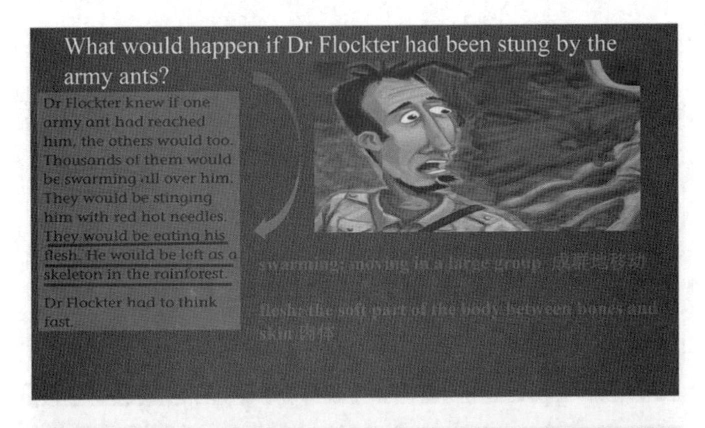

Prediction: What do you think Dr Flockter would do?

Maybe the army ants were afraid of the water, so he would run towards the river.

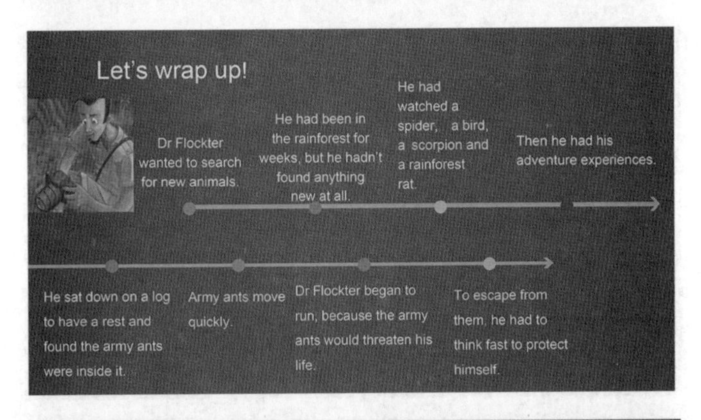

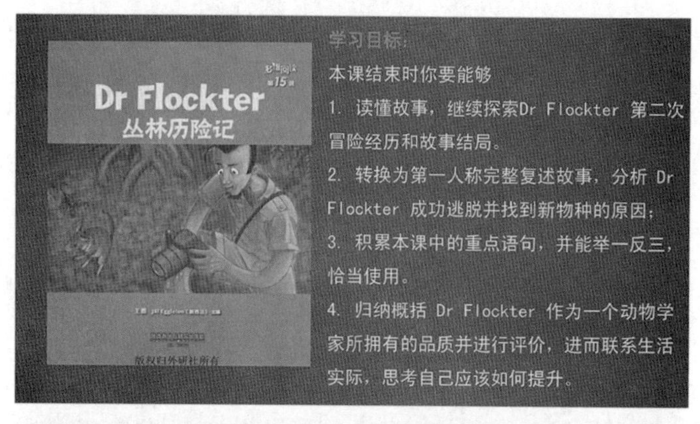
Dr Flockter
丛林历险记
学习目标：
本课结束时你要能够
1. 读懂故事，继续探索Dr Flockter 第二次冒险经历和故事结局。
2. 转换为第一人称完整复述故事，分析 Dr Flockter 成功逃脱并找到新物种的原因；
3. 积累本课中的重点语句，并能举一反三，恰当使用。
4. 归纳概括 Dr Flockter 作为一个动物学家所拥有的品质并进行评价，进而联系生活实际，思考自己应该如何提升。

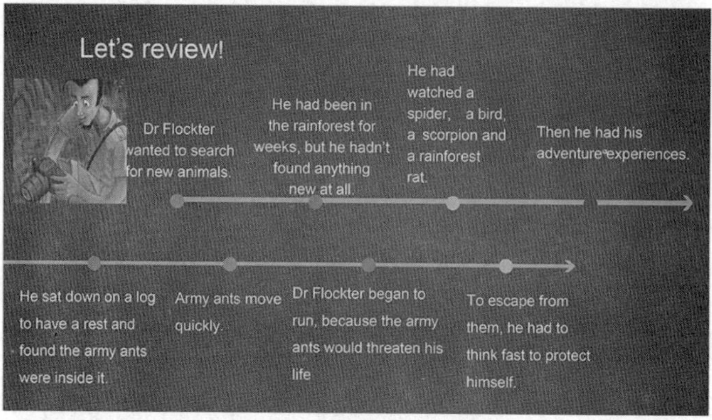
Let's review!
Dr Flockter wanted to search for new animals.
He had been in the rainforest for weeks, but he hadn't found anything new at all.
He had watched a spider, a bird, a scorpion and a rainforest rat.
Then he had his adventure experiences.
He sat down on a log to have a rest and found the army ants were inside it.
Army ants move quickly.
Dr Flockter began to run, because the army ants would threaten his life.
To escape from them, he had to think fast to protect himself.

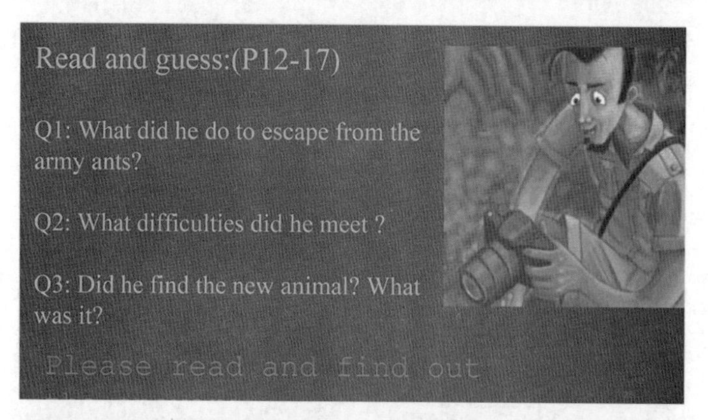
Read and guess:(P12-17)
Q1: What did he do to escape from the army ants?
Q2: What difficulties did he meet ?
Q3: Did he find the new animal? What was it?
Please read and find out

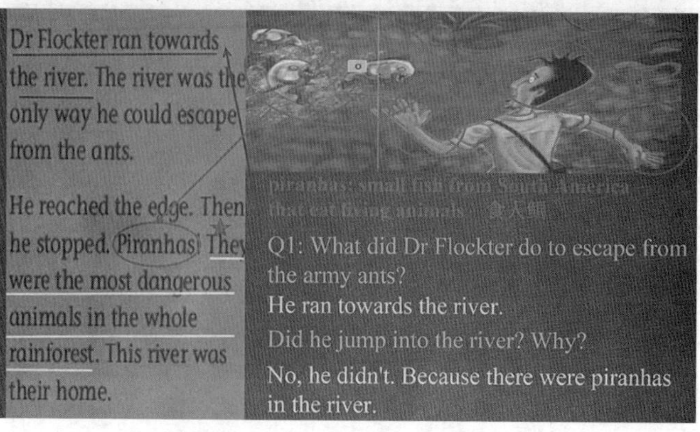
Dr Flockter ran towards the river. The river was the only way he could escape from the ants.
He reached the edge. Then he stopped. Piranhas! They were the most dangerous animals in the whole rainforest. This river was their home.
Q1: What did Dr Flockter do to escape from the army ants?
He ran towards the river.
Did he jump into the river? Why?
No, he didn't. Because there were piranhas in the river.

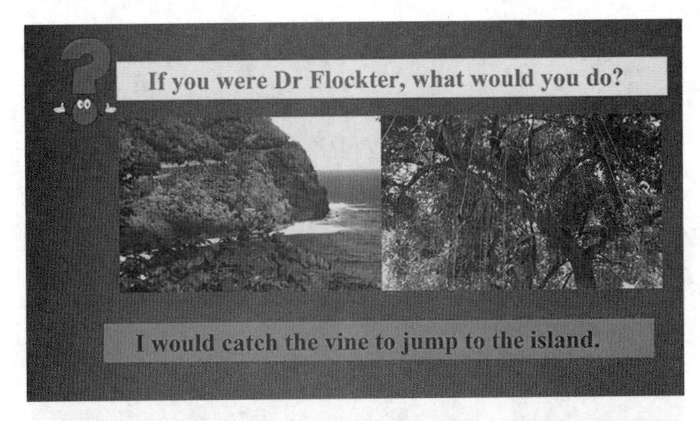
If you were Dr Flockter, what would you do?
I would catch the vine to jump to the island.

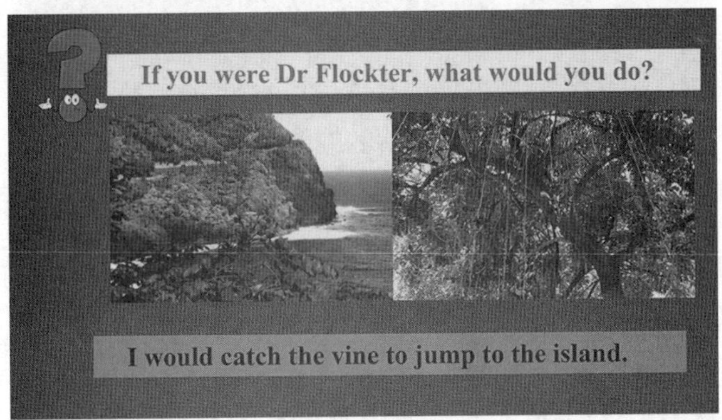
If you were Dr Flockter, what would you do?
I would catch the vine to jump to the island.

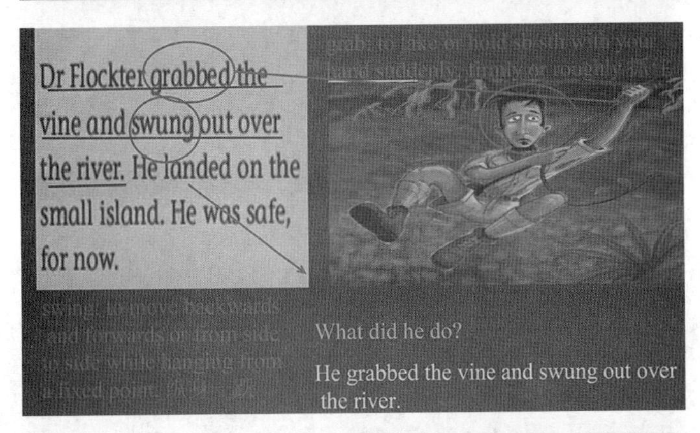
Dr Flockter grabbed the vine and swung out over the river. He landed on the small island. He was safe, for now.
What did he do?
He grabbed the vine and swung out over the river.

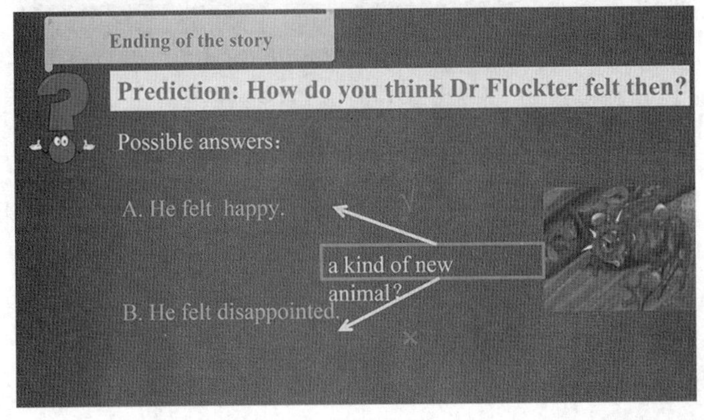
Ending of the story
Prediction: How do you think Dr Flockter felt then?
Possible answers:
A. He felt happy.
a kind of new animal?
B. He felt disappointed.

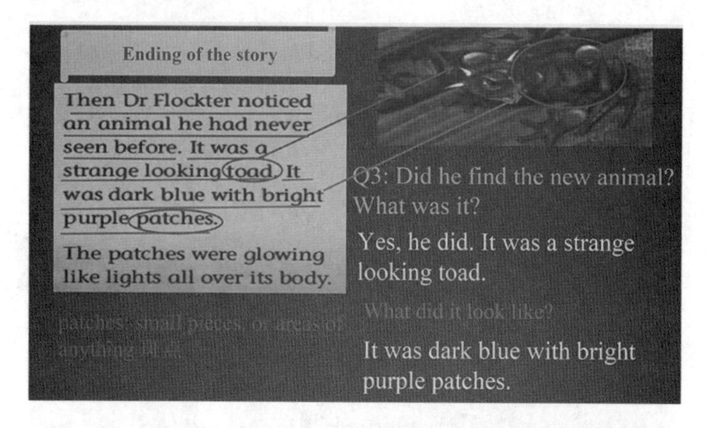
Ending of the story
Then Dr Flockter noticed an animal he had never seen before. It was a strange looking toad. It was dark blue with bright purple patches.
The patches were glowing like lights all over its body.
patches: small pieces, or areas of anything 斑点
Q3: Did he find the new animal? What was it?
Yes, he did. It was a strange looking toad.
What did it look like?
It was dark blue with bright purple patches.

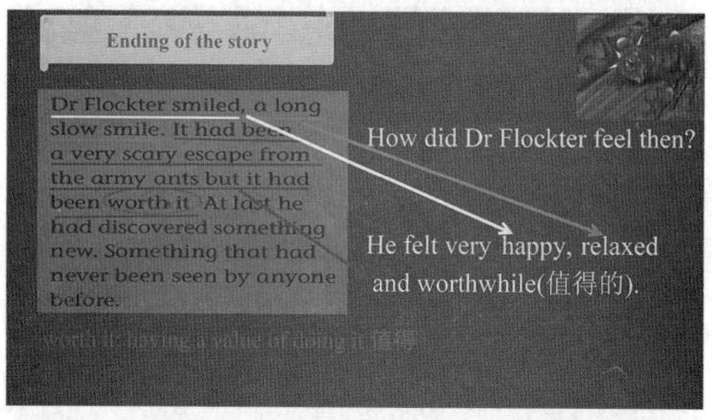
Ending of the story
Dr Flockter smiled, a long slow smile. It had been a very scary escape from the army ants but it had been worth it. At last he had discovered something new. Something that had never been seen by anyone before.
worth it: having a value of doing it 值得
How did Dr Flockter feel then?
He felt very happy, relaxed and worthwhile(值得的).

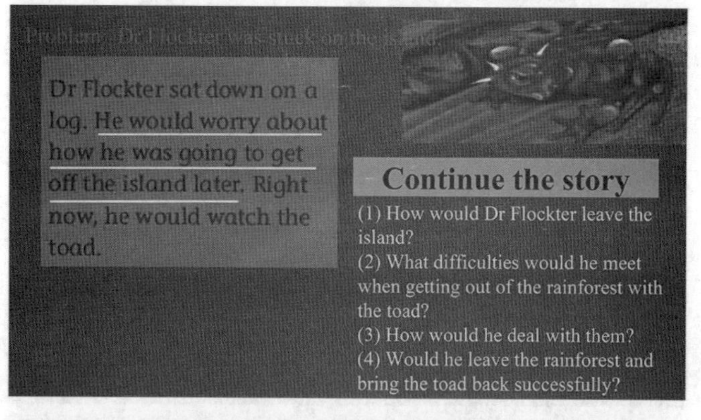
Problem: Dr Flockter was stuck on the island.
Dr Flockter sat down on a log. He would worry about how he was going to get off the island later. Right now, he would watch the toad.
Continue the story
(1) How would Dr Flockter leave the island?
(2) What difficulties would he meet when getting out of the rainforest with the toad?
(3) How would he deal with them?
(4) Would he leave the rainforest and bring the toad back successfully?

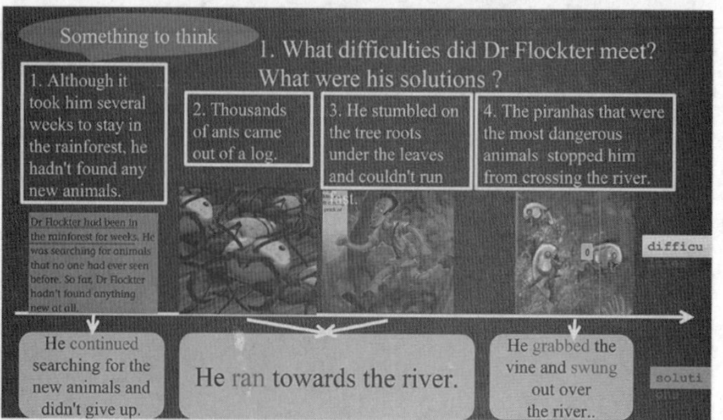
Something to think
1. What difficulties did Dr Flockter meet? What were his solutions ?
1. Although it took him several weeks to stay in the rainforest, he hadn't found any new animals.
2. Thousands of ants came out of a log.
3. He stumbled on the tree roots under the leaves and couldn't run fast.
4. The piranhas that were the most dangerous animals stopped him from crossing the river.
Dr Flockter had been in the rainforest for weeks. He was searching for animals that no one had ever seen before. So far, Dr Flockter hadn't found anything new at all.
difficu
He continued searching for the new animals and didn't give up.
He ran towards the river.
He grabbed the vine and swung out over the river..
soluti

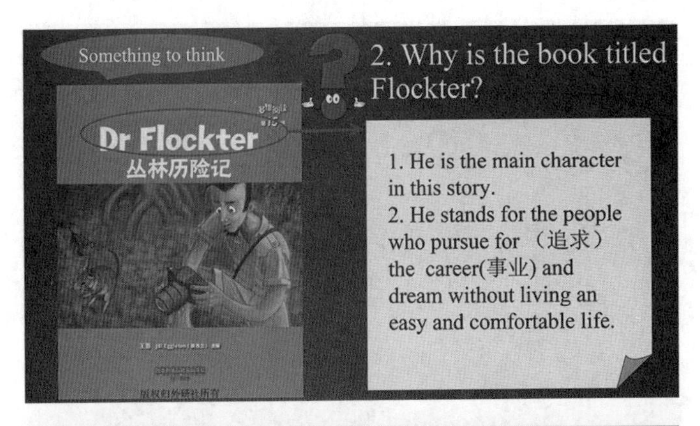
Something to think
Dr Flockter
丛林历险记
2. Why is the book titled Flockter?
1. He is the main character in this story.
2. He stands for the people who pursue for（追求）the career(事业) and dream without living an easy and comfortable life.

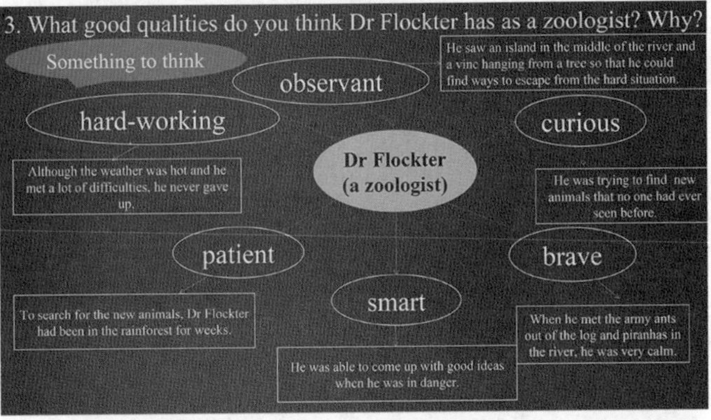
3. What good qualities do you think Dr Flockter has as a zoologist? Why?
Something to think
observant
He saw an island in the middle of the river and a vine hanging from a tree so that he could find ways to escape from the hard situation.
hard-working
Although the weather was hot and he met a lot of difficulties, he never gave up.
Dr Flockter (a zoologist)
curious
He was trying to find new animals that no one had ever seen before.
patient
To search for the new animals, Dr Flockter had been in the rainforest for weeks.
brave
When he met the army ants out of the log and piranhas in the river, he was very calm.
smart
He was able to come up with good ideas when he was in danger.

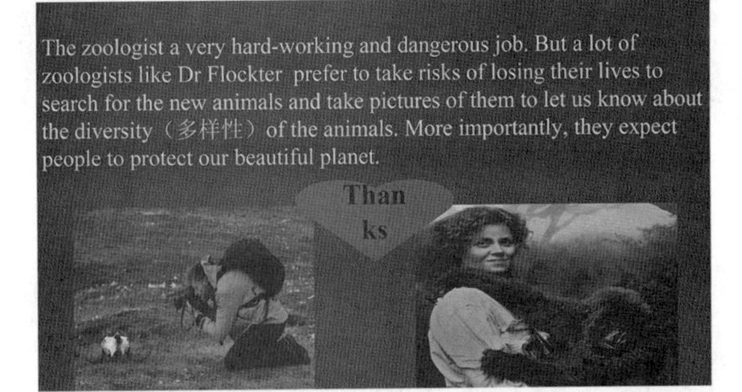
The zoologist a very hard-working and dangerous job. But a lot of zoologists like Dr Flockter prefer to take risks of losing their lives to search for the new animals and take pictures of them to let us know about the diversity（多样性）of the animals. More importantly, they expect people to protect our beautiful planet.
Than ks

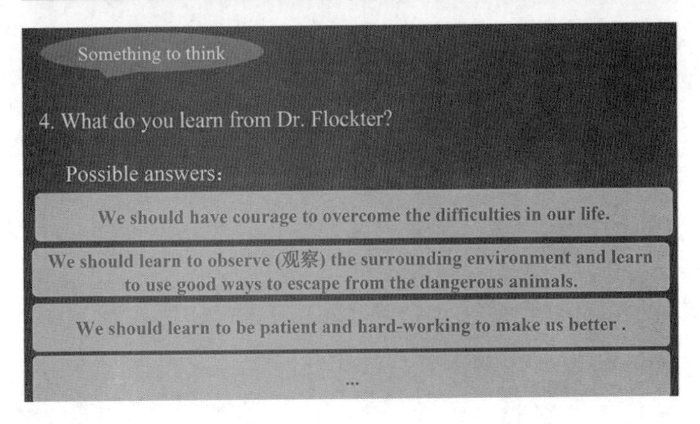
Something to think
4. What do you learn from Dr. Flockter?
Possible answers:
We should have courage to overcome the difficulties in our life.
We should learn to observe (观察) the surrounding environment and learn to use good ways to escape from the dangerous animals.
We should learn to be patient and hard-working to make us better .
...

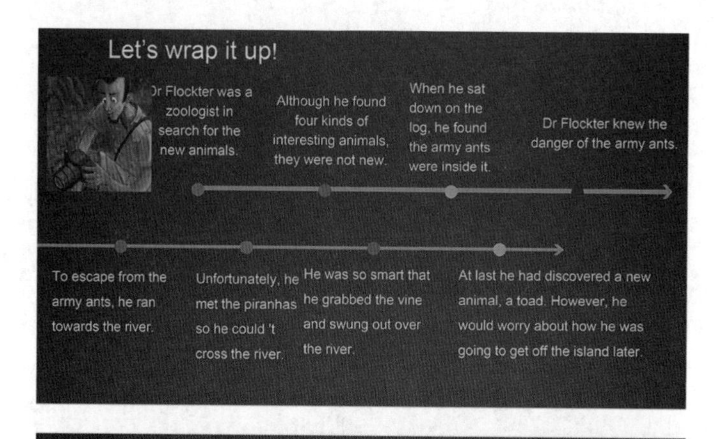
Let's wrap it up!
Dr Flockter was a zoologist in search for the new animals.
Although he found four kinds of interesting animals, they were not new.
When he sat down on the log, he found the army ants were inside it.
Dr Flockter knew the danger of the army ants.
To escape from the army ants, he ran towards the river.
Unfortunately, he met the piranhas so he could 't cross the river.
He was so smart that he grabbed the vine and swung out over the river.
At last he had discovered a new animal, a toad. However, he would worry about how he was going to get off the island later.

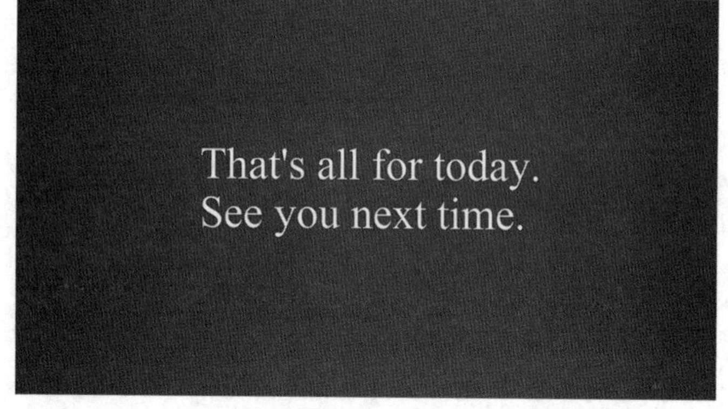
That's all for today.
See you next time.

第六章　论文与讲座

第一节　利用英语阅读提高初中生写作能力的对策

哈尔滨市第三十五中学校　付丽双

摘要:初中英语教学技能目标主要是培养初中生的听、说、读、写的四项基本技能,提高初中生英语阅读能力和写作能力是初中英语教学中的重要目标。英语阅读是写作的基础,广泛的进行英语阅读有助于培养初中生的英语思维能力,拓展词汇量,培养英语语感。本文将探讨英语阅读和写作的关系,其中包括英语阅读是提高写作的基础、英语阅读是拓展词汇量的有效途径、英语阅读有助于语感的形成以及阅读可以培养写作技能。本文根据初中生在英语写作中经常遇到的问题,提出初中生通过阅读提高写作能力对策,其中包括培养良好阅读习惯、提升阅读能力以及扩展学生视野等提升初中生写作能力的对策。

关键词:英语阅读;提高;写作能力

一、引言

在英语的四项基本技能中,写作往往是中国初中生的最为薄弱环节。如何提高写作能力就成为英语教学中的一个重要问题。英语阅读是写作的基础和源泉,是初中生获取信息和知识信息的过程,阅读是培养学生获取信息的能力,而写作则是初中生本身已经获取的信息加工并且输出的过程。美国语言学家斯蒂芬·克拉申指出:写作能力来源于大量的阅读.这与语言的输入理论相似,都强调了大量的输入才会有部分的产出。英语写作能力涉及初中生对词汇、语法、逻辑等诸多方面的掌握程度。近年来,新课程对阅读和写作相结合十分重视,提高初中生英语阅读和写作能力是英语教学中很重要的一项工作。[1]

二、初中生英语阅读和写作的关系

阅读是一种认知过程,是对文章的写作思想进行理解的过程,而写作便是将汲取到的知识进行再创作,再输出的过程。因而,这就需要学生进行大量而又有效的阅读训练,才能达到写作时的用词恰当准确,造句规范,句意通顺,主旨清晰明确,结构合理的要求。写作本就是一种模拟阅读的过程,写作的过程便是模拟读者阅读的过程;而阅读也是模拟写作的行为。[2]因为读者在阅读的过程中,往往会去理解后揣摩作者写的意图,甚至有时会去扮演写作中的角色。写作不单单只是简单地将大量词汇罗列在一起或套用各种各样的语法,它要求句子与句子之间需要有一定的逻辑,顺理成章,最终达到要表达的目标。我们常说听、说、读之后写,虽说这三者都缺一不可,有着重要的作用,笔者认为阅读与写作也是息息相关的。

(1)英语阅读是提高写作的基础阅读是写作的基础,学生可以通过阅读进而扩充词汇量,拓展思路。写作水平的高低不仅仅靠华丽的辞藻,往往更注重写作的思路及内容。那通过大量的阅读便能有效提高这两方面的水平。选择恰当的阅读内容信息输入是培养初中生表达能力的先前条件,同时扩大阅读的范围。在阅读过程中做到认真品味文章的语言精妙,词句的搭配,内容的编排等等,有意识进行仿写达到提高语言能力的目的。“只有让初中生接受足够的‘输入’,才有可能有较好的‘输出’,从而灵活自如的表达思想。”[3]

(2)英语阅读有助于培养学生的英语语感,英语语感的形成并非一蹴而就的,其来源于学习者的大量英语实践。现在很多初中生的一种通病,中式英语现象严重。那如何让初中生能克服中文的干扰,形成正确的英语思维定式,这就需要他们通过看杂志或者听广播等途径去广泛积累,使初中生逐渐产生对英语语言学习的自觉学习。

(3)阅读可以培养写作技能一篇好的作文,首先要有明确的思路,合理的内容布局,加之丰富的辞藻及准确的语法运用。那这就要求初中生要具备扎实的语言基本功,不同的文化背景及不同的思维方式,即使给出限定的词也会写出不同的作文。因而,在阅读中不仅要培养学习者注重语言知识的学习,还要掌握文章的写作技巧,此外多种文体形式的阅读有助于不同题材的作文书写。在经过大量阅读之后进行实践作文创作,可以再次深化全文的主题及加强知识体系的构建。写作的过程也是练习阅读理解的过程,对于初中生的阅读理解能力有较大的帮助。

三、初中生在英语写作上遇到的问题

(1)词汇量匮乏和词汇运用问题词汇是语言的基本要素,也是初中生表达个人思想观点的基础,没有足够的环境和语言使用,一旦实用英语就力不从心,加上词汇量匮乏,词组陌生,句子不熟练,所以常常词不达意,使得写作非常困难。[4]

(2)阻碍初中生写作的两大情感问题阻碍初中生英语写作能力发展的两大情感问题:缺乏对英语写作的兴趣和缺乏信心。如今很多枯燥乏味的命题作文让初中生提不起兴趣,显得有些被动。这让他们对写作文失去了兴趣,只为完成任务交差,缺乏自主性,逐渐演变成一种负担,最终选择逃避写作文。另外一个便是小学基础阶段的写作训练和初中的写作之间的衔接上未能跟上。初中一下子写作难度提升,要求增多,使部分学生产生一种挫败感,从而渐渐失去信心。若在初中阶段也能给予学生一些认可与鼓励,那可能有助于他们树立信心,拓展思维写作。

(3)缺乏良好的外语输入环境英语学习需要大量的语言输入和语言实践,对于初中生来说,仅仅靠课堂上的学习是不足以满足初中生学习英语的需求的,很多阅读课就是老师讲,初中生听,所以,课堂上是无法保证初中生有足够的语言输入和输出的。

(4)不重视阅读的问题教师常常通过讲授、解释以及讲解语言知识来帮助初中生学习外语,初中生被动地听着,只能按照教师的指令去练习,对学习过的东西一遍又一遍操练,久而久之,初中生的思维被禁锢,也就写不出什么好文章。[5]

(5)不会寻找合适的写作素材,现在大多初中生被繁重的课业所困扰,给他们寻找合适的阅读材料,增加写作素材的储备机会较少,大多数都是靠老师布置下去,完成一小部分,对寻找写作素材的自觉性还不够。那没有能力去找适合自己的阅读材料,这是个难题,找的难了就失去了信心,找的简单了,得不到拓展的训练,达不到知识储备的效果。因而大部分学生对阅读材料的选择及写作素材的运用会有一定的困惑。

四、初中生通过阅读提高写作能力对策

(1)培养良好阅读习惯,如今这个不断提倡课外阅读的趋势,更是加大了考试的难度。阅读在考试中所占比例也逐渐提升,致使学生之间的差距不断拉大。因为阅读是一项简洁有效地检验初中生对英语信息的理解及处理的能力的方法。在进行英语阅读时应该先分析句子成分,再找到句子中的关键词,指示代词等之后,长句复杂句都不再是难题。如若熟练掌握阅读技巧,那其阅读速度必然快,那如若遇到不熟悉且多为复杂句,长句的材料,那速度自然会降下来。因而,初中生可以在空闲时间扩大自己的视野,掌握不同文化背景知识,古今中外的历史文化方面的知识,都有益于提高阅读速度。那除此之外,阅读时的一个安静的环境也很重要,让自己的心沉淀下来,集中注意力进行阅读。[6]

(2)提升阅读能力,指导写作俗话说:“巧妇难为无米之炊”。作文是各种知识的结合与运用,拥有丰富的知识储备是能写出具有丰富内容作文的前提。初中生接收信息,熟悉各种语言信息的基本途径便是阅读,那掌握语言的特点和知识的积累、把我语言的规律便是通过广泛且有效的阅读训练。阅读与写作本是相对独立却又相互促进的关系。通过阅读积累广泛的作文素材、范例及思路,通过写作不断巩固阅读所获得的新知,共同提高,相辅相成。经试验证明,初中生的阅读面越发的宽广,其写作思路就越宽泛,思维更加的活跃,写起来就相对的得心应手。若想写好一篇作文,不仅要有丰富的知识储备和扎实的语言基本功,还需掌握不同思维方式和不同文化背景下形成的特有的英语写作结构。那需要初中生在阅读中不断留意写作技巧,找出上下文衔接的写作手法。同时还需了解一些文体知识,方便在写作时候可以选择不同的文体格式。

(3)扩展阅读范围,拓宽学生的视野督促学生进行广泛的课外阅读。如果光靠老师

认真细致的辅导,学生不具备丰富的词库,那面对想表达的东西难以描述出来。因此,教师应该给学生们更多的时间,让学生尽可能地多阅读内容丰富的课外书或给予他们更多欣赏国外优质电影的机会。培养学生每天坚持写日记积累丰富的素材。另外,作为教育工作者的我们,要理解学生写出一遍优质作文的难,在他们出现问题的时候,帮助他们一起分析问题,寻找解决问题的方法。我们有责任和义务去改变这一现象,特别要注意提醒学生不能把写作文和阅读分开。培养学生阅读成自然,写作成自然。那么阅读会成为写作的催化剂,切实提高学生的写作能力[7]

五、结语

阅读与写作密不可分,相互渗透,不可分割。进行英语阅读是促进初中生获取英语语言知识的有效途径,如果想真正提高学生的英语写作能力,就要在阅读的过程中培养写作技能,写作的过程中不断巩固阅读知识,同时培养英语的思维方式和语感,努力提升初中生的写作能力水平。

参考文献:
[1]徐笑梅.初中生英语写作能力探析[M].东北师范大学出版社.2015:16页.
[2]王启燕.初中生英语写作教学法[M].东北师范大学出版社.2015:24页.
[3]戚焱.中美大学生英语写作特点对比分析[J].外语界.2011:第3期14页.
[4]王立非.英语写作研究的方法进展与启示[J].外语与外语教学.2016:第5期69页.
[5]王改燕.从认知心理学角度看英语写作过程[J].外语教学.2015:第2期35页.
[6]杨旭明.浅谈独立学院英语写作原因和提高方法[J].现代交际.2010:第9期14页.
[7]王明.英语写作课程教学要求[M].上海外语教育出版社.2007:150页.

第二节 绘本阅读在中学英语课堂的教学实践

哈尔滨市第四十六中学校 尚逸舒

摘要:本文以中学教师的视角,分析绘本阅读对于中学英语学习的作用和意义,教师如何帮助学生选择合适的绘本内容,并通过举例绘本阅读在具体的课堂环节如何实施,介绍了绘本阅读在中学英语课堂中的实践与应用。

关键字:绘本;中学英语

现如今,对于学生的要求不单单是听说读写四项基本能力,学生要具备学习能力、语言能力、文化意识和思维品质这些综合的英语学科核心素养。在过去的教学实践中,阅读教学的作用尤为凸显。中学《英语课程标准》中五级对阅读所设定的标准7要求为:课外阅读量应累计到达15万词以上。如果学生仅仅靠课内阅读是远远达不到的,因此需要课外阅读作为补充。对于年龄尚小的中学生而言,学生能够接触到的教学资源有限,也不具备筛选甄别是否适合自己学习的能力,教师应该提供学生适合的阅读材料,丰富学生的学习内容,开阔学生的眼界,通过发挥彼此之间相互促进的关系来强化学生的阅读能力,进而全面提升学生的英语学科核心素养。

"绘本"一词,源于日本,英文为picture books,直译为图画书,可以说图是灵魂,文字是辅助。我们教师在给学生选材时,要考虑到学生的年龄、学习特点和能力需求。起始学年六年级侧重阅读兴趣的培养,以及绘本阅读融合课堂教学。七年级,在学生掌握了一定的词汇量和文本分析能力的基础上,课堂上更加侧重阅读策略的指导,课堂外增加阅读量,推动学生形成良好的阅读习惯。八年级,在兴趣和习惯的基础上,更加注重阅读品质的养成,培养学生批判性思维和逻辑推理思维。同时开展读写结合活动,使学生能够自主吸取相关知识,以读促写。九年级和高中阅读则是全方位的能力突破阶段。

那么,在选材时,低年级更倾向于是一个有趣的故事、真实的社会现象。这类读物都是从学生的视角出发,讲述不同成长阶段的经历,既能激发学生的阅读兴趣,还能培养他们的同理心和想象力。而到了高年级,选材则可以更倾向于科普、推理、社会问题等主题,在满足学生思维发展关键期的需求的同时,发展其逻辑分析能力和推理判断能力。既可以选择当下英语学科正在学习的单元相关话题,也可以跨学科与生物地理、物理化学相结合,增强学生的阅读兴趣和内驱力。如:讲到七年级第五单元 *Why do you like pandas?*《你为什么喜欢熊猫?》时,这一单元是与动物相关话题,教师可以选择"阳光英语分级阅读"初二上 *Animals and Their Teeth*《尖牙利齿》作为补充阅读材料,引领学生阅读,扩展阅读量,丰富学生对于"人与自然"主题语境中关于动物的认知。八年级下册的第一单元 What's the matter? 学生学习人体相关的知识,属于卫生与健康话题中身体部位、疾病的范围,那我们就可以领学生阅读"阳光英语分级阅读"初三下 *The Super Body Fun Fair*《超级人体游乐园》。丰富学生对于"人与自我"主题语境中关于人体健康方面的认知。在以图为载体的教学中,几乎不需要文字的赘述,教育内涵中的情感、态度、价值观就已经深入人心。甚至仅仅是绘本中的美图,都会让孩子们爱不释手。在视觉冲击鲜明、烙印深刻、形象具体的情况下,进行教学知识点的渗透,会起到事半功倍的效果。

那么中学英语绘本阅读如何做好的教学实践,则是老师们首要考虑的问题。以下就对本问题进行一个简单地实践与探讨:

一、以趣为先,导入绘本教学

正所谓"兴趣是最好的教师",在讲授绘本教学课的时候,教师要选择学生感兴趣的绘本内容作为阅读材料,善于发现绘本阅读材料与学生兴趣的结合点,并将这种趣味在课堂上呈现出来。如:我在讲授"多维阅读"14级 *Monkey City*《猴子之城》这一课时,首先提起学生们可能熟知的四川峨眉山，引导学生联想并猜测“猴子之城”中的猴子们是怎样的？会不会打架？会不会偷游客的东西？会不会在电线杆上荡秋千？等等有趣的问题，学生能够开动脑筋，激起学生对猴子之城的好奇，达到激情引趣的目的，让学生迫不及待地想要了解《猴子之城》。

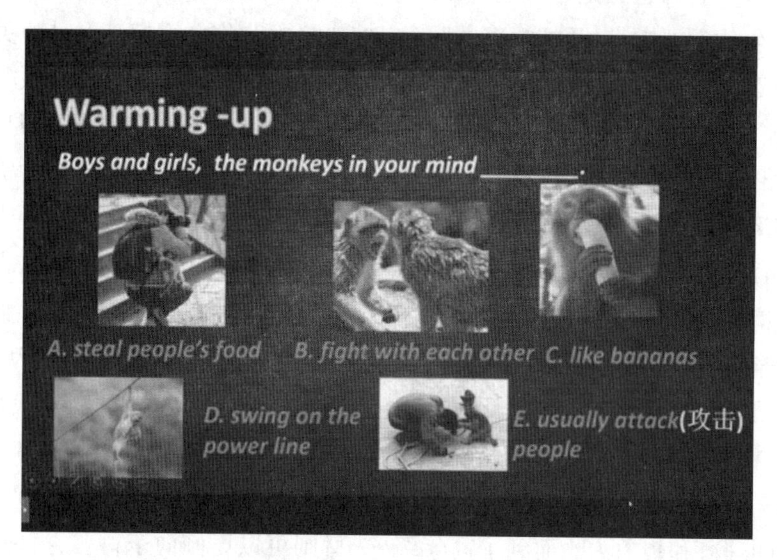

二、巧妙设计，深入体验绘本阅读

古语有云：“读书百遍而义自见”[1]，在绘本阅读中，文字加以图片的共同搭配会使绘本的内容易于学生掌握。然而，我们在课堂教学实践中，不仅是让学生明白绘本的表层含义，更需要引导学生深层思考和提升阅读能力，提升学生的语言能力和学习能力。

（一）整体阅读

我们在讲授绘本阅读的时候，可以选择“大步子、大循环”的这种方式，即：整体阅读。在学生完成整体阅读后，进行初步的学习理解，然后做一些应用实践或迁移创新类的活动。如：借助思维导图、知识结构框架图等图标、图文类的填表、填图类活动，提升学生整合、概括信息的能力，让学生对于文章整体框架和结构有一定清晰的认识。如：讲授故事类绘本阅读读物时，学生通过整体阅读，应能提取故事的要素，即：故事发生的时间、地点、起因、发展、高潮和结局。在讲授百科类绘本阅读读物时，要确定文本性质和类型，判断读物的主题和大意，明确作者的写作意图和写作思路，使学生形成知识系统。

在讲授“阳光英语分级阅读”初三下 *Trouble on the bus*《女巫的恶作剧》时，可以采用整体阅读法，该读物故事情节紧凑，从故事的开端、发展、高潮、以及反转的惊喜结尾，一气呵成，难以控制读者在某一部分突然停止，所以整体阅读法较为合适。让学生们在故事的发展中自由的阅读，吸收文本知识，感受和思考女巫的“恶”与“趣”，最终引导学生思考：我们在生活中有恶作剧别人或者没有被人恶作剧的时候？分享我们的经历和感受。从宏观角度培养学生查阅能力、分析问题、解决问题的能力，通过教师的课堂环节设计，引导学生先整体再聚焦，筛选自己需要的信息和语言进行表达，也提高学生的综合语言运用能力。

（二）分部分阅读

我们在讲授绘本阅读的时候，也可以选择“小步子、小循环”的这种方式，即：分部分阅读。教师可以将绘本阅读读物适当地分成几块，让学生分部分逐段阅读，使学生分部分逐渐理解和小的学习应用实践相结合，微观帮助处理学生遇到的生词、长难句，并由点及面，透彻地理解阅读读物。

在讲授“多维阅读”17 级 *Too Wet – Too Dry*《极端气候》一课时，读物很鲜明的分成了三个部分：第一部分介绍了南美洲阿塔卡马沙漠的极端干旱的情况；第二部分介绍了印度东卡西丘陵的极端降雨的情况；第三部分讲述了人们如何在不同的气候下学会生存。教师可引导学生关注本书的结构与布局，能够梳理出每一部分的知识脉络，引导学生导学生自己发现需要学习的目标语言，培养学生利用文本结构图进行复述，挖掘学生的自主学习的欲望和自助解决问题的能力，提升学生的学习能力。

（三）整体阅读与部分阅读相结合

整体阅读与分部分阅读相结合是我们教师在讲解绘本阅读的常用教学策略。教师可以先请学生们在课前做预习，让学生对绘本阅读有一个整体的了解，在课上，也可以选用绘本材料相匹配的朗读录音，让学生在听的同时，接受文本信息，多角度刺激学生的感官，阅读之后，要适当进行一个整体性阅读材料的问题活动，培养学生的整体阅读能力。进而，分部分阅读，在分部分阅读时，不仅要引导学生理解文段的关键信息，在遇到特殊表达或是生词时，教师要引导学生利用“联系上下文”猜词推测或是借助工具书等方法，帮助学生积累语言知识，并能够再在适当的情景下选择合适的语言进行运用和表达，培养学生的语言能力；同时要向学生介绍合适的阅读策略，让学生在学习知识的同时，接受阅读能力的训练，培养学生的阅读能力，让学生学会阅读，学会学习，培养学生的学习能力。

三、联系实际，增强文化意识

绘本阅读中不仅包含趣闻故事类，还有百科类读物。这类读物科学性强、信息量较大，专业名词较多，但话题和内容通常是与日常生活息息相关的，也可与学生其他学科所学课程知识相涉及。在讲授时，一定要培养学生联系实际，乐于、善于观察生活，敏而好思、学以致用的意识和能力。如：在讲授“阳光英语分级阅读”初二上 *Hot and Cold Weather*《天气冷暖知多少》一课时，通过设计真实的情景——去其他城市旅游这一环节，帮助学生将所学知识与实际生活产生联系,激发学生积极思考,鼓励学生在新的情景下活学活用新学的语言与知识来分析问题,进而解决问题,促进其思维的发展和表达能力的提升。在课堂作业环节,我让学生们两人结合小组,以手抄报、美篇、短视频等形式向大家介绍天气、气温,人类的活动对气温的影响以及气温对人类生活造成的影响,呼吁大家关注并热爱自然,保护大自然,提高环境保护意识。

四、多元化引领,促思维品质

我们并不希望我们培养的学生将来是对待问题只有一种解决办法的做题机器,我们希望我们的学生能够具备开放性思维、创新性能力的多元化人才,这需要我们教师,从每一个教学实践中,多琢磨、多思考,设计合理、新颖、开放的创新性环节,来促进学生的思维品质发展!如:我在讲授"阳光英语分级阅读"13级 *Monkey City*《猴子之城》这一课时,在"你是否支持城市每年为猴子们举办宴会"这一观点上,并没有给出学生规定性答案,仅仅是以真实的宴会视频和绘本材料提供的阅读信息为基础,引导学生分析和思考,辩证性地看待问题,促进学生批判性思维的发展。

著名教育家苏霍姆林斯基说过:"教师如果不想方设法使学生产生情绪高昂和智力振奋的内心状态,而只是不动感情的脑力劳动,就会带来疲倦。"[2] 中学学生的阅读能力的提升是一个长期的、艰苦的过程,仅仅依靠教材提供的词汇或者简单的泛读文章是远远不够的,一个学生的好的英语水平源于长期的积累,源于文化意识、思维品质、学习能力和语言能力的提升。教师要善于调整教学策略,结合新时代的发展变化,及时给学生挑选合适的阅读材料,并精心设计教学环节,培养学生英语学科核心素养,促进其全面发展,我们要一直坚持致力于此!

参考文献:

[1]陈寿. 三国志·魏志·王肃传.

[2]苏霍姆林斯基. 给教师的建议. 北京:教育科学出版社,1984.

第三节 基于 Jigsaw 合作拼图模式的初中英语阅读网络教学的实证研究

黑龙江省哈尔滨市第三十五中学校 魏博文

摘要:2020年年初,庚子鼠年,一场突如其来的新型冠状病毒疫情使得春季开学随之延期。教师要突破传统线下授课模式,转向线上授课。疫情防控下,广大师生面临"停课不停学"的新考验,但互联网时代的快速发展,给教师提供了有力的信息技术支撑,更好地推进信息技术与教学的深度融合。本案例是基于 Jigsaw 合作拼图模式的初中英语阅读网络教学的实证研究,教师运用小组合作学习机制,根据学情,将学生分为“合作基础组”和“合作专家组”,并拆分语段分解任务,实现小组合作学习目标。通过“UMU 互动平台”的“问卷”功能实现自评、互评和师评,教师以“班级优化大师”量化加分,在线上搭建学习小组展示平台,有效缓解学生的英语阅读焦虑,激发学生阅读兴趣,提高其阅读能力。

一、研究现状

初中阶段,英语阅读能力起到至关重要的作用,广泛的阅读能够帮助学习者增长知识,开阔眼界,提高英语逻辑思维和创新思维,有利于学习者的综合素养发展。但于我而言,英语阅读教学也具有一定难度。我所任教的学校位于香坊区的城乡接合部,外来务工子女较多,英语基础比较薄弱,没有良好的英语习惯。学生在英语阅读方面存在很多困难,对阅读产生为畏难情绪。鉴于此,我在初中英语阅读教学方面运用 Jigsaw 合作拼图模式,该模式最早由美国教育家 Aronson 于 20 世纪 70 年代提出。信息融合背景下的在线模式更容易实现合作学习,我根据学情,以“微信群”为学习平台,将班级学生合理划分成 8 个学习小组(合作基础组),每组 5 人,每个组的实力相当,总体水平不存在较大差异性,保证小组的公平性,实现以优促优,以优带差。

合作基础组

第一组	A1	B1	C1	D1	E1
第二组	A2	B2	C2	D2	E2
第三组	A3	B3	C3	D3	E3
第四组	A4	B4	C4	D4	E4
第五组	A5	B5	C5	D5	E5
第六组	A6	B6	C6	D6	E6
第七组	A7	B7	C7	D7	E7
第八组	A8	B8	C8	D8	E8

为掌握学生合作学习的第一手材料,我也加入其中,默默观察学生们的讨论内容及任务进度,并给组长一定的建议和反馈,帮助组长更好地成长。评价过程用“班级优化大师”软件实现量化,根据学情,设定相应的考查项目和具体的加减分机制(以加分为主)创建学生个人档案,形成五维分析图,综合考量学生的个性化发展。

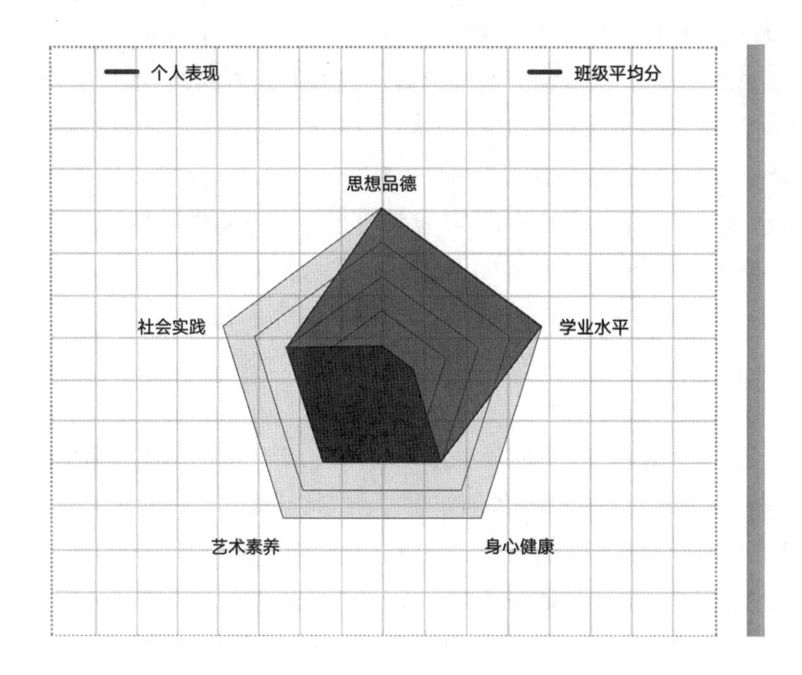

二、研究过程

1. 阅读课前

我以宏观角度确立单元话题，围绕话题展开教学任务，通过调研前测，掌握学生预习情况，关注难点和易错点，并以“合作基础组”和“合作专家组”实现任务驱动，以评价机制反馈预习效果。

a 层学生：英语综合学习能力较强。

b 层学生：能基本掌握文章的重要词组，但语篇能力有待提高。

c 层学生：能基本掌握文章的重要词汇，只能掌握小部分简单词组，课文翻译有困难。

任务驱动：在传统的常规阅读教学中，我会将预习任务发布给个人，上课时小组合作交流，汇报成果。但我发现部分小组流于形式，合作学习形同虚设，汇报时组长唱独角戏，组员发言积极性不高，未能达到预期效果，由于课时有限，教师无法监控小组的讨论过程。

疫情期间的线上授课，为提高学生们的专注力及用眼健康，我采取“番茄工作法”，设定 25 分钟的阅读课程，因此我将传统课堂的小组合作转化为课前线上互动，提高了学生学习效率，并划分为两个阶段：

第一阶段：每个基础小组组负责一个阅读语段（教师可根据不同文本划分），该任务量符合学生最近发展区，减轻学生的阅读压力，逐渐激发学生的阅读兴趣，以提高阅读能力。每个组员以任务驱动学习，为阅读教学的进一步发展提供了可能，共有五大任务：

A. 汇总书后词汇表词汇和生词,并在文中圈画,运用"网易有道词典"的"简明"词典查阅词汇的相关词性及音标,用"柯林斯词典"查阅词汇的英文释义,整理生成单词记忆卡。

B. 汇总文章的词组,整理生成词组记忆卡。

C. 汇总词汇和词组所在的句子,整理生成句子记忆卡。

D. 关注文段的语法,分析长难句,标注句子成分(如分析困难,可借助"句解霸句子分子分析器")。

E. 结合文段,联系生活实际,搜集与话题相关的音视频等学习材料,可提供链接。

首次阅读任务,小组成员采用抽签的形式完成相关任务,标记为"任务卡英文字母+组别数",如第一组成员抽取 A 号题,标记为"A1",以此类推。之后的阅读任务,小组成员依次按顺序完成下一个字母的任务卡,如第一次是 A1 的小组成员,下一次标记为 B2。组员领到任务后,先自行查阅资料,如遇到困难,形成问题清单,可在微信群交流,如还没有找到答案,则在第二天的答疑课上,统一时间提出,由同学或老师帮助解答,并将答案记录在问题清单上。五位小组成员将最后生成的纸质或电子卡片汇总至组长,实现资源共享,统一打包发给教师。

第二阶段:带有相同字母的组员,再次成立小组(专家组),如 A1、A2、A3、A4、A5、A6、A7、A8,鉴于每个组员已详细查阅本组内相应语段的资料,因此为每个小组的"专家",建立微信小组群内交流,实现资源共享。

合作专家组

A 组	A1	A2	A3	A4	A5	A6	A7	A8
B 组	B1	B2	B3	B4	B5	B6	B7	B8
C 组	C1	C2	C3	C4	C5	C6	C7	C8
D 组	D1	D2	D3	D4	D5	D6	D7	D8
E 组	E1	E2	E3	E4	E5	E6	E7	E8

在传统的线下教学中,以"合作基础组"为单位的小组成员座位固定,很难实现重组"合作专家组"的面对面交流。但为了避免学生局限于一种阅读任务的思维定式,拓展学生思维水平,形成多元化认知,每节阅读课的"合作专家组"是流动的,线上微信建组易于操作,非常便捷。教师加入各群,可实时观察微信小组的讨论情况,学生的小组合作学习有迹可循,教师能够及时对学生的表现给予及时评价。

在"合作基础组"以"词汇——词组——句型——语篇"模式的递进式深入学习,在"合作专家组"进一步交流研讨,既有助于帮助学生由浅入深构建语篇意识,增强团队合作能力,又能巩固学生的知识记忆,提高学生英语逻辑思维能力,为阅读教学的进一步发展提供了可能。

以评促学：基于“问卷”功能，将学生总任务卡上传，从小组自评、互评、教师评价三个维度反馈学生们的合作情况，学生以组为单位，列出评分原因，共同商议各个组的评分（1～10 分），根据平均值评出 2 个最佳小组，并在“班级优化大师”软件加分以资鼓励，增加了评价的效度和信度。

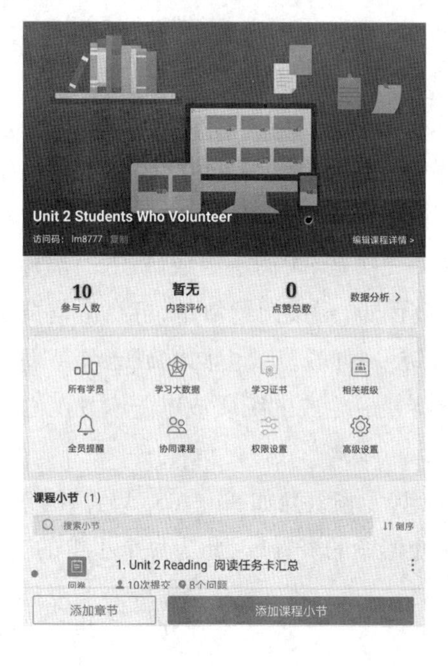

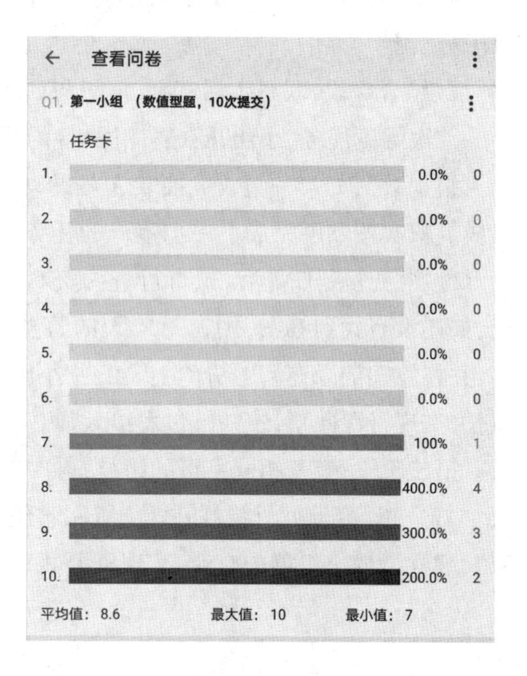

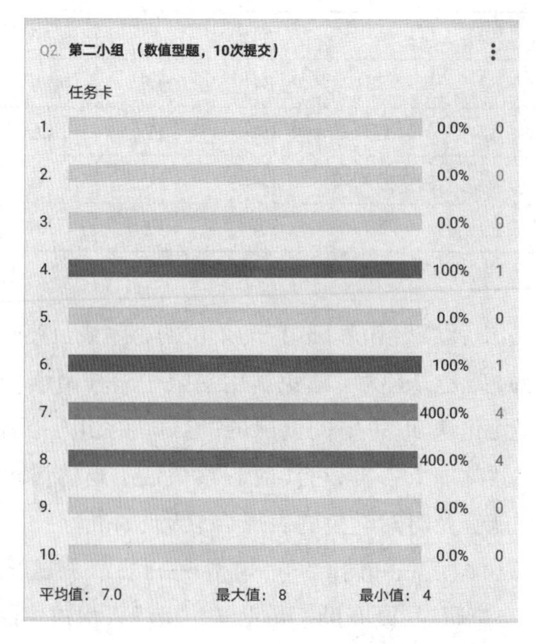

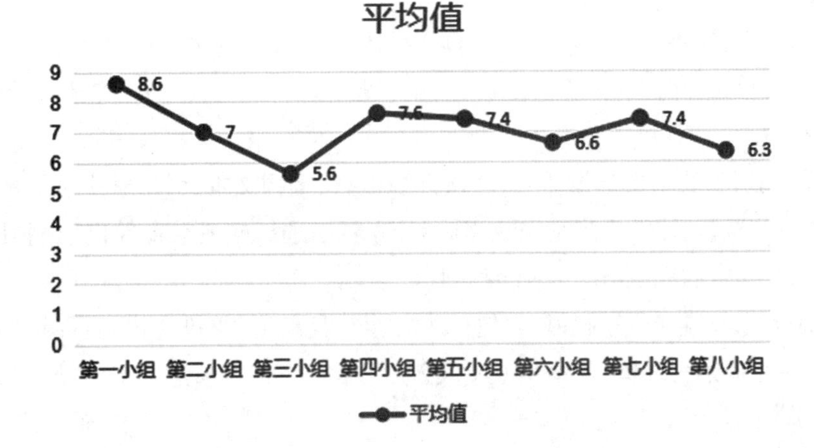

以平均值为衡量标准，评选出分数最高的两个小组，即第一组和第四组，并在“班级优化大师”进行相应的加分。

2. 阅读课中

各个环节均围绕单元主题话题展开，以丰富有趣的课堂导入吸引学生注意力，营造轻松愉悦的英语学习氛围，引导学生培养目标学习意识，以教材为蓝本，从问题入手，分层教学，为“基础小组合作”搭建分享平台，进一步教授阅读策略，注重语言知识和技能的输入、输出转化。

（1）活动热身：以英文歌曲、短视频、互动提问等形式，激发学生学习兴趣，标记阅读生词和音标，鼓励学生拼读，复现重要词汇或短语，实现多语境词汇教学。为检验学生学习成果，可给出本单元中心词汇，小组合作头脑风暴，在“金山文档”协同在线编辑，构建词汇网，并通过“腾讯会议”共享屏幕展示成果，以拓展学生的词汇积累。

（2）树立目标：让学生明确本节课的目标和重难点，提高自主学习意识。

（3）分层提问：教师根据 a、b、c 层学生的学情检测学生预习情况，如参照文章图片，提问 c 层学生说出图片的相关名词词汇，提问 b 层学生说出图片的相关动词词组。向 a 层学生提出启发式问题，引导学生进一步思考。

（4）小组展示：教师在阅读中环节，为学生搭建平台，抽取或指定小组汇报预习成果，详细解读阅读文本。学生在有准备的情况下，再次重复检索和提取信息。较传统阅读课而言，线上交流分享的形式也节省了更多的课堂时间。由于隔空互动，性格比较内向的学生也有了充足的安全感，在屏幕前更加自信，分享过后，同学们都在公屏上发送代表“掌声”和“真棒”的表情，发言的同学得到了极大的鼓舞。同时，学生查阅资料和小组合作的能力也得到了提升，充分发挥了学生的主观能动性。

经过了两个月的合作学习，学生们线上发言积极性增强，回答问题更加响亮，也有了很强的竞争意识，我会维护小组平衡性，强化学生合作意识。每天，我会给学生留一篇阅读理解题，从大数据呈现的分析图看，学生做阅读的正确率程呈上升趋势。我再次利用“问卷”发布调查,结果显示,学生们对阅读的兴趣指数明显增强。于是,为了学生更高的学习需求,我再一次调整了学生的学习任务,除了完成本小组的任务清单,还要以学生个体为单位,通读全文后,完成阅读预习题目,以检测自己的预习情况,形成循序渐进的过程。

(5)重构教材:我根据学情需要,二次开发教材,重构文本,引导学生掌握相关阅读策略,如略读和跳读,让学生当堂完成相关阅读题目(选择或填空),并借助“腾讯会议”共享屏幕抽查学生的完成情况,进行评价性反馈。

(6)师生互动:鉴于学生已基本掌握文本内容,我利用“腾讯会议”选择话题相关虚拟背景,创造相应语言环境,与学生互动交流,让学生多感官参与英语活动,以读促听,以读促说。

3. 阅读课后

注重作业的多元化设置,加强对学生核心素养的培养。

(1)作业布置:教师应确立过程目标,布置多元化评价性作业,如思维导图、复述课文、故事续写等,还可基于语篇空白点开展小组研讨活动。

(2)深化语篇:教师要注重对学生英语核心素养的培养,善于引导学生关心时事,将单元话题联系生活实际,为学生拓展相关的课外补充学习素材,从基础语篇的学习走向深入语篇的转化。(如英语人教版教材八年级下册第二单元话题为“志愿者服务”,我会引导学生关注疫情期间爱心人士志愿服务的事例,注重情感价值观的传递,培养学生的爱国情怀和奉献精神)

三、反思与总结

通过阅读文献,教师要明确 Jigsaw 合作拼图模式的实现条件,“合作基础组”应控制在 4 至 6 人,任务卡的内容应根据学情需要细致规划,“合作专家组”的构成人员应是同一类型任务相同编号的成员。由于网络信息技术的便捷性,可流动抽取任务参加。阅读文章的段落划分应根据组别设定,Jigsaw 合作拼图模式可减少学生阅读焦虑,帮助学生培养英语阅读的习惯。

教师应注重阅读教学评价方式的有效性,注重量化评价和质性评价,如从横向和纵向两个维度聚焦阅读测试的评价分数及等级,注重作业反馈的评价话语。在这个过程中,我发现“钉钉作业”的提交率显著提高、“班级优化大师”个人及小组加分陡增,“一起中学”基础阅读做题人数增多,且平均分上升。

下图展示了“一起中学”阅读作业小测的成绩,3 月 8 日,13 人未完成,班级平均分为 65 分,4 月 9 日,1 人未完成,班级平均分为 67 分。可得知,阅读作业小测的参与人数增多(增多的是学习程度较弱的同学),但平均分有所提升,还是说明了合作式学习的效果显著。

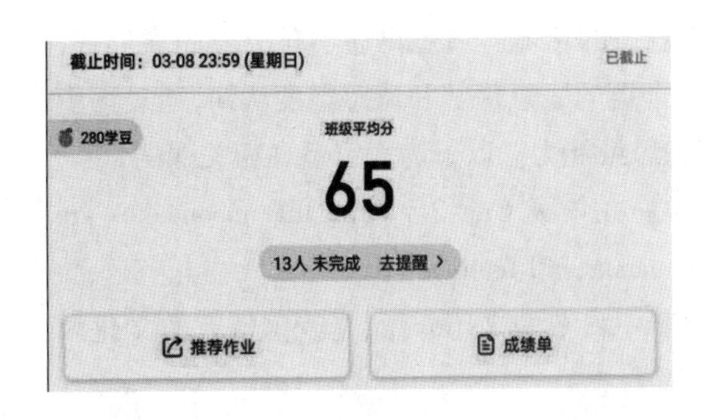

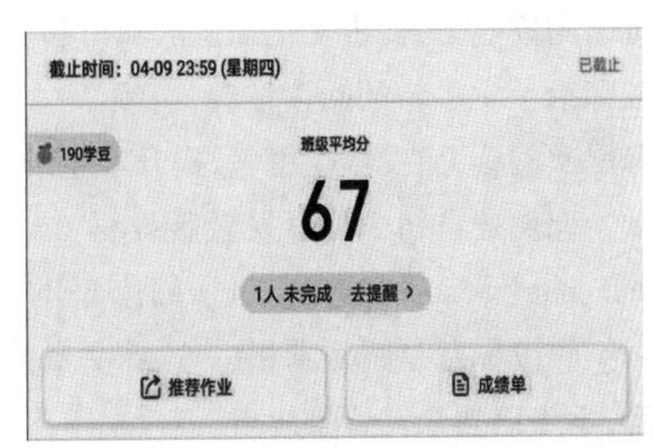

这些大数据表明信息技术融合下的Jigsaw合作拼图模式对初中英语阅读产生了积极的推进作用，提高了学生的参与度，英语阅读教学初见成效。我会继续探索线上阅读授课Jigsaw合作拼图模式的模型构建，充分利用互联网教学的优势，融入常态化教学，实现线上线下混合式教学的最优化！

第四节　讲好学科背后故事，提升初中学生英语核心素养

哈尔滨市第三十中学校　魏博文

党的十八大以来，习主席反复强调：讲好中国故事，传递好中国声音。习近平总书记关于教育的重要论述引领了新时代教育改革与发展方向。王长文局长进一步深化这一思想，提出教师应秉承“讲好学科背后的故事”的理念，以讲好学科背后的故事作为路径，在教育教学的各个环节讲好学科背后的故事，挖掘学科背后丰富生动的内容和核心素养内涵，建立核心素养体系，有利于巩固学生对于知识点的掌握程度，助力学生有更加明晰的逻辑思维和更广阔的思考格局。王局长强调，讲好学科背后的故事可以培养学生的意志品质，与学生心灵深层对话，增强学生对国家、社会和自我的认同感和信念感，潜移默化中塑造优秀品格和关键，解决实际问题。学生必备品格在学科故事的体现，重在精神境界的感受，关键能力的培养，重在讲清知识逻辑关系后引导学生在实践过程中习得。讲好学科故事，渗透学科素养。教师应将学习内容的意义和价值传递到学生身上，激发学生学习愿望，促使学生沉浸课堂，以达到学以致用和创新实践的理想效果。

教师应重视教材的整体结构，结合现阶段学生的生活实际，从文章背景入手展开相关学科故事的挖掘与探索，处理语篇可以进行整合单元，契合主话题，营造课内外文化情境，细化课堂教学环节，创设形式丰富的课内外英语学习活动，激发学生的学习兴趣，调动学生参与课堂活动的积极性，强调以学生为主体的关键作用，增强学生的情境体验感。讲好学科故事，应鼓励学生多感官参与，进一步帮助学生掌握英语单词，提高学生

英语阅读能力，促进文化知识的学习和文化意识的培养。通过讲述学科故事的新形式，教师给予学生新的阅读体验，引领学生对于全篇的表意理解和情感态度认知，通过逐步深层次阅读，启发学生思考，提升学生语言和思维能力。以下为大家呈现相关课例。

课例选自初中英语人教版教材 *Go for it*！九年级 Unit 2 I think that mooncakes are delicious！Section A(3a－3c) 阅读部分“Full moon, full feelings”。

阅读标题是圆月满相思，这篇文章是关于中秋节的来历介绍，是我国特有的文化内容，学生已熟知其背景故事。

一、导入环节

围绕“中秋节”这一话题，让学生展开“头脑风暴”，说出与主题相关词汇。

二、词汇讲授

我在 PPT 呈现中秋节专属文化词汇图片，展开词汇教学，列出相关词汇：full moon、mooncakes、family union、calendar(农历)、Chang'e、Hou Yi，使学生感知阅读主题，了解和传播中国传统优秀文化，扩充词汇量。

三、阅读前

教师以视频的形式用英语和汉语简要介绍中秋节的由来。中秋节是上古天象崇拜——敬月习俗的遗痕。在二十四节气“秋分”时节，是古老的“祭月节”，中秋节则是由传统的“祭月”而来。“中秋”一词现存文字记载最早见于汉代文献，唐代成为官方认定的全国性节日，许多诗人的名篇中都有咏月的诗句，并将中秋与嫦娥奔月、吴刚伐桂、玉兔捣药等神话故事结合起，使之充满浪漫色彩。中秋节自古就有祭月、赏月、吃月饼等习俗，是中国主要节日之一。教师引领学生初步感知传统佳节“中秋节”的意义。

四、阅读中

1. 略读：快读文章，迅速获取文章大意或中心思想。

①What's the main idea of the passage？

A. How the Mid-Autumn Festival comes from.

B. How the people celebrate the Mid-Autumn Festival.

C. A story about Hou Yi and Chang'e.

②How do the people celebrate the Mid-Autumn Festival?

By admiring the moon and sharing mooncakes with their families.

2. 扫读：锁定寻找关键信息。

①What do mooncakes look like?

They are in the shape of a full moon on Mid-Autumn Festival.

②What meaning do they carry?

They carry their wishes to the families they love and miss.

③How many people are mentioned in the folk story?

Four.

3. 细读：书中 3b 的句子排序题和 3c 的首字母填空题。

五、阅读后

教师准备相关道具，分配人物角色，鼓励学生以戏剧的形式生动呈现“嫦娥奔月”故事情节，建构活泼的故事教学实践活动情境，提高学生听课兴趣，激发学生学习主动性，提升教学效果。讲好学科故事从教师主讲转变为学生主讲，让学生在故事中，学习用英语介绍本国的文化节日，感受英语的魅力，充分了解中秋传说和习俗，感受中秋团圆的喜悦气氛，借月思亲的情怀，热爱祖国的传统文化，激发热爱家乡，体会家庭欢乐、生活甜美的幸福，进而提高跨文化交际意识。

讲好学科背后故事，提升初中学生英语核心素养是每个老师的使命，教师应积极思考文本的故事性，根据文本特征挖掘其深层内涵，形成有效的教学互动，恰当嵌入故事活动，潜移默化优化学生的思维方式和方法，真正实现新课改的目标。

第五节 课堂阅读与课外阅读的互动互补

哈尔滨市荣智学校 魏晓琳

摘要：随着教育教学改革的不断深入发展，初中英语阅读教学成为人们关注的焦点，如何提高初中生英语阅读能力，促进初中英语阅读教学的有效性提高成为初中英语教学的关键组成部分。因此教师要提高对于初中英语课堂阅读与课外阅读的互动互补的重视，从多个角度加强初中英语阅读能力的培养，积极转变传统教学思路，结合具体的教学模式，注重培养学生阅读兴趣等方面有效提高学生的阅读能力。本文通过对初中英语课堂阅读与课外阅读互动互补的意义进行分析，进而提出课堂阅读与课外阅读互动互补的策略，希望对促进初中英语阅读教学质量和教学效率的提升做出积极贡献。

关键词：初中英语；课堂阅读；课外阅读；互动互补

引言

初中英语阅读能力的培养对于学生的学习非常重要，这关系学生是否对题目的意思进行准确地理解，对于英语的学习是非常重要的，是理解掌握英语知识的基础。因此对于初中英语阅读能力的培养,教师要提高重视程度,不要受限于传统的教学模式,利用课堂阅读与课外阅读的互动互补,开展科学合理的阅读活动。同时将阅读理解的教学转向以学生的学为主,提高学生的积极主动性,发挥学生的主观能动性,重视阅读中的积累,有效提高学生的阅读能力,完成教学改革的目标。

一、课堂阅读与课外阅读互动互补的意义

初中英语课堂阅读与课外阅读主要是在学生实际学习过程中,利用课堂上学到的知识和内容,有效地开展课外阅读,达到一定的阅读效果。在阅读教学的发展中,课堂阅读的质量对课外阅读起到了关键作用,这就要求教师更加重视课堂阅读,在一定程度上有助于提高初中生的阅读能力。具体来说,实现课堂阅读与课外阅读互动互补,可以最大限度地提高初中生的英语应用能力,使初中生通过阅读国内外文化,提升英语的感染力,提高英语综合素质。同时实现课堂阅读与课外阅读互动互补,学生在一定程度上可以逐渐养成良好的阅读习惯,有利于提高学生的阅读和写作能力。此外,在实际课堂教学中,课堂阅读与课外阅读互动互补有助于提高初中生的综合素质,使初中生处于良好的文化氛围中,逐步提高初中生的综合素质。同时,课堂阅读与课外阅读互动互补还可以通过不断积累阅读知识,提升学生的文学素养,促进学生写作、阅读、思维等技能的培养,最终实现学生综合素质的提高。

二、课堂阅读与课外阅读互动互补的策略

(一)开展合作式教学,提高学生学习的兴趣

在初中英语阅读教学过程中,教师要利用课堂阅读与课外阅读互动互补,开展合作式教学法,提高学生积极参与的主动性,培养学生阅读理解的兴趣,不断促进自身阅读综合素养的进步。合作式教学强调的是发挥学生的积极主动性,采用合作的方式进行初中英语阅读教学。学生通过积极与他人合作,充分调动自己学习的积极性和主动性,发挥学生在学习中的主体地位。并且在合作过程中,也容易发现自己的不足,积极学习别人的长处,补齐自己的短板,进而有效提高自身的阅读能力,完成初中英语阅读教学的任务。同时也有效提高了学生英语阅读能力,拓展了学生学习的范围,不断提升初中生的英语核心素养。

(二)改善传统的教学方法,促进初中英语阅读教学效率的提升

教师要积极整合阅读教学中的“读、思、议、导”等教学方法,通过让学生反复阅读,了解文章特点和作者的中心思想,并通过课堂阅读与课外阅读的互动互补,以提高学生对于阅读理解的掌握程度。学生可以根据文章的阅读,经过自己的思考,提出自己的问题,教师让全班同学进行讨论,教师进行积极的引导,经过这个过程,有效促进学生阅读

理解能力提高。同时也培养了学生独立自主进行阅读的能力，掌握了文章的中心思想和核心内容，使学生掌握了阅读的技巧，这对于他们日后的学习以及其他科目的学习奠定了良好的基础和保障。

（三）提高阅读教学的认识，加深学生的理解

对于初中英语阅读的教学，教师要认识到阅读教学在初中英语教学中的重要地位，提高对于初中英语阅读教学的认识，从根本上提高重视程度，这样学生才会根据教师的重视程度，加强自身的阅读能力的提高，这对于学生长远的发展是极为有利的。首先从学生阅读理解的学习需要出发，针对当前存在的问题进行积极的研究，寻找解决的方案，积极开展课堂阅读与课外阅读互动互补等方式，加强对于阅读能力的培养。其次结合教学实际，加深学生对于阅读理解的认识，提升学生的阅读能力。教师要积极采取课堂阅读与课外阅读互动互补教学策略，不断进行实践，使学生的阅读更加深刻，有效提升自己的阅读教学水平，改善初中英语阅读质量和阅读效率。

结论

综上所述，初中英语阅读教学对于学生英语的学习是非常重要的，也是英语学习的基础，教师只有不断加强课堂阅读与课外阅读互动互补，改善传统的教学模式，才能对学生阅读能力的提高提供坚实有效的支撑，帮助学生加深对于阅读的理解和认识，有效促进学生阅读能力的提高。

参考文献：

[1]李晶.提高初中英语阅读教学效率的具体策略[J].英语教学通讯·D刊（学术刊），2018(12):42-44.

[2]许福平.浅谈初中英语教学激发文本阅读兴趣的有效策略[J].现代阅读（教育版），2012.9.

[3]李国滢.让学生在阅读中感受学习的快乐[J].课程教材教学研究，（小教研究），2011.

第六节　读写结合提高有效教学

哈尔滨市第三十五中学校　张　岩

从2005年我市中考题型新增了任务型阅读和阅读表达题型来看，我们初中阶段正向高考的方向靠拢，注重对阅读和写作的考察。而且根据高考的特点和教改的趋势，今后阅读和写作在各类英语考试中只会增加而不会减少。叶圣陶先生说："阅读和写作是

对等的两回事,各有各的目的,这是很清楚的。说两回事,是从各有各的目的来说的。说对等的两回事,并不等于说是彼此不相干的两回事,这是应该明白的。”这些论述,十分清楚地指出了阅读与写作的密不可分的关系。作为一名一线教师,我们一定要做到读写结合,让我们的课堂更有效率。那么如何将读写结合来提高有效教学呢?

首先,我们要了解当前的学生和教师的现状。

目前,我们初中学生的英语作文是十分令人担忧的。普遍表现为选词不当,词句贫乏,叙述顺序杂乱,段落不清晰等等。这些现象的存在是与他们的课外阅读量极小密不可分的。但在面对一摞摞的各科作业,学生已经没有时间和精力再去看课外书来拓展知识了。面对这种情况,我们不能一味地从这一方面找客观原因,还应从其他方面寻找突破口。首先就应该从阅读教学上找症结。我们的课堂时间是有限的,我们不能在有限的时间内给学生拓展很多课外阅读,如果我们充分利用教材中多篇文章,来进行充分的读写结合的训练,是不是也会在相当大的程度上提高学生的作文水平呢?所以,阅读教学与作文教学的紧密结合对提高学生作文能力有着重要的作用。

其次,我们应知道读写结合的好处。

一、读写结合可拓展学生的写作思路,让学生善于组织材料

以往,学生写作文总是无话可说,原因除了年龄小,经验不足,生活体验不深,可写的素材少外,主要因为学生的作文思路没有打开,不懂根据要求搜集素材。中学英语课本所选课文大都是有代表性的,体裁丰富,课文中有多种类型的好词佳句。我们应该充分利用好这些句子,在阅读课上,让学生把课文中的好词佳句、优美片断记在阅读积累本上,并记在心中,这样他们在写作文时便可以准确地表达。所以,我们要有意识地把其与积累作文素材联系起来,潜移默化地进行训练,做到“润物细无声”。这样就有助于解决学生作文“言之无物”的问题。

二、读写结合可提高学生审题、拟题的能力

每篇文章都有他想表达的思想和意图,我们在阅读课上就要充分运用教材引导学生体会、理解文章的思想感情,提高思想认识。学习作者是通过哪些方式来表达出中心思想的。只有学生清楚地了解文章的内容和写作目的,在写作中才能准确地使用,从而提高学生写作文的审题和拟题能力。

三、读写结合可以激发学生的写作兴趣

学生怕写作文,对作文不感兴趣。在班级经常会有这样的现象:教师一留作文,有一些学习稍差一点的学生,宁愿多抄几遍课文也不愿写作文,而且交作文的数量是交作业本的数量一半,这些现象都显示出,学生对作文的恐惧。教师通过教课文,让学生先了解课文内容及框架,学生会有一个大体的方向,知道该写些什么内容,就会对写作的

恐惧感少一些。换句话说，也就是阅读让写作的门槛降低了，对于一些基础较弱的孩子容易进去了，从而激发他们的写作兴趣。

最后，要了解读写结合的基本方法。

(一)立足课文，延伸拓展

教材含有丰富的读写结合的资源，实施读写结合的关键在于挖掘教材。找准读写结合的训练点，抓住学生的兴奋点，有层次、有针对性地对学生施行弹性教学。让学生根据已有的知识，去学习与之有关的课外的知识。这就要求学生掌握“举一反三”的原理，而这个“一”就是我们课本的例文。我们把例文真正讲透了，学生才能把所学到的知识用到实践当中去。《英语课程标准》也指出：“培养学生广泛的阅读兴趣，扩大阅读面，增加阅读量，鼓励学生自主选择阅读材料。”做阅读也是对课本单词及句型的巩固。有时我们机械地抄写很多遍也不能很快地记住单词，而且死记硬背的单词容易忘，但在阅读中我们会反复运用这些单词，从而加深印象，对教材有很好的辅助作用。所以，腾出时间用于阅读，即使每天只有半小时，可日积月累，就能聚沙成塔、积少成多。同时，教师也要加强对课外阅读材料的推荐，立足课内，延伸课外。

(二)做好预习，提高上课效率

我们可以采取任务型教学方法来进行课前预习。在上课前，让学生对要学的生词及用法进行归纳总结，了解其意思。这样在进行课文讲解时就不会花太多时间在单词的讲解上，节省的时间可以用在对文章的分析和理解上，让他们有足够的时间去学习课文，质疑问难。同时也可抽出时间来对好的句子进行写的练习，把读和写有效地结合起来。让学生在阅读中不知不觉地喜欢写作。有了充分的课前预习的准备，课堂质量一定会提高的，课后作业也很容易解决。这将形成良性循环，学生的课业负担也轻了，教师负担也相对轻松，抽出更多的时间进行课外知识的拓展和大量的阅读，指导学生写作。英语能力的提高将指日可待。

(三)教师授课，注意方法

1. 突出重点，有所取舍

英语课最容易平均用力、面面俱到，英语课也最忌讳面面俱到。我们上课的时间是有限的。学生的注意力也是有限的。怎样才能最大限度发挥一堂课的实效性呢？最重要的就是突出重难点，让学生有目的地去学，去记忆。这也是为什么我们在教案中，都要体现教学重难点。

2. 降低起点，逐步加深

由浅而易，从感性到理性，是符合儿童的认知规律的。教学深奥的词句、段落及课文蕴涵的哲理,学生不易理解,讲起来也浪费时间。起点定得低些,然后逐步提高要求,学生的学习才能比较顺利。从而提高上课效率。

3. 从全篇入手,掌握写作思路

通过阅读,还能够引导学生抓住作者的思路,学会布局谋篇。每篇文章都是作者按一定的思路组织起来的。无论是写人记事,还是写景状物的文章在布局上都有一定的顺序,重要的是把文章的顺序变为教学的思路,然后通过教学活动变成学生的思路。这样可以给学生的写作提供多种方法,从而是让学生掌握写作思路。

(四)通过阅读,进行仿写

仿写是提高学生写作水平的有效途径,是读写结合的好形式。只要教师把规律交给学生,学生掌握了它,就会从“读”中悟出“写”的门道,久而久之,提高读写结合的能力。仿写分为:模仿,缩写,改写和复述。

1. 模仿

让学生辨别原文中某一段落的模式,熟悉其中句子的不同功能、所提供的信息及相关的词汇手段;然后让学生依照这一模式写出一个类似的段落,教师再引导学生对此进行分析,并在词汇手段、意义表达和段落结构等方面与原文进行对照。这样学生就会很快掌握所模仿段落的写作手法 ,从而提高自己的写作水平。

2. 改写

对所学课文或与其难度相当的文章进行改写,可以锻炼学生的语言组织能力和培养其丰富的想象力,可培养学生举一反三的语言表达能力。改写前,教师要对原文及文体做必要的解释,要求学生仿照原文的文体,用自己的话写出原文的意思。需要注意的是,被改写的句子应简单明了,且不能改动原来句子或段落的意思。

3. 复述

复述练习有助于学生加深对文章的理解,培养学生灵活运用语言的能力。复述练习要求学生把所阅读文章的大意用自己的话进行口头复述,训练了学生组织语言的能力,从而为写作打下基础。

4. 缩写

缩写有助于加强学生对文章的理解,提高学生归纳总结和书面表达的能力。缩写后的文章,其实就是原文的精华和梗概,一般用第三人称,不加入任何个人的评论和解释。缩写锻炼学生的概括能力、语言组织能力等重要写作技巧。

(五)倡导互阅互评,教师少改

叶圣陶先生说:“改的优先权应该属于作者本人……”作文教学要着重培养学生自

己修改的能力。老师给的内容,学生印象不深刻,有时也不一定理解。只有自己懂得了才能够找出自己存在的不足,并加以改正。所以倡导学生互评或自评,这样能够提高学生的读写结合的能力。

阅读是写作的基础,写作是阅读的延续。提高作文能力,最终要从阅读教学找突破口,打通阅读教学与作文教学的通道,才能解决阅读教学为什么、干什么的问题和作文教学的活水源头问题。只有加强读写结合,才能做到以读促写,我们要重视阅读课的重要作用,加强阅读与写作的结合,使读写结合真正成为提高学生作文水平和上课效率的有效途径。

第七节　分解初中英语课外阅读量 15 万词的思考

哈尔滨市第三十五中学校　纪宇红

《英语课程标准》对阅读设定的五级标准中提到:课外阅读量应累计到达 15 万词以上。15 万词对初中生来说,是一个天文数字,完全靠他们在课外自觉阅读,通常困难重重。因此,教师通过课内外结合的方式,帮助学生分解 15 词阅读量势在必行。

一、分解 15 万词阅读量的必要性

在日常教学中,教师会发现学生学习中存在这样或那样的问题。有的学生记忆单词英汉脱钩;有的学生对着篇章读不进去;还有的学生在表达时无话可说……。其实,所有上面的问题,归根结底都源于阅读。阅读,能够给词汇提供容易理解的语境。词汇在篇章中反复浮现,学生会更容易地掌握和拓展词汇。而如果学生有阅读的习惯,天长日久,习以为常,就不会望文生畏了。而通过阅读,学生也建立起对事物的正确看法,形成积极的人生观,更形成自己的独特见解。阅读相当于与读者对话。阅读中产生的思想在表达时自然而然就有了用武之地。

纵观教材,人教版教材上的阅读篇章并不足以满足学生实际的阅读需求。再纵观全国各地高考,几乎所有的考查都依托于篇章。试卷大抵分为听力、阅读和写作三个部分。从初高中衔接的角度,帮助学生分解 15 词阅读量,我们英语教师责无旁贷。

二、分解 15 万词阅读量的途径

途径 1:绘本阅读

在人教版六年级教材里,老师们发现,每个单元最后都是一个图文并茂的小故事。由此可见,在初中起始学年,培养学生的阅读兴趣,绘本阅读是一个有效途径。在这里,我举一个“一本三用”的实例。

首先,简单的绘本阅读可以作为新课的导入环节。比如,在六年级词汇教学时,我们可以领学生阅读绘本 Silly Milly,并先提出问题:为什么说 Milly 很 silly? 考虑绘本里有不少生词,教师可以做出取舍,读部分页面,取舍后内容如下:

She likes green. She doesn't like red.

She likes beef. She doesn't like bread.

She likes weekends. She doesn't like Friday.

She likes summer. She doesn't like winter.

She likes baseball. She doesn't like skating.

She likes books. She doesn't like stories.

She likes rabbits. She doesn't like birds.

读过之后,引导同学们发现问题的答案:米莉喜欢“两个字母连写的单词”。此时,老师就可以让学生们总结两个字母连写的单词,也可以趁机输入生词。

当然,这个故事还可以用做“爱好”这个话题的导入。老师在同学们得到结论“米莉喜欢两个字母连写的单词”之后,可以解释:我们闲暇时喜欢做的事也可以构成一个两个字母连写的生词,那就是“爱好”hobby. 接下来围绕“爱好”这个话题而展开听说课教学。

这个故事同样可以以 like 为切入口,开展“动物”这个话题的教学。人有喜欢的东西和喜欢做的事,动物也是。采用问题牵引的方式,进行“动物”的词汇教学。问题如下:

什么动物喜欢胡萝卜?

什么动物喜欢爬树?

什么动物喜欢用鼻子洗澡?

什么动物喜欢和老鼠捉迷藏?

什么动物喜欢游泳?

什么动物喜欢吃竹子?

可见,同一个绘本故事,根据教师的需要,可以使用在不同的课型中。绘本还可以当作课本剧的脚本,成为学校社团活动的素材来源。绘本也可以作为班级一角书架上的课间读物。学校甚至可以开发自己的绘本校本教材。

途径 2:分级阅读

分级阅读(Leveled book)是按照学生在不同年龄段的智力和心理发育程度,也根据他们的英语水平,为他们提供阅读计划,根据难易程度有很多级别,一个级别读完后再读下一个级别,非常成系统。在绘本阅读的基础上,教师可以给学生推荐书目,有计划有目的地布置分级阅读任务。目前,市面上有一些分级阅读读物供学生选择。《3000 词床头灯英语学习读本》作为系列读本,比较适合初中生。《了不起的盖茨比》等文章,趣味性强,基础词汇为主,学生可以根据自己的喜好和需要选择。但《查泰来夫人的情人》,显然就不适合初中学段的学生阅读了。因此,老师要把好关,帮助学生学会甄别。

教师可以协助学生分组,在班级定期开展讲故事活动,鼓励学生将读过的故事讲给大家听。也可以通过班会或晨读开展读书交流会,让学生分享读后感。显然,通过分级阅读,能有效地培养学生批判性思维的能力。学生们可以通过每天 10 分钟的阅读,日积月累,养成良好的阅读习惯。

途径 3:讲好学科背后的故事

教材里有很多的阅读文章,教师要找准切入点,进行背景知识的介绍。背景知识的介绍,一方面可以利用课堂上的时间增加阅读量,另一方面也帮助学生更好地理解文章内容,甚至更多地了解文章背后的文化,可以说一举两得。比如讲到“茶叶”,这个故事就可以使用。

在尼泊尔,人们喝得最多的就是红茶了。学生脑海里难免会有这样的问题:“绿茶叫 Green Tea,白茶叫 White Tea,为什么红茶不是 Red Tea,而是 Black Tea 呢?

一种说法是,中国人比较注重茶汤的颜色,而西方人相对注重茶叶的颜色。红茶的茶叶本身并不是红色的,在加工过程中,茶叶的颜色越来越深,会逐渐变成黑色。冲泡之前,乍眼看去,就是 Black Tea。

另一个说法和历史有关:17 世纪英国从福建进口茶叶时,在厦门收购的红茶颜色较深,故称之为“Black Tea”。

“Black Tea”被红茶硬生生夺走后,黑茶崩溃了!尴尬之余,黑茶的英文名被想到了 dark 这个词,“Dark Tea”,天黑了那种黑,比 Black 还要 Black 的 Tea。

红茶不叫 Red Tea,那么 Red Tea 又是什么呢? Red Tea 是与黄金、钻石并列为“南非三宝”的南非红茶,其名为“Rooibos”,翻译过来就是“路易波士茶”“如意波斯茶”或简称为“博士茶”。“Rooibos”冲泡之后的茶汤呈现红色,甜甜的,带点果味。不过,说它是茶,它又不是“茶”,它来自完全不同于茶树的野生植物,不含咖啡因和茶碱。

配着幻灯片上的图片和简化浓缩的英文阅读短篇,学生对这样的背景知识非常感兴趣。此时,再领学生开始阅读人教版九年级教材 Unit 6 AN ACCIDENTAL INVENTION,更多地了解茶叶、茶经及茶文化,可谓水到渠成。

而九年级教材 Unit 10 的阅读文章讲了两个国家 Colombia 和 Switzerland。阅读前我领学生们做了“是真是假”的游戏。关于 Colombia,我给出五个句子,只有一句是错的。请同学们指出错误。关于 Switzerland,我则给出两对两错的句子。它们连在一起恰好构成了“微阅读”。

事实上,教材里到处都有故事。再比如,人教版八年级上册第四单元 2d 的对话,提到《老人与海》。那么学生禁不住会问:《老人与海》讲述了一个什么样的故事呢? 老师既可以把这个故事浓缩成短文,让学生们阅读,也可以推荐不同版本的读物,让学生们课下阅读。

途径 4:报刊阅读

英文报刊作为阅读来源,一直以来都受到学生的广泛好评。报刊的特点是与时俱进，丰富的内容使学生有选择的余地。运动、校园生活，甚至是生活中的苦恼，都能在报刊上找到类似的文章。作为课外读物，学生可以采取自选阅读的方式。事实上，教师完全可以利用报刊上的文章进行阅读课教学，作为课内阅读的补充。这无疑是一种值得借鉴的做法。

在利用报刊帮助学生分解阅读量的时候，教师有必要根据教材的内容，选取与教材话题相关的文章。一节课可以在一张或几张报纸上选取有关联的文章，进行阅读教学。

1. 报刊阅读课的原则

报刊阅读课对文章的选取应遵循“篇幅适宜”“贴近生活”“多元角度”和“弹性灵活”四个原则。如果选择的篇章过于冗长，则学生易产生倦怠感。只有贴近学生生活的文章，才能让学生阅读时饶有兴趣。选取的文章多元化，能够让学生通过阅读认识人与自然，人与社会，人与自我。报刊阅读灵活弹性的处理才能避免增加学生的负担。

2. 报刊阅读课教法与学法需融合

报刊阅读与课内阅读是一样的。鼓励教师通过指导学生运用恰当的阅读策略

获取信息、识记信息和运用信息。因此，根据教学内容，教师可以运用“思维导图”，学生可以通过“批注式阅读”，从阅读中积累写作框架和语言，为写作做好铺垫。根据篇章内容，读写结合有时候往往有意外收获。记叙类的文章可以考虑续写、改写故事的结局。说明和议论的文章则可以指导仿写、扩写等。还可以指导学生为报刊投稿，通过阅读别人的困扰，而提出自己的建议。书信类的应用文，回信本身即是在学生自主锻炼综合运用语言的能力。

最后，我想说：一提到阅读，老师们往往想到做阅读理解题。阅读可以做题，但又不仅仅限于做题。作为初中英语教师，我们有义务按照《英语课程标准》的要求，帮助学生制订阅读计划，分解阅读任务，养成良好的阅读习惯。

附　　录

附录一　成 果 推 广

一、第三十五中学校校本研修106期:跨国全英文英语课堂教学研讨(2018.3.30)

第三十五中学校立足校本研修,依托"一课三摩",探索"和雅文化"环境下,课堂教学活动设计系列活动已经走过105期,迎来106期。3月30日,第三十五中学校迎来来

自大洋洲等地的5位嘉宾。他们都曾经在自己的国家任教和担任学生培训工作。

本次活动由纪宇红主持,实践探索英语组校本研修课题:《英语课内外阅读的互动互补》。英语组教研组长纪宇红老师和八年二班同学一起上了一节阅读课。阅读的内容是人教版八年下册第三单元3a中Nancy因做家务与母亲争执的故事。阅读前,教师设计了hangman吊小人游戏,输入原汁原味的语言"累成狗" dog tired,导入话题:累成狗的Nancy母女间的故事。通过简笔画讲故事,游戏"掷雪球",角色扮演等丰富的课堂教学活动,引导学生灵活运用阅读技巧获取信息,识记信息和运用信息。激发学生兴趣,鼓励学生推测,复述,运用语言。也通过合作等形式,鼓励学生自学,人人能做"命题员"。学生辩论是否应该分担家务,批判、质疑对方的观点,为写作积累观点。作业请学生们搜索国外学生做家务情况的文章。

课堂充满欢声笑语。课后,纪宇红老师用ppt介绍嘉宾。然后进入评课环节。老师们争相发言。嘉宾从兴趣、学法指导、参与、合作、质疑和自信心几方面参与互动,分别进行了评课,同时提出了积极的建议。

本次跨国全英文课堂教学研讨,使各国教师间碰撞出思想的火花。教师感慨之余,更坚定了努力提高自己专业成长的迫切愿望。不忘初心,方得始终。教育路上,我们的"行动研究"从未停止!

二、纪宇红初中英语工作室:宁安送教——以测促学、以测促教、以测促研(2019.12.16)

机缘巧合,关注了一年之久的英国大使馆语言测评,11月来到哈尔滨。普思Aptis给了我很多的启示和思考。虽然还没有尝试基于大数据的语言测评,以测促学,以测促教,以测促研的思想却在脑海中挥之不去。

收到“国培计划”专家邀请函，我就想：也许在宁安指定的阅读课课堂教学中，我能够尝试调查问卷，利用调查问卷“测”学生对阅读的认知情况，“测”教师（也包括我自己）课堂的实际教学效果，“测”教师对阅读教学的实际需求，并通过讲座展开研讨活动。

基于这样的想法，我带着我的课，我的讲座，我的调查问卷，来到宁安。

指定给我的教学内容来自人教版九年级教材。

鉴于这是一篇关于 Colombia 和 Switzerland 的国家习俗的文章，我设计了下列课堂活动：

- 阅读前

我设计了一个游戏。三个关于我的数字，是真是假。其中，我 2012 年在英国学习和我到过 15 个国家是真的。

请同学们随我走进几个国家，入乡随俗，接着做“猜”的游戏。在我到过的几个国家里，哪个是真的？

在印度，可以放松地用手吃东西。

在澳大利亚，未经父母允许给其孩子拍照，父母会愤怒。

在英国首都，没必要遵守交通规则。

在俄罗斯，拜访朋友家可以吃他们最爱的食物——鱼和炸薯条。

通过情境设计，帮助学生们扫清阅读前的生词障碍。在 CCQ（Concept Checking Questions）环节中，我用单句出现与消失的动画效果检测学生对生词的掌握情况。

- 阅读中

Top Down 自上而下，再 Bottom up，自下而上，从整体到局部，再从局部到整体，设计课堂活动，学生运用阅读策略获取信息，识记信息和运用信息。

活动一：通过国旗，猜测将要阅读的文章有关哪两个国家。再通过扫读，利用图片捕捉信息。

在此,设计了学科故事,使学生对文章背景有更多的了解。

对于 Colombia 有一项描述是错的,对于 Switzerland 的描述有两项是错的。请同学们指出并改正。

活动二:

听录音,采用“批注式”阅读法把握文章结构。

活动三:

聚焦 Switzerland,采用一分钟速读 PK 计时游戏,突破 being on time,运用“思维导图”梳理文本脉络。学生根据“思维导图”识记信息和运用信息,描述 Switzerland 的风俗习惯。

活动四:

从 Switzerland 迁移到 Colombia,学生四人一组,在两分钟内,边阅读边合作完成“思维导图”。由学生来生成板书。再利用板书“思维导图”,学生来介绍 Colombia 的风俗习惯。

- 阅读后

由学生设计自己喜欢国家的风俗习惯“思维导图”海报,并向大家介绍。

作业:

请学生给到中国学习的交换生写一封邮件,介绍中国的文化习俗。

共收集学生调查问卷 37 份。调查问卷本身对学生是一种暗示。学生会思考在阅读中遇到生词应如何处理,在阅读时遇到过哪些障碍及如何破解,也会反思自己是否对阅读技巧有足够的了解。

因时间的关系,我并没有对学生解说调查问卷。事实上,我相信九年级学生能够读懂问卷以外传递的信息,学生有可能更明确自己阅读应达到的具体目标,如果教师给予适当的指导，学生也将循序渐进改进学法。

上课之后接下来是为时一个半小时的讲座环节。教师问卷分为课前和课后两份，调研了教师对阅读教学的常规情况，也调研了教师对讲座的期待，还有对讲座的评价满足教师的需求，也争取好的培训效果，是讲师追求的目标。令人欣慰的是，我讲的的确是老师需要的，这让我们围绕阅读展开的研讨变得更有意义。

踏着周末落日的余晖，来到宁安。伴着清晨的朝阳，走进宁安四中。我被当地教师进修学校和老师们的热情鼓舞，被学生们的朴实打动。在国培工作人员的陪同下，宁安四中留下了一段美好的回忆。

在宁安，电视台进入四中，进行了报道。讲课和讲座均采用了网上直播的形式，小小的宁安，办得是大大的教育。这更激励每一个教育人，不忘初心，在教研培的道路上探索前行。

三、纪宇红初中英语工作室：记市首期骨干暨命题培训（2019.12.25）

2019 年哈尔滨市初级学段首期骨干教师暨命题培训英语学科培训于 12 月 24 日在第四十九中学校拉开帷幕。参加本次培训的有各区教研员和哈尔滨市骨干教师共 200 余人。哈尔滨市教育研究院初中部英语教研员郭华老师和孙晓欢老师出席并主持了本次盛会。我幸运地和与会教师分享讲座《分解 15 万词阅读量的途径》。

• 校本研修展示

本次讲座从初高中衔接，中高考过渡阅读的重要性出发，破解教学中阅读的常见问题，分享第三十五中学校叶忠民校长引领下的绘本阅读，分级阅读，学科故事和报刊阅读在校本研修中所做的尝试。

• 纪宇红名师工作室微信公众号平台资源库素材共享

讲座通过现场扫描纪宇红名师工作室平台资源库《悦读纪》等二维码的方式，和大家共同探讨如何通过阅读,使学科素养在英语课堂内外落地生根,为学生未来发展奠定基础。

绘本阅读从判断绘本适合哪个学段的学生开始,介绍了自制绘本在课堂上的使用,绘本在课堂中的活动设计说明,绘本作为课本剧脚本搬上舞台,最后到有声绘本的发展历程。

学科故事则以教材为蓝本,用具体课例解说故事如何浓缩为课堂教学环节中的“是真是假”等游戏,以文本形式输入阅读的文化背景。

报刊阅读从教师引领读文、赏文、评文和学生自选阅读两个角度出发,探讨报刊阅读的基本原则。

讲座以绘本故事结尾,提出教师要以接纳的态度,善于思考,质疑,交流,反思和自律。教师要做新时代的追梦人,用专业和钻研反拨教学,做好教师的良心工作,不忘初心,牢记使命。

• 交流研讨

在互动环节,我用一个课例解读如何利用“思维导图”和“批注式阅读”设计一堂阅读课。

活动受到了参会教师们的欢迎。在场的部分教师有的一直是工作室的忠实关注者。现场又增加了110位骨干教师关注公众号平台。老师们也纷纷在朋友圈中发表感受。这些,让我在寒冷的冬日心生感动。

思想低的人,如同站在山底,“只见树木,不见森林”;思想中等水平的人,如同站在山腰,“横看成岭侧成峰,远近高低各不同”;思想高的人,如同站在山顶,“不畏浮云遮望眼,只缘身在最高层”。站得高,才能看得远。

感恩于这次培训,让我有机会总结过去,反思现在,展望未来。更感谢教研员的指导。只有一直走在研究的路上,才能站得高,看得远。

四、纪宇红初中英语工作室:国家级课题《课堂阅读与课外阅读的互动互补研究》开题会纪实(2020.10.1)

金秋九月,丹桂飘香。9月30日,工作室成员齐聚“云端”,利用腾讯会议召开国家级课题《课堂阅读与课外阅读的互动互补研究》的开题报告会。

会议由第三十五中学校八年级备课组长赵亚晶老师主持。

- 会议议程

会议主要议程:

1. 介绍与会领导和嘉宾。
2. 由工作室主持人纪宇红老师围绕课题做汇报,工作室成员互动研讨。
3. 由工作室专家黑龙江省教师发展学院英语教研员王凤鸣老师做指导。
4. 由香坊区进修学校师训部李洪亮主任做总结。

- INTRODUCTION

首先,隆重介绍与会的各位领导和嘉宾。他们是:

市教研院教师岗位培训部常一民副主任

香坊区教师进修学校师训部李洪亮主任

省教师发展学院教研员王凤鸣老师

市英语学科教研员郭华老师

香坊区英语教研员彭茹老师

香坊区英语教研员魏威老师

道里区英语教研员曲兆梅老师

呼兰区英语教研员王强老师

第三十五中学校叶忠民校长

- 宣读课题立项书

市教研院教师岗位培训部常一民副主任宣读课题立项书

工作室主持人,也是课题主持人纪宇红老师围绕课题选题背景、研究价值、研究思路和方法、实施步骤与三年规划的具体任务做了汇报。她从课题实施的三个阶段和四个层面出发,提出要不断主动完善、主动打破、主动重建,达到运用模式而不把模式绝对化。

- 成员互动研讨

工作室核心成员也是课题主要成员魏博文、鞠晓迪、尚逸舒、付丽双分别发表了个人讲解。她们表示:阅读教学,从来不是,也绝对不是翻译文章、总结知识点、做课后习题,变变同义句就行了。要培养学生的阅读习惯,提升学生的英语阅读能力,进而提升学生的英语学科核心素养,真的是一个需要深入研究的课题,所以一定会积极地渗透在教学环节中。阅读目标方面,要有明确的英语课内外阅读目标,课内外阅读目标协调一致;阅读材料方面,对课外阅读材料进行严格的筛选,使课外阅读材料与课内更好的衔接;阅读策略方面,重视阅读策略的连续指导,使课内学习的阅读策略在课外类似阅读材料中得到巩固加深;阅读评价方面,采取课内外较为一致的评价手段,使课内外阅读评价手段彼此呼应。

工作室专家黑龙江省教师发展学院英语教研员王凤鸣老师做指导。

工作室专家黑龙江省教师发展学院英语教研员王凤鸣老师充分肯定了课题选题的重要意义和课题研究存在的重要价值,同时为未来研究创新的课堂阅读与课外阅读互动互补的模式提出了宝贵建议。

- 领导总结

香坊区教师进修学校师训部李洪亮主任做总结。

李主任提出三点期望:为由情怀走向体制,由总体走向分支,由研究走向成效。课题研究要有分支并细化,进行子课题的研究,要有分有合。课题研究要有成果,要有效率。李主任指出:课题研究的最终目的"要服务于学生,服务于教学"。

新的起点,新的征程。感谢一路支持我们的你们。

五、纪宇红初中英语工作室:第六届全国中小学英语阅读教学学术研讨会专题培训回顾(2020.11.14)

为持续推进中小学英语阅读教学的发展,提升英语教师阅读教学能力及中小学生英语阅读素养,北京师范大学外国语言文学学院、外语教学与研究出版社与中国英语阅读教育研究院拟于2020年11月13~14日线上举办第六届全国中小学英语阅读教学学术研讨会。

本届会议以"Balanced Literacy(读写人生,润泽心灵)"为主题,从落实学生英语学科核心素养的育人目标出发,探讨促进学生读写素养均衡发展的重要意义、实施路径和具体方法,分享丰富多样的读写教学活动及教学模式。

工作室专题培训

工作室与北京师范大学教育学博士孙晓慧副教授共同承担14日13:30~15:00的

专题培训《促进学生读写素养发展的教学设计与实施》。

工作室12人团队从读写素养发展一条龙全景式四年规划的视角，立足不同学段读写素养发展的9个不同角度，通过课堂实录片段展示，同课异构全英文说课等形式，分享课内外阅读教学设计与实施。

工作室主持人纪宇红老师作为专题培训的主持人，介绍了工作室在促进学生读写素养发展方面取得的初步成果。

参与专题研讨的成员从"图书漂流"、绘本导读课、同课异构阅读课等多角度进行展示。在第三十五中学校赵亚晶老师解析了教材八年级 Who's Got Talent? 的阅读文章后，荣智学校魏晓琳老师和第三十五中学校付丽双老师进行了全英文同课异构说课。第四十九中学校褚衍萍老师以评课的方式分享了九年级单元话题写作仿写、改写、扩写和补写的写作技巧点拨实施建议，第三十五中学校孙宇老师则基于九年话题"节日"，运用"思维可视图"进行了教材纵向梳理，第三十五中学校吴岩老师引用了学生口头话题作文，进行中考作文冲刺范文讲解。

专家点评给予高度评价，在线收听的老师纷纷表示非常受益。

六、纪宇红初中英语工作室："国培计划"黑龙江省新任教师入职跟岗培训简报(2020.12.3)

- 开幕式

2020年11月30日，哈尔滨市第三十五中学校迎来了"国培计划(2019)"黑龙江省中小学新任教师入职培训项目的学员。第三十五中学校叶忠民校长在开幕式上致辞。香坊区进修学校师训部陈海燕老师和第三十五中学校戴松副校长出席了开幕式。

纪宇红初中英语名师工作室核心成员和英语组教师共计13位带教老师，承担了接下来为期一周的跟岗活动，指导英语学员40人。

- 工作室成员带教授课

在跟岗活动中,带教老师上示范课。学员现场观摩。课后,带教老师进行反思说课。

根据日程安排,周一和周三上午学员观摩带教老师授课。周一下午,带教老师指导学员选课。周二上午,学员说课,下午,带教老师评课,二次研磨课。周三下午,学员正式上汇报课,课后反思,带教老师考核并指导。周四,带教团队集体备课展示。

根据工作室的课题《课堂阅读与课外阅读的互动互补》,工作室带教老师共计指导阅读课十余节。

工作室主持人纪宇红带领七学年备课组进行集体备课展示,并将工作室资源与学

员共享。

在跟岗活动中,工作室成员积极发挥帮带作用,和学员结成对子,未来,也会继续关注学员,互相学习,共同进步。

七、全国名师工作室联盟第四届学术年会纪宇红行动研究英语工作室包揽多奖(2021.4.13)

学术盛会　相约海口

2021 年 4 月

全国名师工作室联盟第四届学术年会暨第十四届全国中小学名师工作室发展论坛

年会主题:落实立德树人根本任务 引领团队走向卓越发展

媒体支持:

人民网　光明网　新华网　参考消息　中国新闻网　人民政协报　中国教育报　中国教师报　人民教师网　凤凰网　新浪网

年会盛况

2021 年 4 月 10 ~ 12 日,在海南省海口市举行了全国名师工作室联盟第四届学术年会暨十四届全国中小学名师工作室发展论坛。

千人共品名师盛宴,名师论道各领风骚。

一个主论坛:

名师工作室引领卓越发展论坛

四个专题峰会:

破解团队走向卓越的密码——名师工作室专题峰会;

深耕课堂、立足课题课例研究——教师专业发展专题峰会;

构建新时代学校发展新格局——学校发展与管理专题峰会;

班级管理与班主任工作的道与术——班主任成长专题峰会

年会特色:

名家纵论:知名教育专家畅谈教育前沿热点

群英荟萃:百位有影响力的正高级、特级教师交流、指导、引领

视角不同:多维度聚焦教师专业发展模式与路径

答疑解惑:名师工作室发展瓶颈问题诊断咨询

圆桌论道:共话工作室发展态势,谋划引领团队走向卓越路径

成果纷呈:优秀工作室经验成果、案例,百花齐放

专业引领:引领全国名师工作室创新发展的风向标,全国 5 000 余个名师工作室参与过的教育盛会,共商名师工作室发展大计。

纪宇红行动研究英语工作室包揽多奖:

纪宇红行动研究英语工作室荣获 2020 年全国先进名师工作室。

纪宇红行动研究英语工作室主持人被评为2020年度全国优秀名师工作室主持人。

工作室申报的成果《解“码”英语课堂阅读与课外阅读互动互补的策略——“码”课导读、“码”团共读、“码”写“码”演》在2020年全国名师工作室创新发展成果博览会中被评为一等奖

Confederation
Founded in Beijing 2015

获奖证书

纪宇红同志:

您申报的:《解“码”英语课堂阅读与课外阅读互动互补的策略–“码”课导读、“码”团共读、“码”写“码”演》(成果),在2020年“第三届全国名师工作室创新发展成果博览会”成果评审中,经博览会评审委员会评审,被评为2020年度全国名师工作室创新发展成果一等奖。

特发此证,以资鼓励。

证书编号:MS202101136874040

工作室核心成员共4所学校(哈尔滨市第三十五中学校、哈尔滨市第四十六中学、哈尔滨市荣智学校、哈尔滨市第三十七中学)11人提交课例、教育叙事、线上教学、教学设计等,包揽多奖

联盟常务副理事长,清华大学魏教授总结10条与与会人员共享。句句箴言,引发深度思考。

未来,工作室将在思考中调整,继续求真务实,脚踏实地,“语育英才”。立足英语语言学习与实践,多角度地培养学生听、说、读、写、译、演多方面的能力,使语言从生活中来,回生活中去。

八、哈尔滨市纪宇红行动研究初中英语名师工作室阶段成果汇报展示交流会(2021.5.13)

在五月这个如花如歌如诗如画的季节,2021 年 5 月 13 日下午 13:30 分,哈尔滨市第三十五中学校迎来了哈尔滨市纪宇红行动研究初中英语名师工作室阶段成果汇报展示交流会。

根据课标要求,学生初中毕业应达到的五级目标之一,就是课外阅读量累计达到 15 万词。哈尔滨市纪宇红行动研究初中英语名师工作室持续围绕《课堂阅读与课外阅读的互动互补研究》,摸索出一套具有自己特色的方法,即 CSR“码”享阅读。该成果荣获 2020 年度全国名师工作室创新发展成果一等奖。

本次汇报展示交流会由工作室主持人纪宇红老师主持。来自 7 所学校共 17 位老师现场围绕“码”课导读、“码”团共读、“码”写“码”演三个板块,从多个角度分享了不同学校、不同学段工作室循序渐进的做法。

此次交流会得到了省、市、区各级部门的高度重视。会议伊始，工作室主持人介绍了到场领导与嘉宾。他们是：

哈尔滨市教育研究院教师培训部常一民副主任

哈尔滨市教育研究院教师培训部佟静

哈尔滨市教育研究院初中英语教研员郭华 孙晓欢

哈尔滨市香坊区教师进修学校师训部李洪亮主任

哈尔滨市香坊区教师进修学校英语教研员彭茹 魏威

哈尔滨市呼兰区英语教研员王强

哈尔滨市第三十五中学校叶忠民校长、哈尔滨市第三十五中学校党支部书记姜瑛、哈尔滨市第三十五中学校戴松副校长、哈尔滨市朱政小学英语名师工作室主持人朱政、道里区吕桂香初中英语名师工作室主持人吕桂香、道外区刘刚英语名师工作室主持人刘刚,也莅临现场参加了此次会议。外语教育与研究出版社林圣淇千里迢迢从北京赶来参加此次会议。

黑龙江省教师发展学院初中教育研究培训中心副主任、英语教研员、国家基础教育实验中心外语教育研究中心理事于海艳在武汉参会。她给工作室发来寄语:“为你们点赞。也希望今后你们在专业化、科学化的道路上越走越远,早日形成系统化的课内外阅读体系,成为全省老师学习的对象。”黑龙江省教师发展学院英语教研员王哲老师也在武汉外研社大会会场发来视频。他说:“纪宇红老师领衔的工作室是一个强干的团队,发展势头强劲。”他对工作室取得的一系列成果表示祝贺。

主持人介绍到场领导、嘉宾之后,哈尔滨市第三十五中学校叶忠民校长致辞。他介绍了工作室取得的成果,并预祝会议圆满成功。

叶忠民校长(发言者)

汇报展示活动以论坛的方式进行。哈尔滨市第三十九中学校王玉香老师作为论坛主持人,带领工作室成员们做精彩分享。哈尔滨市第三十五中学校吴岩老师首先以视频《名师工作室“悦”读记》,讲述了工作室与阅读的故事。哈尔滨市第三十五中学校苏欣、付丽双、孙宇、张颖、冯妍、吴波、赵亚晶、张岩、刘洋,哈尔滨市第四十九中学校褚衍萍、张珂琦,哈尔滨市荣智学校魏晓琳、哈尔滨市第三十七中学校鞠小迪、哈尔滨市第三十中学校魏博文分别从“千聊直播间”码课导读、“图书漂流”、“学科背后的故事”等多角度,分享课例,分享平台资源。线上与线下参会人员共享阅读的乐趣。哈尔滨市第46中学尚逸舒老师承担腾讯会议远程监控并随时反馈。

第三十五中学校绘本剧团成员七年一班和七年四班学生现场呈现《月亮上的舞者》绘本剧,引来阵阵掌声。

工作室主持人纪宇红老师在论坛结尾做了反思与规划。她表示:工作室的研究还处于起步阶段,今后将从“质”“面”“量”三方面做出调整,打造绘本课精品课例,全面开展学生分级阅读共读及读书交流会,利用外研社阅测评系统,依托大数据以测促读、以测促教、以测促研。

外研社嘉宾林圣淇现场介绍了外研社分级阅读公益素材库的使用方法。

哈尔滨市教育研究院教师培训部常一民副主任做了精彩点评。他肯定了工作室所取得的成果,并指出:这项成果使用的“码”,以及微软听听、知识胶囊、喜马拉雅电台等技术和平台的灵活结合,体现了信息技术 2.0 的先行。同时,他也提出了恳请期望:期望工作室继续落实市教育局关于工作室的各项方针，讲好学科背后的故事，发挥辐射作用，做好与宾县裴占民英语工作室的结对子工作。

最后，主持人现场连线全国名师工作室联盟常务副理事长、清华大学魏续臻教授。魏教授为此次会议做了总结。他认为工作室的成果运用现代教育技术和学生实际相结合，是很有新意的创造。他感谢工作室的无私分享，祝贺工作室的创新成果，也激励工作室继续深化研究。

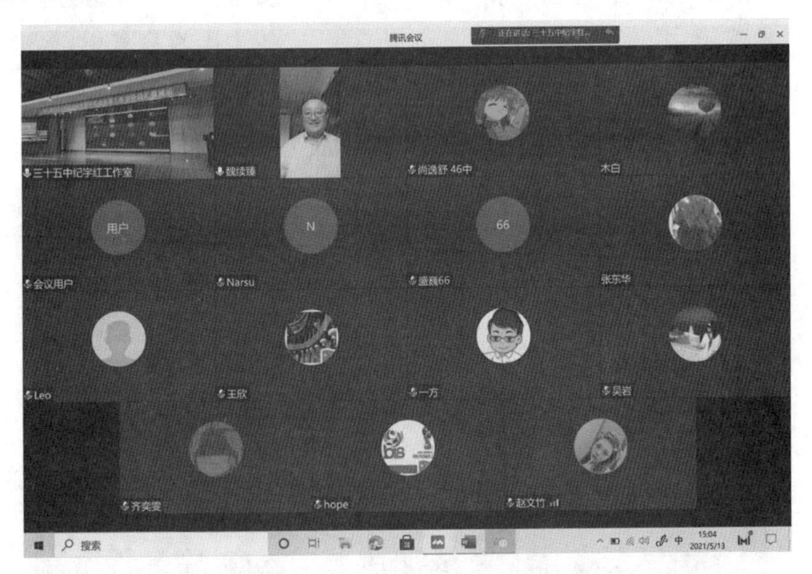

独行者速，众行者远。此次哈尔滨市纪宇红行动研究初中英语名师工作室汇报展示活动的顺利进行离不开省、市、区各级领导的厚爱，成果的取得也离不开工作室专家顾问省、市、区教研员的指导，离不开学校多年来的助力，更离不开工作室核心成员凝心聚力与孜孜不倦的探索。

回顾来时路，工作室初心不变，热情不减。未来，工作室将继续求真务实，乘风破浪，勇往直前。

九、聚古城西安　展创新成果（2021.7.27）

由北京中教市培教育研究院，教育家杂志社等单位联合举办的“第三届全国名师工作室创新发展成果博览会”于7月24～26日在古城西安举行。本次博览会融汇联盟智慧，博采众家菁华，引领发展趋势，共享创新成果，守望中国教育梦想，促进名师卓越成长。

经过组委会对申报的成果等进行筛选，哈尔滨市纪宇红行动研究英语工作室主持

人及两名核心成员受邀参加此次博览会。

1. 主持人创新成果展示

7 月 25 日下午,主持人在西安经开第一学校南校区名师工作室引领卓越发展专题论坛上分享了工作室创新成果《CSR“码”享“悦”读》。

首届基础教育国家级教学成果奖网评专家 李淑民现场点评

2. 荣智学校魏晓琳教育叙事案例分享

疼爱自己的孩子是本能,而热爱别人的孩子是高尚。7 月 25 日上午,荣智学校魏晓琳老师在西安高新区第二十三小学学“校德育创新与班主任成长专题论坛”中,进行教育叙事展示。她与孩子们的故事令在场观众为之动容。

教育部中小学心理健康教育国培专家、全国首位中小学心理健康教育特级教师钟志农教授现场点评

3. 三十七中学鞠小迪老师说课案例展示

7 月 26 日上午,在主会场说课案例展示活动中,第三十七中学校鞠小迪老师的精彩说课获得一致好评。

4. 颁奖典礼

工作室主持人申报的成果获一等奖

魏晓琳老师申报的教育叙事获一等奖

鞠小迪老师提交的说课获优秀说课一等奖

工作室凝心聚力,攻坚克难,针对问题求创新,针对效果讲成果,让创新和成果有根基,实现师生共成长。

观望一千次,徘徊一万次,不如实践一次。在不断的实践中,我们终将遇见更好的

明天。

十、纪宇红初中英语工作室：说课大赛群“英”荟萃 潜心研讨“语”你共进——全国中小学英语分级阅读教学说课大赛纪实(2021.7.15)

连雨不知春去，一晴方觉夏深。为贯彻落实立德树人根本任务和《中国教育现代化2035》文件精神，有效深化基础教育教学改革，进一步促进英语学科核心素养落地，探索中小学英语阅读教学的新理念、新模式、新方法，推动英语阅读课堂教学改革，提升阅读教学质量，北京外国语大学联合外语教学与研究出版社举办“2021 年全国中小学英语分级阅读教学说课大赛”，我市英语教师积极踊跃报名，初中组有一百三十余人参与说课初赛。

经过评委们认真严谨的评审，共有 10 位老师脱颖而出，进入复赛。工作室第三十五中学校苏欣老师和第三十七中学校鞠小迪老师，经过层层筛选出进入复赛。复赛 7 月 14 日 14 点在腾讯会议进行。

苏欣老师以 94.2 分的成绩拔得头筹，荣获特等奖，鞠小迪老师也以 91 分成绩获得二等奖。两位老师用自己匠心独具的设计和专业的素养技能为评委老师和前来观摩的教师呈现了一场教学相长的视听盛宴。

在教学过程中，苏老师不仅给予学生阅读方法的指导，更引导他们总结好的阅读技巧。在培养学生的英文思维过程中，首先让学生的思维活跃起来。既有独自冥想，又有火花碰撞；既巩固形象思维(绘本)，又鼓励创新理念(想象力)，成就一个有创造性的自主课堂。

鞠小迪老师的说课也极具个人风格：

(一)教学评一体化

首先体现在每次完成活动任务时,老师都能及时进行过程性评价。课程当中制作小组互评表,从四个方面进行小组互评。课程的最后也引导学生针对自身的行为进行自评,反思。可以说,教学评贯穿于此堂课等各个环节。

(二)培养学生的批判性思维和创造性思维

在第二课时,引导学生深入讨论,发动思维,评价绘本内容;在小组互评的环节,也让同学们思考他人的信件是否具有创造性;包括在作业环节,推翻文本,思考是否有更好的方法使 Mr. James 感觉到备受关怀。这不是单一的接受和吸收,而是进行了批判与创新。

两位老师都注重思维可视图的运用。在梳理绘本内容,回顾故事情节环节,都运用了思维可视图,这样的方式更加的直观有趣,梳理绘本故事情节的同时,培养学生审辩思维和小组合作精神。

在本次两轮说课大赛活动中,看到工作室攻坚克难,乐于合作的优势。基于前期的积淀,核心成员积极参与,凝聚智慧。

工作室另外有 11 人获得优胜奖。

教而不研则浅,研而不教则空。两堂精彩纷呈的展示课以后,工作室的老师们也各抒己见、畅所欲言,积极交流,思维的火花相互碰撞。课堂是教育的主战场,是教师与学生相互沟通的主窗口。

这次说课大赛的开展,为全市中小学英语老师指明了新的方向,也让大家对自己的教学理念有了新的审视和思考。涓涓不息,终成江河。我们也必将一步一个脚印,走向更美好的明天。

十一、功不唐捐,玉汝于成——2021 年全国中小学英语分级阅读同课异构教学展示研讨会活动纪实(2021.9.27~28)

北京外国语大学联合外语教学与研究出版社于 9 月 27~28 日共同举办 2021 年全国中小学英语分级阅读同课异构教学展示研讨会。

27 日下午中学分会场,哈尔滨市纪宇红初中英语名师工作室核心成员第三十五中学校苏欣老师做展示。她展示的课例是非故事类文本课例:《阳光英语分级阅读》初二下:《天气冷暖知多少》。

工作室全体核心成员参加了线上活动进行学习,听取了初中专场两节同课异构课,并积极在微信群进行互动研讨。此次活动标志着工作室所做的《课堂阅读与课外阅读的互动互补的研究》取得阶段性成果。同时,同课异构带来更多的深度思考,专家的点评既给予了高度评价,也提出了中肯的建议,为未来工作室绘本阅读课指明了方向。

2021年全国中小学英语分级阅读同课异构教学展示研
Reading P2-5
Describe the picture in your own words.
North Pole
sun
winter
North Pole
summer
South Po

附录二　作者简介

于海艳

于海艳，山东烟台人，硕士研究生，副研究员。黑龙江教师发展学院初中研究培训中心副主任，初中英语学科教研员。曾任黑龙江省教育学院外语研培部副主任，英语课程教材研发部副主任，国家基础教育实验中心外语教育研究中心理事，中国教育学会外语教育专业委员会理事，黑龙江省初中英语国培、省培项目首席专家。2015—2017 年任职于美国缅因州孔子学院，担任中文和 ESL 项目讲师。

主要研究方向为义务教育阶段英语阅读教学、英语教学评价、英语跨文化交际，正式发表论文十余篇，出版专著《英语绘本教学的理论与实践》，主编《资源与评价》《小学英语课堂教学指导——从理论到实践》，主持两项国家级课题、五项省级课题，提出龙江英语 TEA 课程体系建设的教研主张。

郭华

郭华，哈尔滨市延寿县人，哈尔滨市教育研究院初中英语教研员，中学高级职称，全国十佳英语教师，全国第六届中小学外语教师园丁奖获得者。被黑龙江人民教育出版社聘为教材培训专家，多次在全国及黑龙江省组织的教材培训讲座上担任英语教材培训主讲人。黑龙江省国培导师，多次为学员讲座，主持多项国家课题，并顺利结题。黑龙江省教学能手，引领哈尔滨市英语教师积极进行课程改革，全面主持线上云平台录制和微课审核。哈尔滨市“烛光杯”大赛评委，经常指导赛手参加全国赛事，并取得优异成绩。

纪宇红

纪宇红，中学高级教师，黑龙江省初中学业水平考试命题评估专家，哈尔滨市骨干教师，哈尔滨市学科带头人，哈尔滨市英语学科兼职教研员，市名师工作室主持人，全国第七届中小学外语教师园丁奖获得者，哈尔滨市英语学科“烛光杯”大赛评委。2010 年和 2017 年中考命题员，2019 年中考命题顾问助理。2012 年留学英国布莱顿大学，2017 年到澳洲参加高端研修。从教 25 年，多次荣获市师德先进个人、市优秀班主任，市优秀教师、市优秀班主任标兵、市课程改革先进实验教师、市新时代“四有”好老师等光荣称号。国家级课题主持人，多次在“国培计划”等活动中送教和做讲座。市云平台课审核线上教学资源建设评审专家，并被授予特殊贡献奖。

2020 年度全国优秀名师工作室主持人，引领工作室参与香坊区名师工作室集群建设展示活动，研究成果以报告的形式在市首届骨干教师暨命题员培训会上进行分享。走近大兴安岭，在加格达奇做讲座，指导当地教师工作室建设。在第五届教育创新成果公益博览会上，该工作室在珠海承担一小时的工作坊展示和半小时的“自主演讲”。工作室 12 人团队承担第六届全国中小学英语阅读教学学术研讨会专题培训，面向全国直播。阅读融合信息技术创新成果《CSR“码”享“悦”读》分别走进海口和西安参加颁奖和展示。

吴波

吴波，2006 年毕业于哈尔滨学院。在 15 年的教学实践中，通过自己的努力和其他同仁的帮助，形成了自己独特的教学风格。其课堂灵活，善于激发学生的学习兴趣，注重学生学习习惯的培养和阅读的积累。著有多篇国家级、省级及市级论文，并获得一、二等奖；曾参加区“卓越杯”赛课活动，并获得特等奖。

李宁

李宁，中学一级教师，从教 15 年，带过 5 届高三，任 7 年班主任。区级学科骨干教师，曾荣获“香坊区三育人优秀个人”“香坊区四有好老师”“校优秀青年教师”称号。她所执教的班级在学年名列前茅，所教学生在英语奥林匹克竞赛中获国家一、二、三等奖。所著论文多次获奖。

张颖

张颖，区骨干教师，从教 17 年。曾荣获区“记大功”、区“四有”好老师、区先进工作者等多项荣誉，荣获区“卓越杯”专业技能大赛一等奖。曾任国培项目指导教师，所做观摩课受到广泛好评，所指导教师获得一等奖荣誉。多次参与国家、省、市各级课题研究，撰写多篇科研及教学论文，并荣获一等奖。

孙宇

孙宇，区级骨干教师。毕业于哈尔滨师范大学，从教 19 年。多次荣获“哈尔滨市优秀教师”“哈尔滨市四有好老师”“区记功”。工作中，善于学习，不断探索新的教学方法。教学方法灵活多样，积极调动学生的积极性，挖掘学生潜能，着重于培养学生的英语综合素养。担任多个国家级、省级课题负责人；多篇论文在各级刊物上发表；参加全国中小学英语分级阅读说课大赛，并获优胜奖。

鞠小迪

鞠小迪，哈尔滨市第三十七中学校英语教师，纪宇红行动研究英语工作室核心成员，中学二级教师。申报的“*When is your birthday*”（说课）在“2021年名师工作室创新发展成果博览会”上荣获优秀说课一等奖。课例“*Letters for Mr. James*”在“2021年全国中小学英语分级阅读教学说课大赛哈尔滨市赛（初中组）”荣获二等奖。2020年，在“第三届全国名师工作室创新发展成果博览会”上荣获优秀说课一等奖；在第六届全国中小学英语阅读教学学术研讨会上做专题报告；获南岗区百花奖大赛英语学科二等奖。2019年上半年在区英语学科青年教师SPC培训专题活动上做示范课展示，2019年下半年在全国中小学继续教育网主办的“好作品，秀出来”第二届教学设计大赛中荣获三等奖。2018年进入“烛光杯”遴选复赛。曾作为代表在区实验课程培训中进行课题“ABC”案的展示。

苏欣

苏欣，区级学科骨干，区级科研骨干。多次荣获市级“四有”好老师称号，全国中小学英语分级阅读说课大赛特等奖，全国中小学英语分级阅读同课异构研讨会示范课，CCTV全国教师演讲比赛二等奖，哈尔滨市“烛光杯”特等奖，香坊区“卓越杯”特等奖，参与国家、省、市各级课题研究，撰写的多篇科研成果论文获得各级奖励。在全国中小学英语阅读教学学术研讨会和国培骨干教师培训活动中做专题讲座，并受到好评！

张岩

张岩，女，初中英语教师。2004 年毕业于牡丹江师范学院。在 17 年的一线教学生涯中，善于钻研教材，不断探索新的教学方法，注重课堂的时效性。善于利用英语活动，鼓励学生张扬个性、发挥潜能，培养学生对英语的兴趣，已形成了自己独特的教学风格。连续多年被评为"先进工作者"和"四有好老师"；多篇论文在国家级、省级及市级发表，并获得一、二等奖；曾参加"烛光杯"和"卓越杯"赛课活动，并获得优异成绩。

赵亚晶

赵亚晶，毕业于哈尔滨师范大学，从教 17 年，区级骨干教师。担任 9 年英语备课组长。工作中，刻苦钻研业务，不断探索新的教学方法；教学上，善于调动学生的积极性，挖掘学生潜能，培养学生英语综合素养。连续多年荣获"区记大功""四有好老师""新时代四有好老师""身边好老师"等称号；担任多个国家级、省级课题负责人；多篇论文在国家级、省市级发表，并获得一等奖；曾参加省市区级赛课活动，并获得优异成绩。

吴岩

吴岩　哈尔滨市英语学科骨干教师，哈尔滨市级优秀教师，香坊区"四有好老师"，哈尔滨市中考命题预备人员，哈尔滨市名师工作室纪宇红行动研究英语名师工作室成员，龙广 97 频道客座教授，国培计划实践指导教师。多次承担省级高端讲座，做过多节国家级、省市级示范课，曾指导多名青年教师在各级大赛中获奖。参与多项国家级、省市级实验课题研究，著书一本，多篇论文发表在《黑龙江教育》《哈尔滨教育》等刊物。

付丽双

付丽双，中共党员，区级科研骨干，多次荣获区级“四有”好老师称号。曾多次在国培项目中做观摩课展示；在全国中小学英语分级阅读说课大赛中获优胜奖，提交的课例被评为全国优秀课例一等奖；在香坊区第十二届“卓越杯”全英说课大赛中获特等奖。参与国家级、省、市各级课题研究，撰写的多篇科研成果论文获得各级奖励。在全国中小学英语阅读教学学术研讨会和国培骨干教师培训活动中做专题讲座，均受到好评！

尚逸舒

尚逸舒，中共党员，2014 年毕业于天津师范大学。自参加工作以来，锐意进取，精益求精；热爱教育事业，治学严谨。曾获新时代“四有”好老师、市优秀团员，2019 全国信息技术与教学融合课大赛中二等奖，全国中小学英语分级阅读说课大赛优胜奖，全国教育科学“十二五”规划教育部重点课题科研成果一等奖，2018 年中考优秀评卷教师，第十一届全国初中英语课堂教学优秀课一等奖，论文多次获得国家级、省、市级教育科研成果奖项，哈尔滨市香坊区“卓越杯”教师专业素养大赛特等奖、课例研究一等奖。在“国培计划(2018)－黑龙江省乡村中小学教师工作坊研修”中做了讲座，并深受好评。多次在区级英语学科教研活动中进行讲座和经验交流，均受到好评！

魏晓琳

荣智学校班主任，英语教师，校骨干教师，中学一级教师，纪宇红英语名师工作室骨干成员。荣获哈尔滨市新时代“四有”好老师、市“优秀班主任”、市“优秀青年教师”、荣智学校“优秀班主任”。其班主任工作案例《爱在心田深处》《仅有爱是不够的》分别获市级一等奖、二等奖。2011 年获得市级教师教学设计大赛一等奖；2012 年获省级教师现场赛课大赛一等奖，全国中小学英语教师技能大赛获市级一等奖；2014 年所撰写的论文《如何使课堂高效》荣获市级一等奖、省级三等奖。2017 年在市级骨干英语教师培训中荣获“优秀学员”称号。2019 年，原创教育论文《爱的教育》荣获市级二等奖。

闫石瀛

闫石瀛，中共党员，中学一级教师，区级学科骨干，区级“四有好老师”。“国培”计划新教师培训教师，国家级课题组组长，市英语学科卓越教学研究团队成员，道里区杨秋菊名师工作室成员。荣获第十三届全国初中英语课堂教学大赛一等奖，哈尔滨市第十届“烛光杯”教学大赛英语学科特等奖，全国中高考英语改革教学一等奖，全国优秀指导教师奖。担任中小学《资源与评价》主编，多次承担区级教研讲座培训。具有多年的班主任工作经历和丰富的毕业班工作经验，英语学科成绩优异，各项工作均获得学生家长及各级领导的认可与好评。

魏博文

魏博文，中共党员，2017 年毕业于大连外国语大学，研究生学历，系哈尔滨市第三十中学校英语教师、班主任。获得 2021 年中小学生教师信息技术创新与实践活动深度融合创新成果奖，2019 年哈尔滨市第十七届“烛光杯”德育实践活动课初中组一等奖，2019 全国信息技术教学与教学融合课大赛二等奖，2019 年哈尔滨市优质教育资源征集活动特等奖，2019 年全国中小学英语分级阅读说课大赛优胜奖，2019 年下半年全国中小学继续教育网主办的“好作品，秀出来”第二届教学设计大赛三等奖。她积极探索网上教学实践，注重线上信息技术与教学的融合，利用不同软件的优势合理规划教学，根据学情，因材施教；关注不同层次的学生，秉承启发式教学理念，利用小组合作机制激发学生的学习热情，提高合作力；还致力于围绕英语学科核心素养展开教学设计，不仅向学生传递知识，还关注学生语言能力、思维品质、文化品格和学习能力四个方面的提升，培养综合素质能力较强的英语学习者。

刘洋

刘洋，哈尔滨市第三十五中学校英语教师，区优秀教师。曾荣获区“卓越杯”专业技能大赛一等奖，区班主任教学技能大赛一等奖。曾任国培项目指导教师，所做观摩课受到广泛好评，所指导教师获得一等奖荣誉。多次参与国家、省、市各级课题研究，撰写多篇科研及教学论文并获得一等奖。